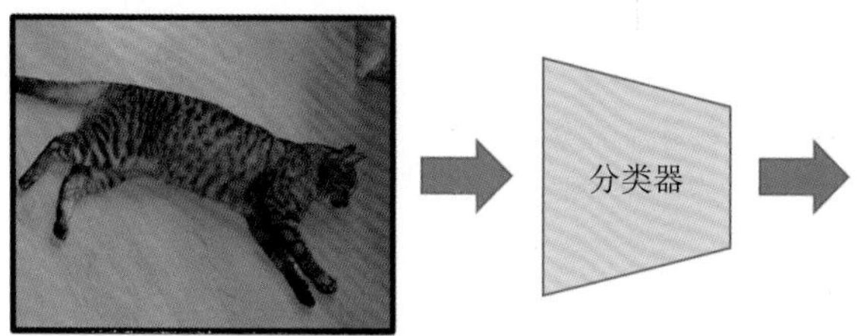

图0-1　图像分类任务

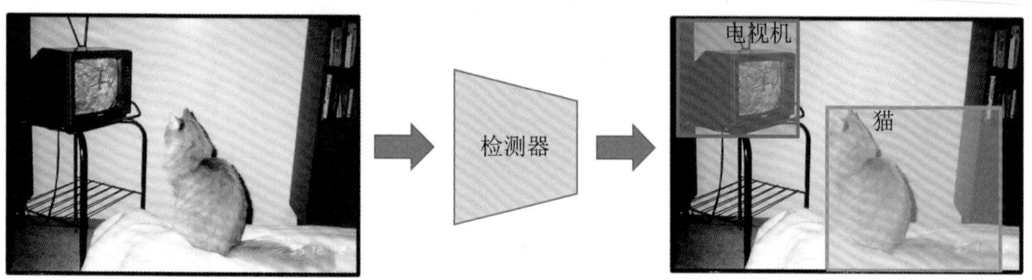

图0-2　目标检测任务

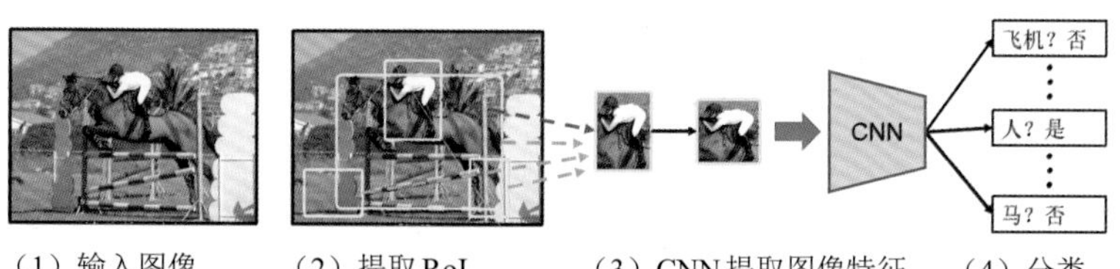

图1-1　R-CNN检测流程

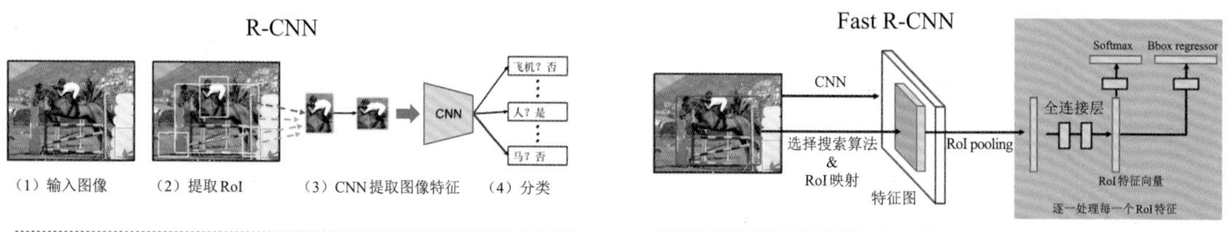

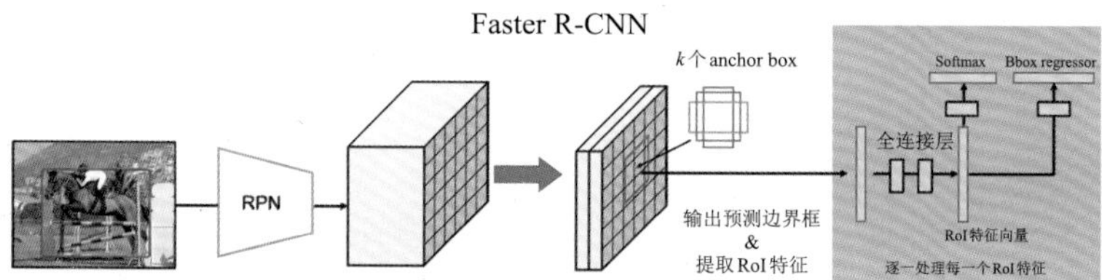

图1-2　R-CNN家族图谱

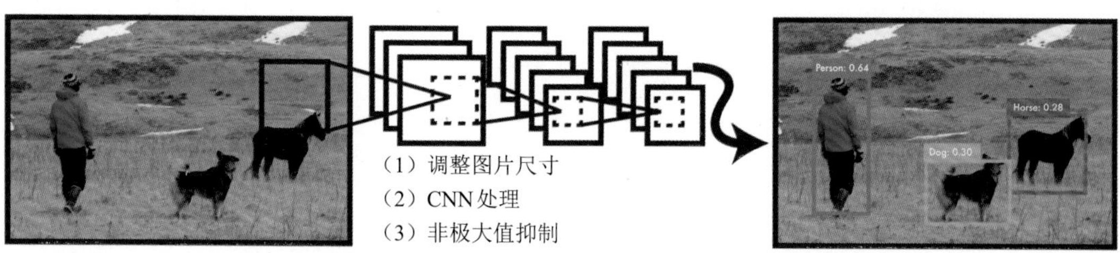

图1-3　YOLOv1检测流程

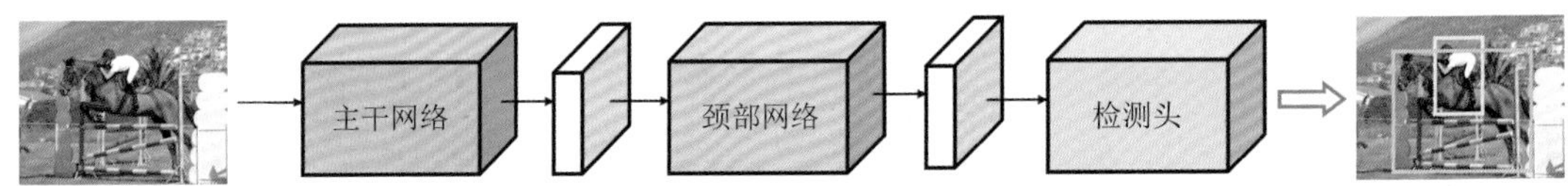

图1-4　目标检测网络的组成

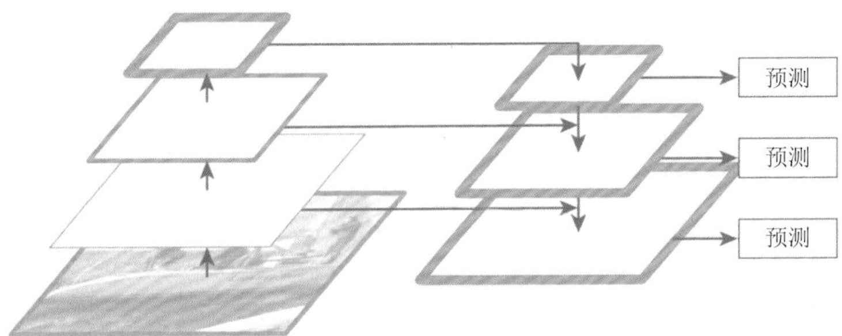

图1-5　特征金字塔网络的结构

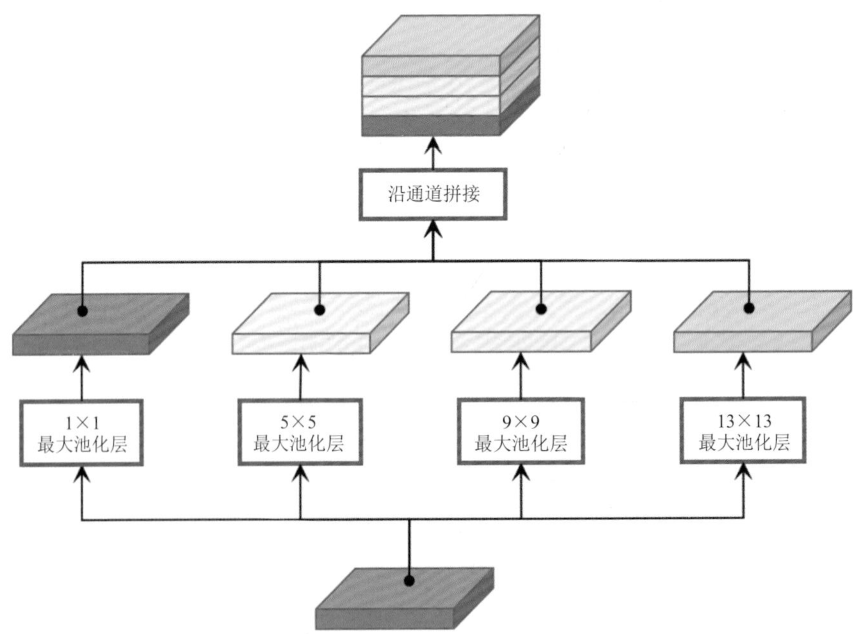

图1-6　SPP模块的网络结构

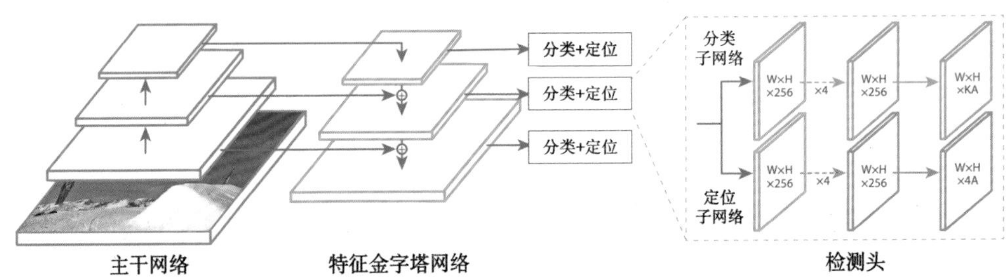

图1-7　RetinaNet的网络结构（摘自论文［17］）

图 2-1　VOC 数据集的一些实例

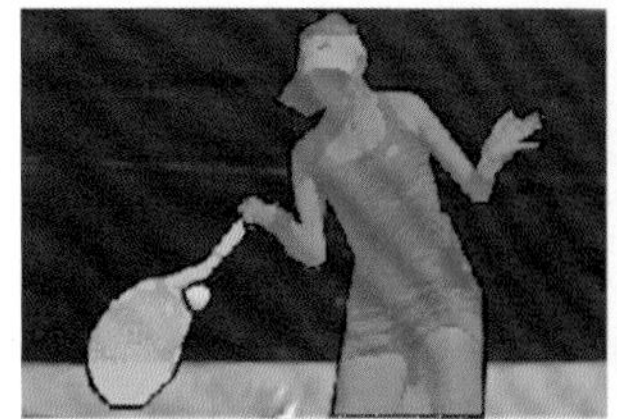
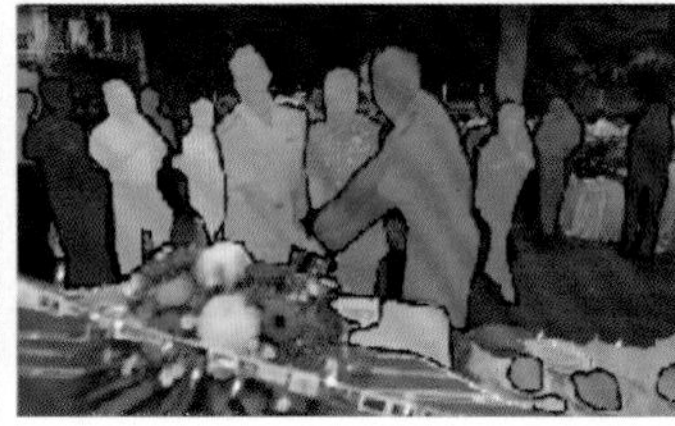

图 2-4　COCO 数据集的实例

图 2-5　COCO 数据集的实例

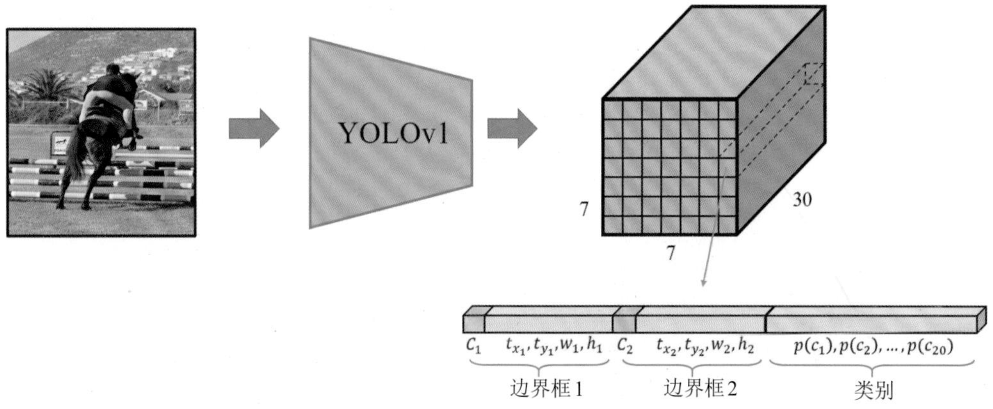

图 3-3　YOLOv1 的输入与输出

图 3-4　YOLOv1 的“网格划分”思想

YOLOv1

448 × 448 × 3　主干网络　7 × 7 × 1024　展平　全连接层　4096　全连接层　1470　resize 操作　7 × 7 × 30

图 3-5　YOLOv1 的处理流程

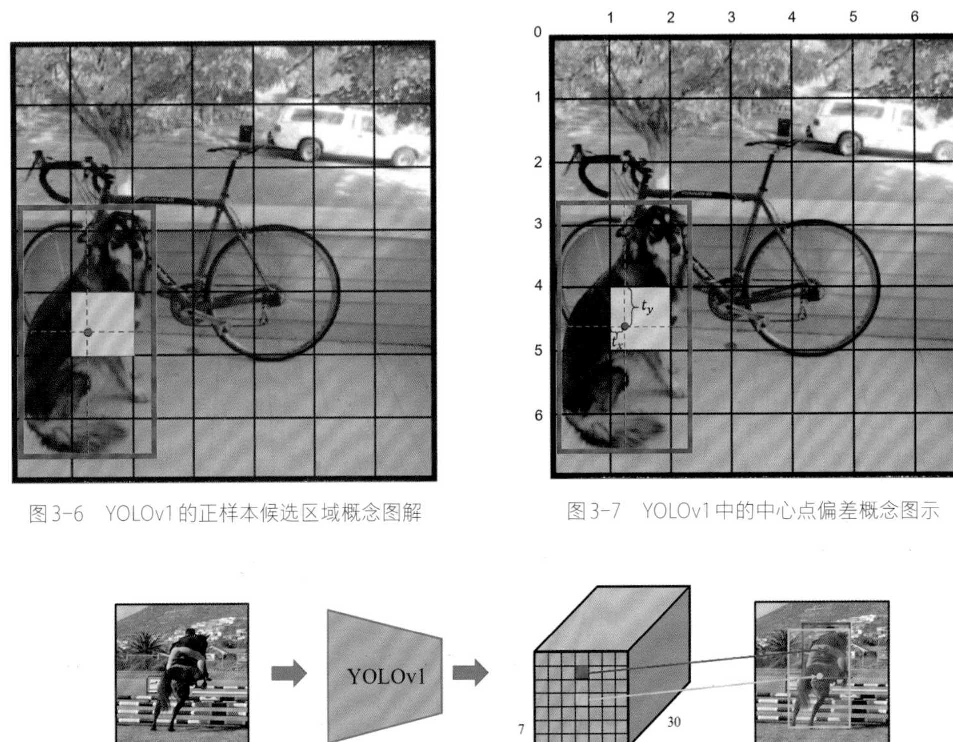

图 3-6　YOLOv1 的正样本候选区域概念图解

图 3-7　YOLOv1 中的中心点偏差概念图示

图 3-8　YOLOv1 的边界框置信度概念图示

图 3-10 正样本候选区域的边界框 B_0（蓝框）和 B_1（绿框）与此处的目标边界框（红框）

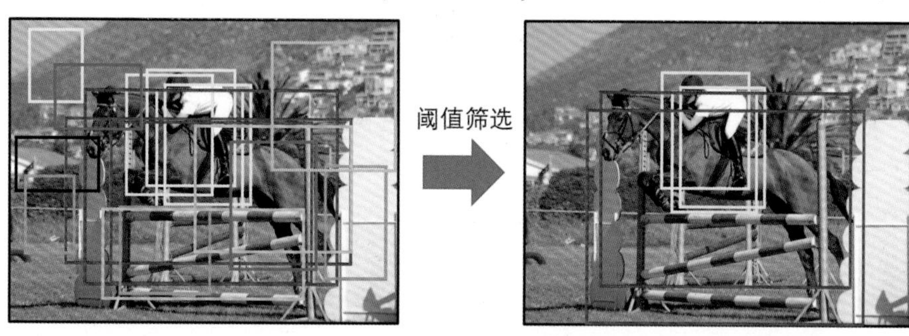

图 3-11 滤除得分低的边界框

图 3-12 滤除冗余的边界框

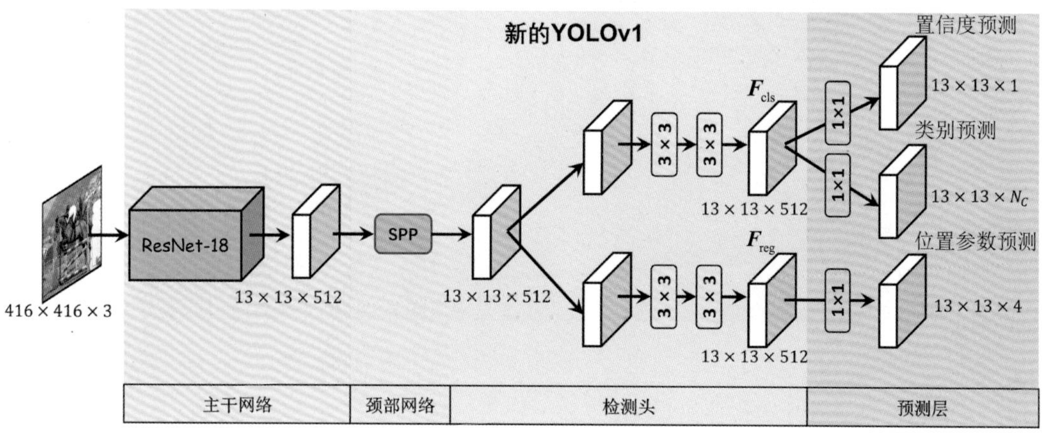

图 4-1 新的 YOLOv1 的网络结构

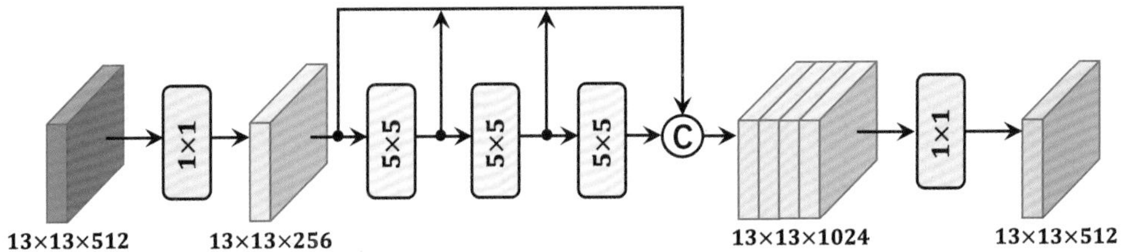

图4-3　改进的SPP模块的网络结构

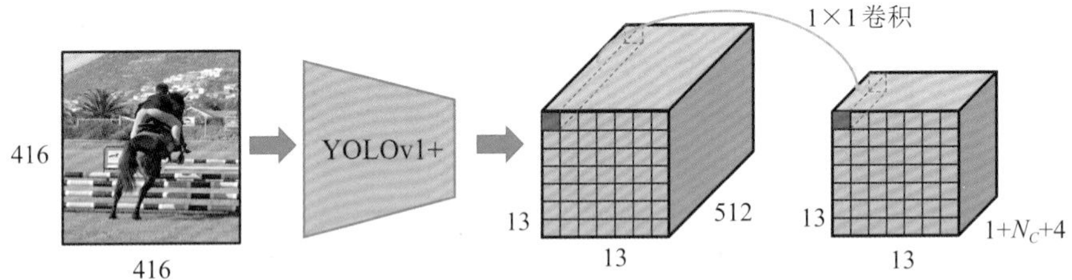

图4-5　YOLOv1使用1×1卷积层做预测

（a）经过SSD风格的数据增强处理后的实例

（b）无数据增强的数据预处理后的实例

图5-1　VOC数据集的图像和标签

图 5-2　YOLOv5 风格的数据增强处理结果

图 5-3　调整图像尺寸的 resize 操作

图 5-4　resize 操作导致的物体畸变失真的问题

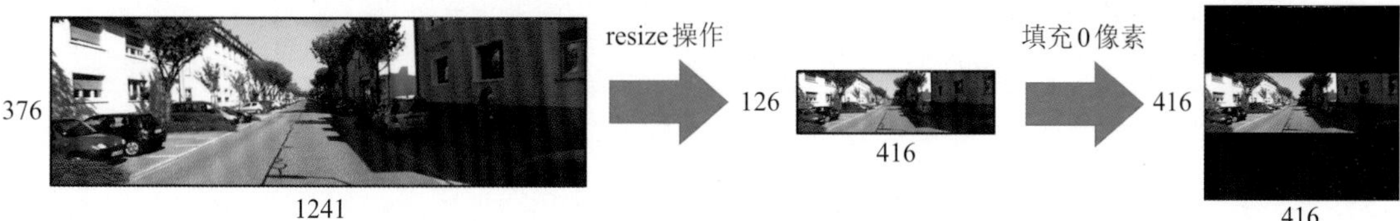

图 5-5　保留长宽比的 resize 操作

图 5-6　由随机剪裁操作而得到的新样本

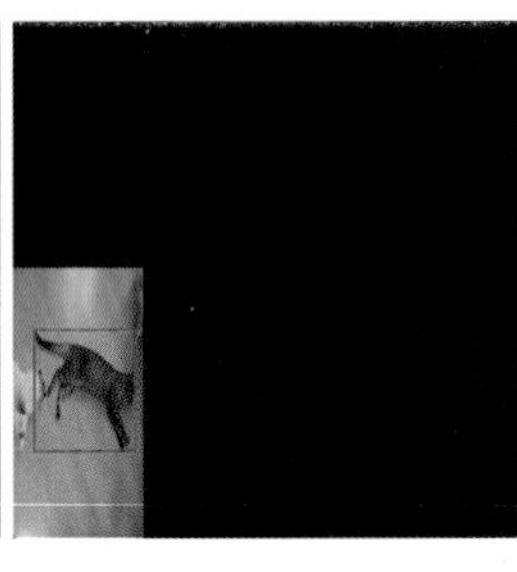

（a）基础变换

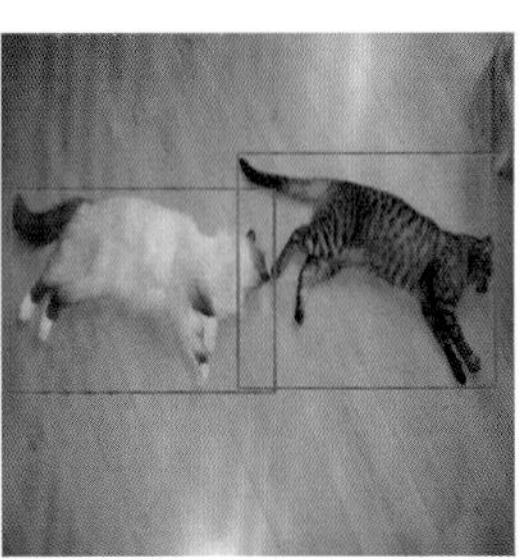

（b）数据增强

图 5-7　经数据预处理操作的 VOC 数据集图片

图 5-10　YOLOv1 在 VOC2007 测试集上的检测结果的可视化图像

图5-12　YOLOv1在COCO验证集上的可视化结果

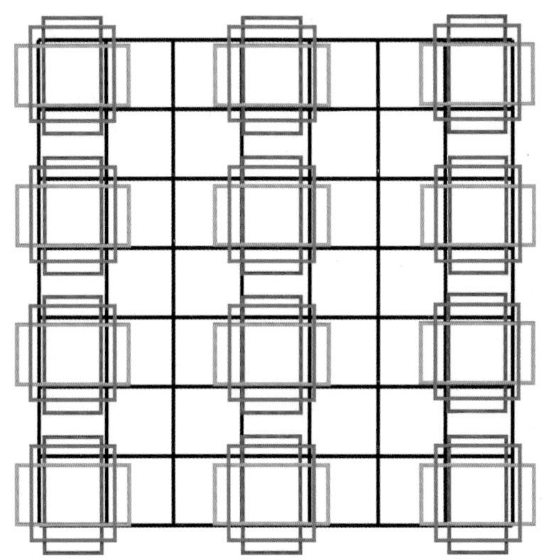

图6-2　先验框的实例

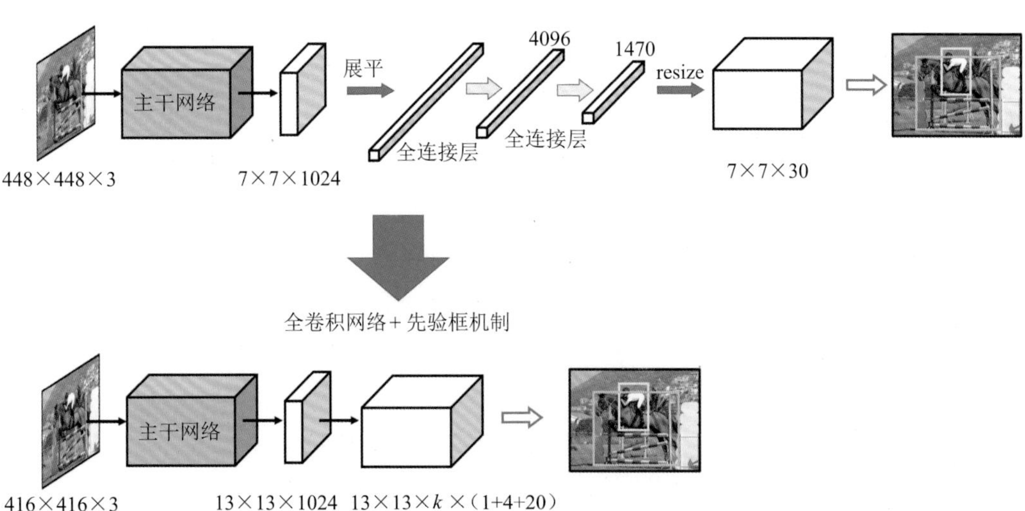

图6-3　YOLOv1的全卷积结构

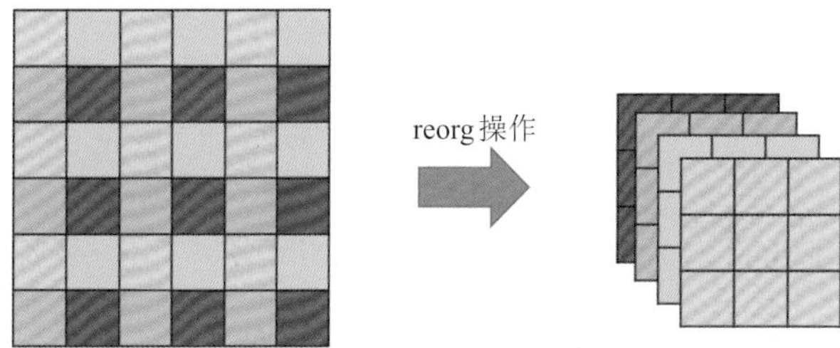

图 6-6　不丢失信息的降采样操作：reorg

图 6-7　图像金字塔

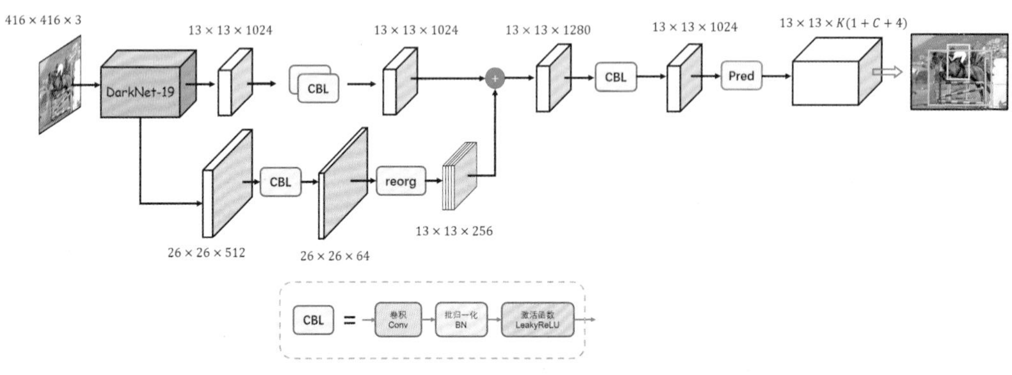

图 6-8　YOLOv2 网络的结构

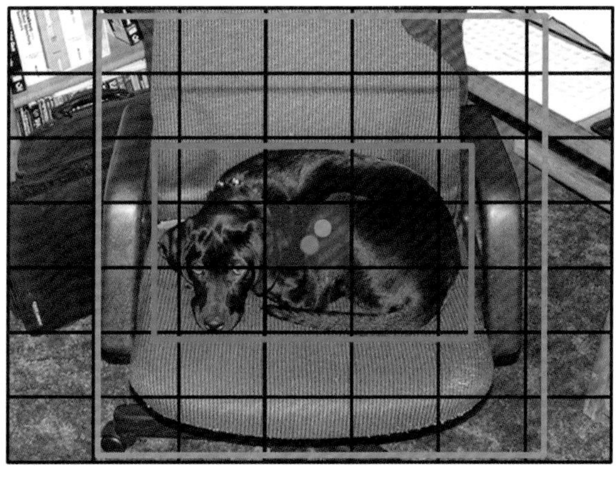

图 6-9　语义歧义问题

图 6-10　YOLOv2 在 VOC2007 测试集上的可视化结果

图 6-11　YOLOv2 在 COCO 验证集上的可视化结果

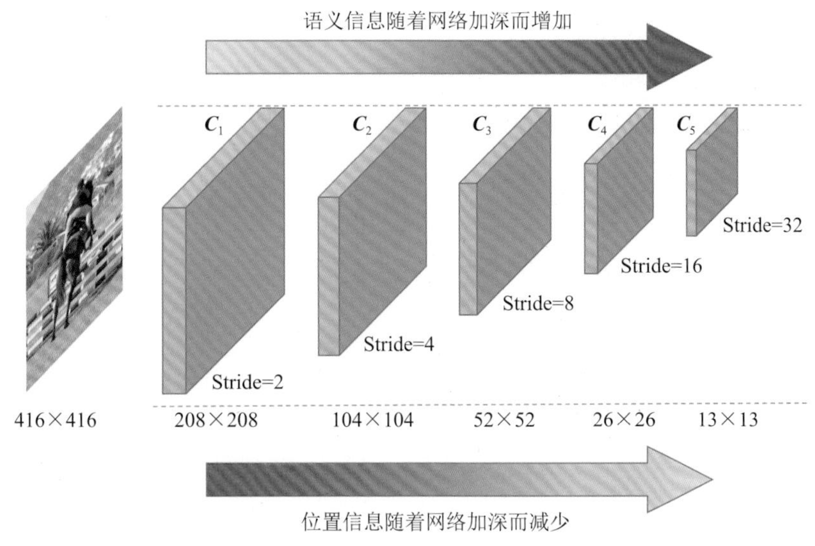

图 7-3　卷积神经网络中的语义信息和位置信息与网络深度的关系

（a）小尺度

（b）中尺度

（c）大尺度

图 7-6　YOLOv3 中的多尺度先验框的布置

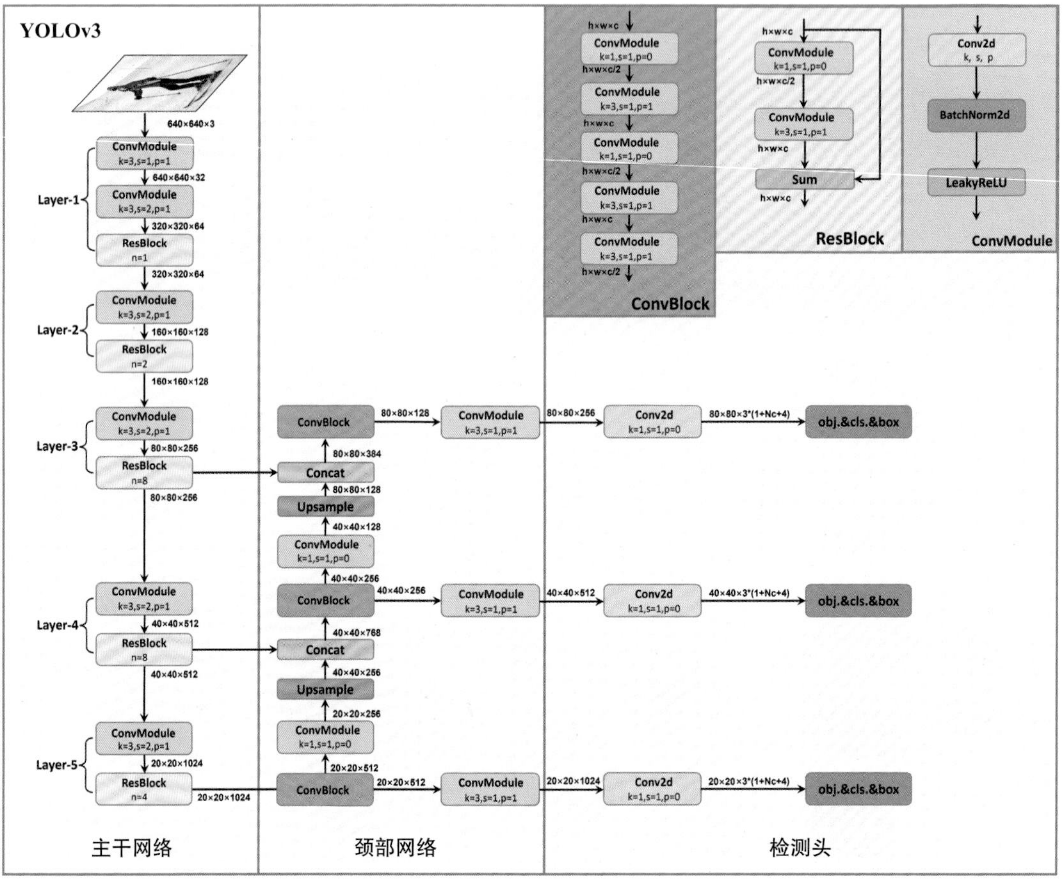

图 7-7　YOLOv3 的网络结构

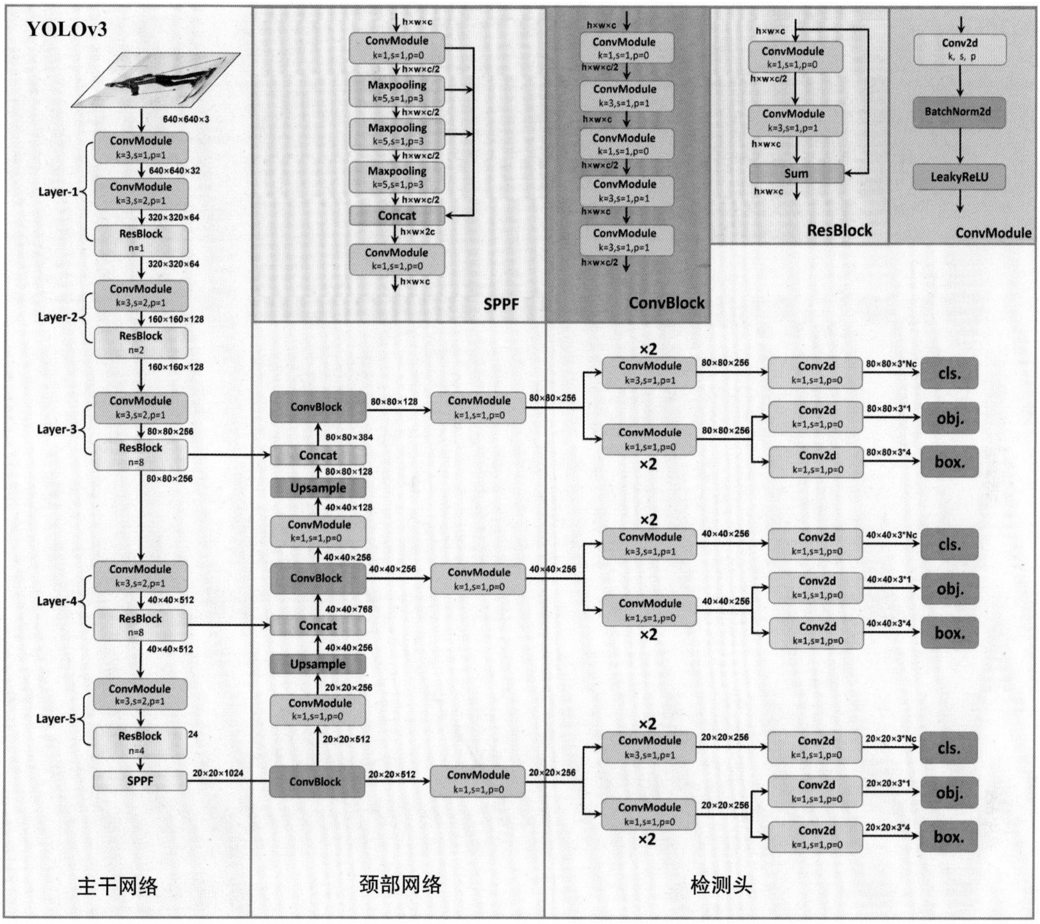

图 7-11　我们所搭建的 YOLOv3 的网络结构

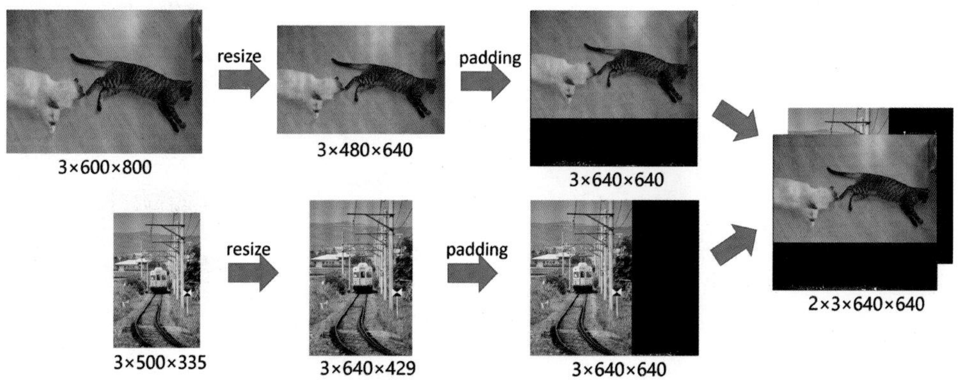

图 7-12　保留原始图像的长宽比的 resize 操作和补零操作

图 7-13　测试阶段的自适应补零操作

图 7-14　颜色扰动和空间扰动

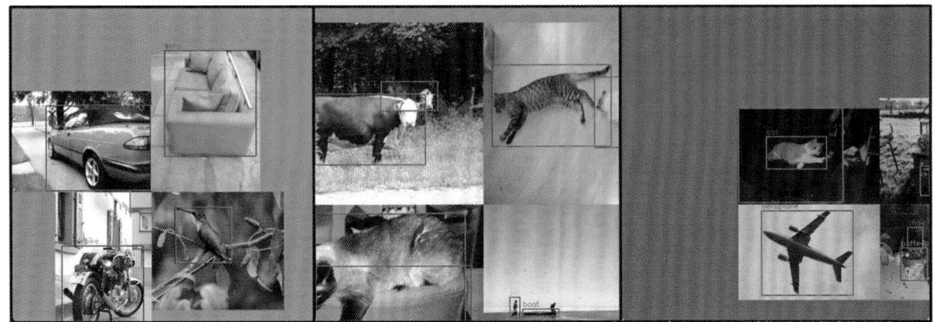

图 7-15　马赛克增强的实例

图 7-16　YOLOv3 在 VOC 测试集上的检测结果的可视化图像

图7-17　YOLOv3在COCO验证集上的检测结果的可视化图像

图8-5　马赛克增强的实例

图8-6　多个网格包含同一个目标的信息

（a）正样本仅来自中心网格

（b）正样本来自中心邻域

图8-7 更多的正样本候选区域

图8-8 YOLOv4在VOC测试集上的检测结果的可视化图像

图8-9 YOLOv4在COCO验证集上的检测结果的可视化图像

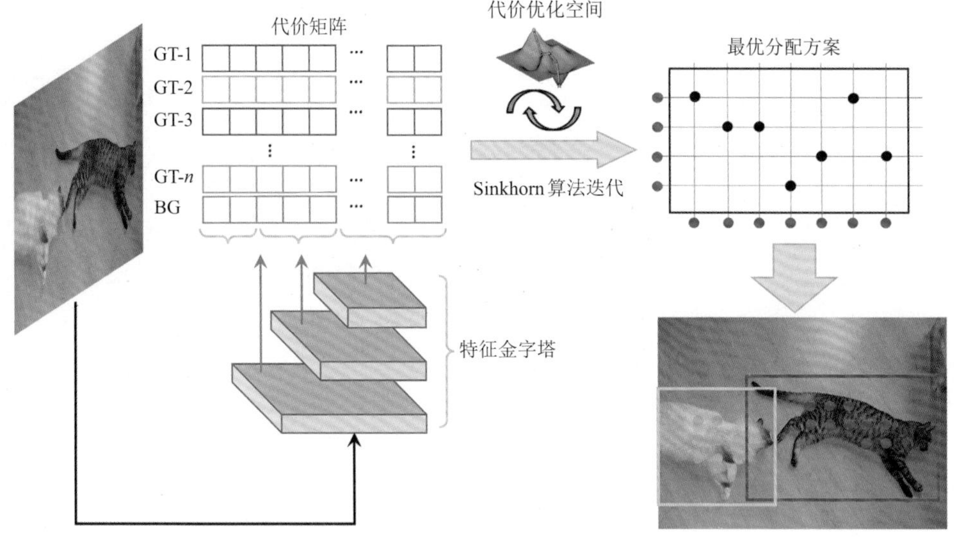

图 9-1　基于最优传输分配的动态标签分配策略

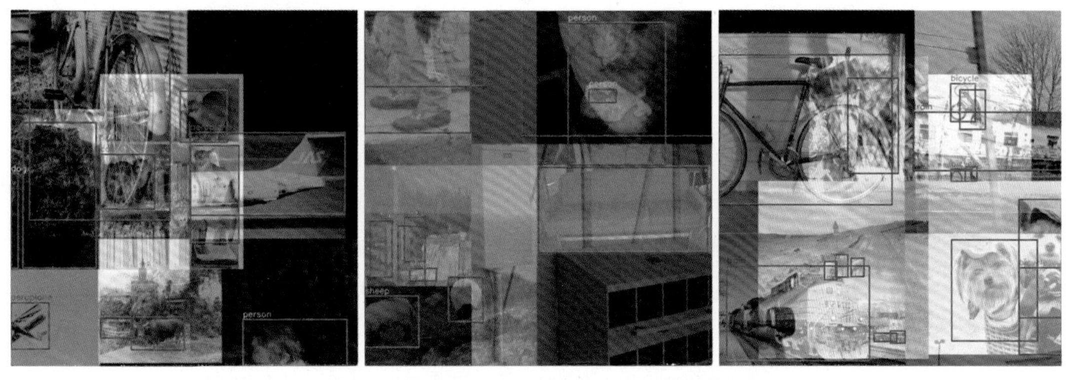

图 9-4　由马赛克增强和混合增强产生的一些不符合真实图像的实例

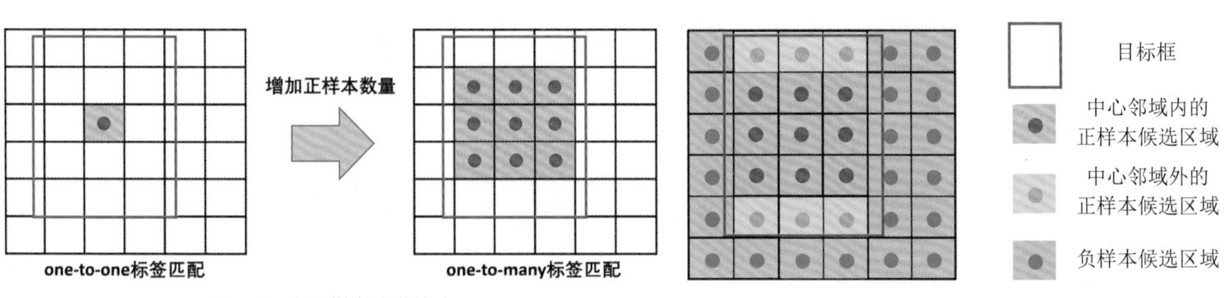

图 9-5　多正样本改进策略

图 9-6　正样本候选区域和负样本候选区域

图 9-7　YOLOX 风格数据增强的实例

图 9-8　加入旋转和剪切处理的实例

图 9-9　YOLOX 在 VOC 测试集上的检测结果的可视化图像

图 9-10　YOLOX 在 COCO 验证集上的检测结果的可视化图像

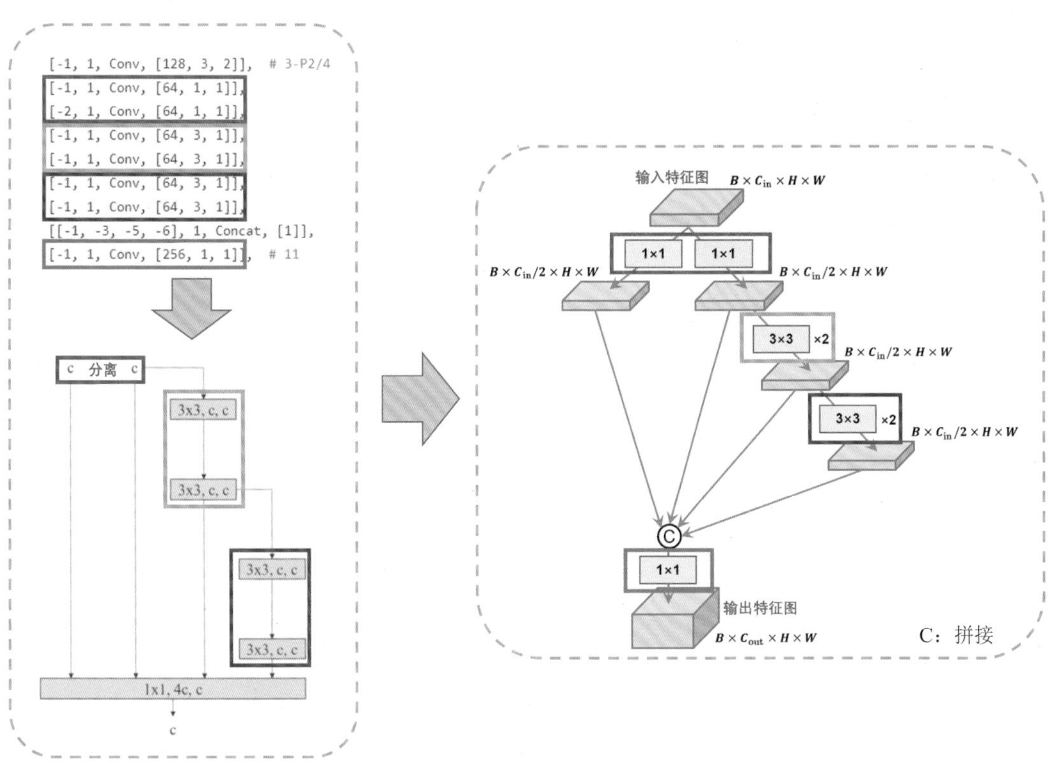

图 10-1　YOLOv7 的 ELAN 模块结构

图 10-4　YOLOv7 在 VOC 测试集上的检测结果的可视化图像

图 10-5　YOLOv7 在 COCO 验证集上的检测结果的可视化图像

图 11-1　DETR 的图像预处理

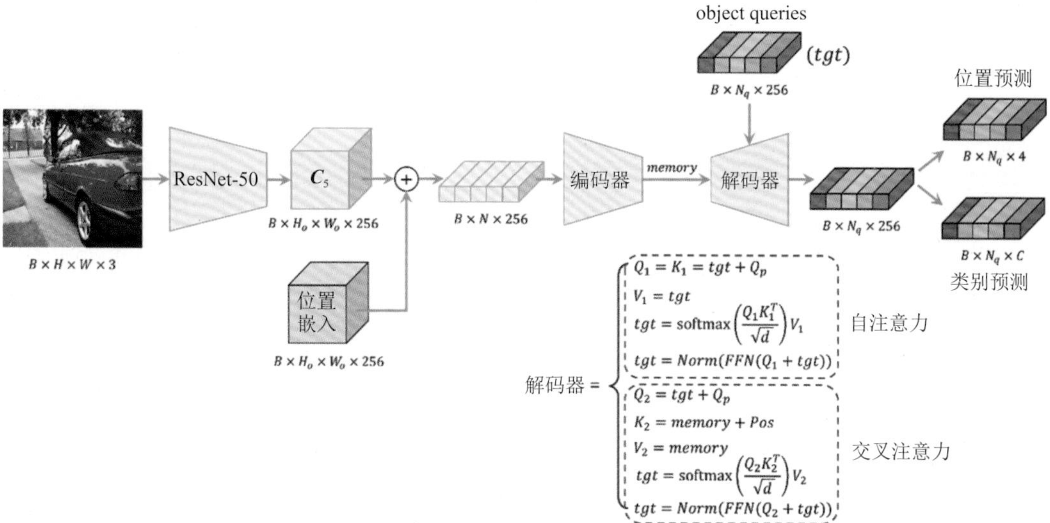

图 11-3 DETR 的网络结构

图 11-5 DETR 在 COCO 验证集上的检测结果的可视化图像

深层特征图

浅层特征图

图 12-1 基于先验框的多级检测方法实例

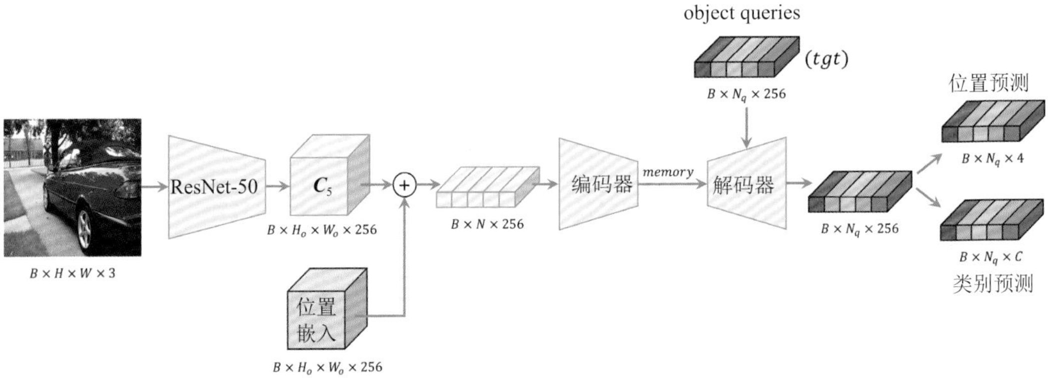

图12-3 DETR的单级检测架构

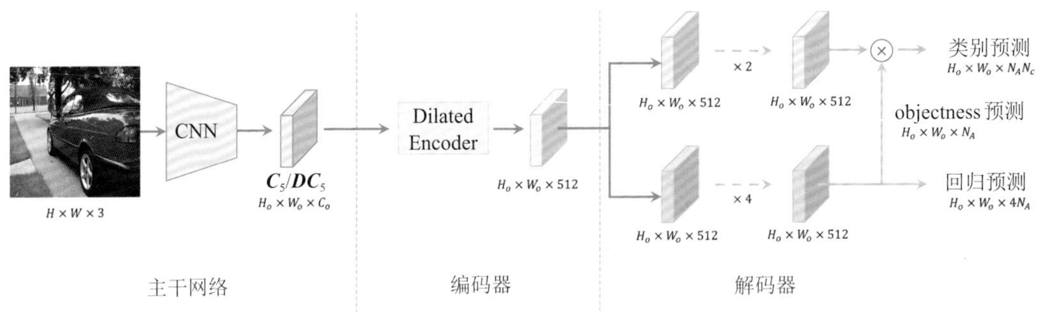

图12-4 YOLOF的网络结构

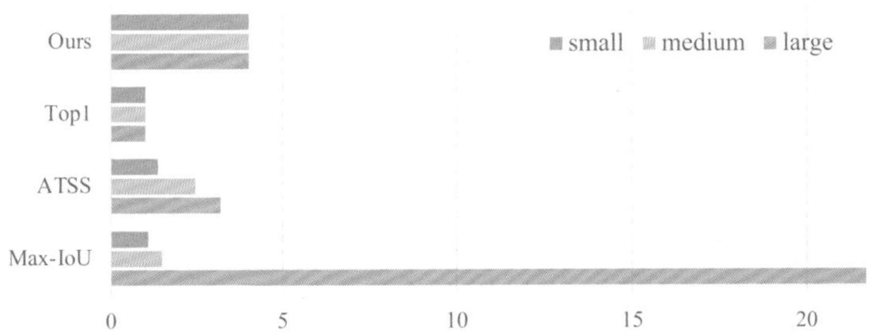

图12-6 不同的匹配方法在单级检测架构下所生成的正样本的分布情况（摘自YOLOF的论文［45］）

图12-10　YOLOF在COCO验证集上的检测结果的可视化

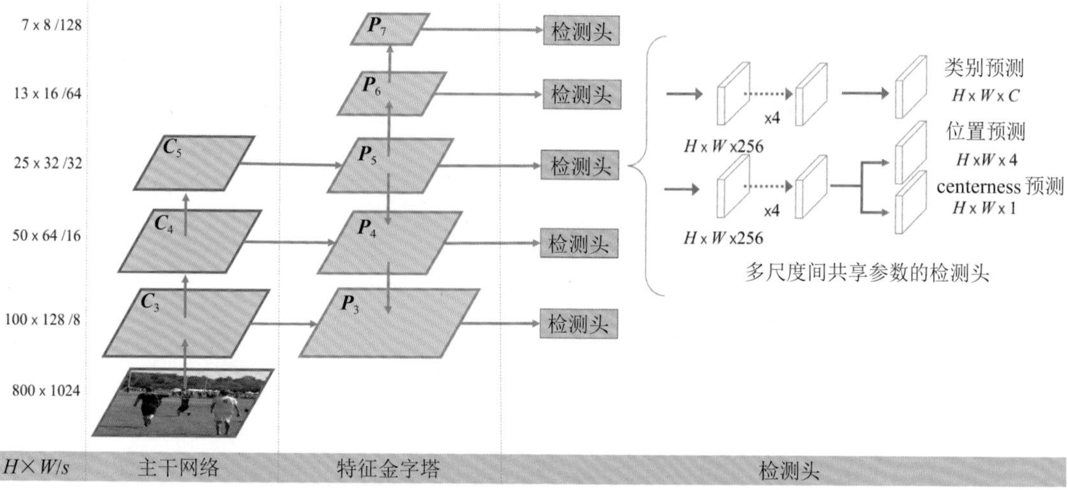

图13-1　FCOS的网络结构图示（摘自FCOS论文［18］）

图13-2　FCOS预测目标框范围内的每个anchor到目标框的四条边的距离

（a）无中心先验

（b）有中心先验

图13-3　目标框内的网格分布，其中红色圆表示处在目标上的网格，蓝色圆表示处在背景上的网格

图13-4　FCOS在COCO验证集上的检测结果的可视化

YOLO目标检测

杨建华　李瑞峰　著

人民邮电出版社
北　京

图书在版编目（CIP）数据

YOLO目标检测 / 杨建华，李瑞峰著. -- 北京 : 人民邮电出版社，2023.12
ISBN 978-7-115-62709-4

Ⅰ. ①Y… Ⅱ. ①杨… ②李… Ⅲ. ①计算机视觉－目标检测 Ⅳ. ①TP302.7

中国国家版本馆CIP数据核字(2023)第178074号

内容提要

本书主要介绍基于视觉的YOLO框架的技术原理和代码实现，并讲解目标检测领域中的诸多基础概念和基本原理，在YOLO框架的基础上介绍流行目标检测框架。

本书分为4个部分，共13章。第1部分介绍目标检测领域的发展简史、主流的目标检测框架和该领域常用的数据集。第2部分详细讲解从YOLOv1到YOLOv4这四代YOLO框架的网络结构、检测原理和训练策略，以及搭建和训练的YOLO框架的代码实现。第3部分介绍两个较新的YOLO框架—YOLOX和YOLOv7，着重讲解其设计理念、网络结构和检测原理。第4部分介绍DETR、YOLOF和FCOS在内的流行目标检测框架和相应的代码实现。

本书侧重目标检测的基础知识，包含丰富的实践内容，是目标检测领域的入门书，适合对目标检测领域感兴趣的初学者、算法工程师、软件工程师等人员学习和阅读。

◆ 著　　　杨建华　李瑞峰
责任编辑　傅道坤
责任印制　马振武
◆ 人民邮电出版社出版发行　　北京市丰台区成寿寺路11号
邮编　100164　电子邮件　315@ptpress.com.cn
网址　https://www.ptpress.com.cn
固安县铭成印刷有限公司印刷
◆ 开本：775×1092　1/16　　彩插：12
印张：18.25　　2023年12月第1版
字数：467千字　　2024年12月河北第8次印刷

定价：99.80元

读者服务热线：(010)81055410　印装质量热线：(010)81055316
反盗版热线：(010)81055315
广告经营许可证：京东市监广登字20170147号

谨以此书献给我已去世的父亲，感谢您在我生命的前二十五年中给予的教育、指导和鼓励，是您将我从一个无知的少年引上了人生的正途，让我成为一个完整的人。同时，也献给我的母亲，感谢您的陪伴和悉心呵护，是您让我能够在这个复杂的世界中健康茁壮地成长，始终保持对身边的人和世界的热爱。

——杨建华

前　言

我本人很喜欢物理学家费曼先生，尤其是他的科学精神，我的治学过程受他的启发很大。当我涉足一个新的知识领域时，只有当我能够完全推导出这个知识领域的知识框架时，才会认为自己已经学会并掌握了这个知识。

在我第一次投入目标检测领域时，首要建立的就是这一领域的知识体系。然而，我发现如此热门的领域竟然连一本较为系统的、理论与实践相结合的入门书都没有。虽然能够在网上搜索到很多带有“目标检测”字眼的技术图书，可是读上几章就发现前半部分充斥着太多机器学习和深度学习的基础概念和公式，等熬过阅读这些基础内容的时间，充满期待地去读后半部分时，却又觉得干货太少，大多时候只停留在对某个流行的目标检测框架已开源代码的讲解，以大量篇幅介绍怎么训练开源代码，怎么测试开源代码，又怎么在自己的数据集上使用开源代码。当我想了解设计一个目标检测网络的方法、制作训练所需的正样本的原理及其实现方法、损失函数的原理、一个目标检测框架的逻辑的时候，我就迷失在了这些文字的汪洋大海里。

相反，在很多技术大牛的博客文章和一些技术论坛中，我逐步掌握了一些工作的技术内核，学习了他们搭建网络的技术路线、制作正负样本的数学原理、各种损失函数的效果和目标检测框架的内在逻辑等知识。在有了这些技术基础后，通过不断地模仿和思考，我也逐渐写出了一套自己的目标检测项目代码，这对我日后去阅读新的目标检测论文、开展前沿工作、上手开源代码都带来了很大的帮助。这不仅让我掌握了一些微观上的操作细节，也让我对目标检测领域有了宏观上的把握。

但是，当我再回顾自己这段学习的心路历程时，还是觉得这样的学习方式，诸如选择适合初学者的论文、选择通俗易懂又全面的科普文章等，具有太多的偶然性。如果迟迟没有找到合适的文章，那就不能理解什么是YOLO检测器，什么又是Detection with Transformers框架。同时，大多数开源代码的上手难度较高，“九曲十八弯”的嵌套封装往往让初学者刚上手就迷失在了一次又一次的代码跳转里，更不用说要将一堆堆零散的知识串联成一个可以印刻在大脑里的认知框架。

在我写下这段文字时，深度学习仍旧是以实践为主，它的重要分支——目标检测也依旧是以实践为主的研究领域，但很多相关图书往往只停留在基础知识的讲解上，所使用的代码也是网上现成的开源代码，这对于初学者来说通常是不友好的。

在某个闲暇的傍晚，我仰靠在实验室工位的椅子上，思索着刚看完的论文，正被其中云山雾绕般的复杂理论所困扰，那一刻，灿烂的夕阳照亮了灰白的天花板，一切都被温暖的橘色所笼罩，焕发出鲜活的色彩。我坐直身子，凝视着窗外远处被柔和的夕阳所点缀的大楼，心旷神怡。忽然间，我萌生了写一系列我所认可的目标检测科普文章的念头，其中既包括对经典论文的解读，又包括原理层面的讲解，最重要的是提供一套可复现的代码，让读者能够从编写代码的角度进一步加深对目标检测的理解，最终将那些我所认为的偶然性都变成必然性。

于是，我开始在知乎上写相关的文章。那时候，我对YOLO很感兴趣，这也是目标检测领域最热门的目标检测架构，因而我选择通过写YOLO相关的科普文章来讲解我所了解的目标检测领域的基础知识。

渐渐地，随着自己对YOLO的认识、对目标检测领域认识的不断加深，我写的科普文章越来越多，内容也越来越详细。同时，随着我代码功底的提升，与科普文章配套的代码实现也越来越丰富。我对自己的科普工作有3点要求：相关论文必须读透、科普内容必须翔实、代码实现必须亲自动手。尤其是第三点，在我看来，是很多科普文章所缺乏的，这些文章最多就是放上已有的开源代码来补充内容。或许，正是因为很多读者能够在我的科普文章中既习得了感兴趣的技术原理，又获得了一份可以运行的、可读性较高的代码，理论与实践相结合，避免了纸上谈兵，所以读者对我的一些文章给出了积极评价和赞赏。

在这两年时间中，我坚持跟进目标检测领域的技术发展，在业余时间里动手实现每一个感兴趣的模块甚至是整个网络架构，配合自己的代码做深度的论文讲解，因此我写出的科普文章越来越多，还创建了以YOLO为核心的目标检测入门知乎专栏。尽管在如今这个讲究“快”的时代，一点一点学习基础知识可能不如直接在现有工作的基础上做一些“增量式改进”来得实在，但我还是坚持自己的理念，继续进行这方面的科普工作。

如今，在人民邮电出版社编辑的赏识下，我有幸能够将这些年来的科普文章汇总成一本技术图书，对我来说，这是对我科普工作的一大肯定。我很希望本书能够填补该领域中入门图书的空白，为初学者提供一个较好的入门资料。同时，也由衷地希望这本书能够抛砖引玉，引来更多的专业人士拨冗探讨，引导后人。

那么，回到这本书所要涉猎的技术领域：什么是目标检测（object detection）？

在计算机视觉领域中，目标检测是一个十分基础的计算机视觉问题，是图像分类（image classification）这个相对简单且更基础的任务的诸多下游任务中的一个重要分支。在图像分类任务（如图0-1所示）中，我们设计一个分类器（classifier）模型，期望这个分类器能够识别出给定图像的类别，例如输入一张有关猫的图像，我们希望分类器能够判别出输入图像中的目标是一只猫，如图0-1所示。

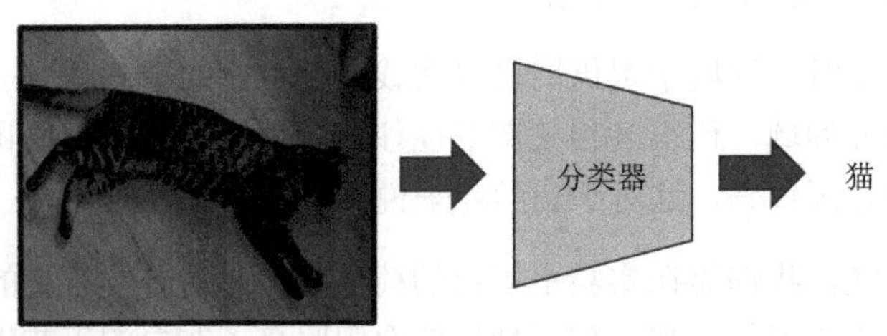

图0-1　图像分类任务

不过，尽管能够识别出“猫”这一类别，但对于其所处的空间位置却几乎是不知道的。因此，图像分类任务有着明显的局限性。不同于图像分类任务，在目标检测任务中，我们需要设计一个检测器（detector）模型，期望这个检测器能够识别出图像中我们所感兴趣的目标，这里对于“识别”的定义既包括识别出每个目标的类别，又要定位出每个目标在图像中的位置。例如，输入一张图像，如图0-2所示，我们希望检测器能够识别出图像中的“猫”和“电视机”，并采用边界框的形式来标记目标在图像中所处的空间位置。

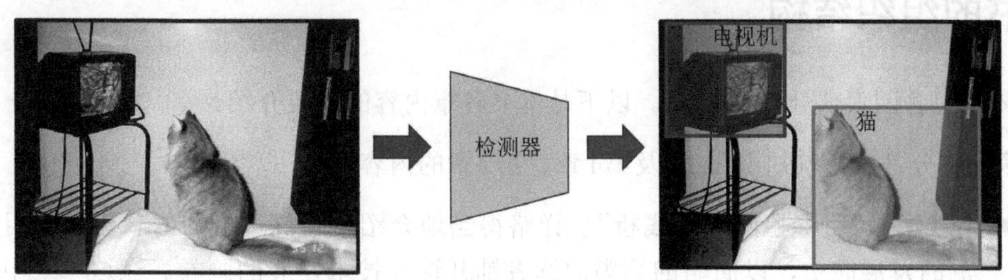

图0-2 目标检测任务

乍一看，这样的任务对人类来说是一件易如反掌的事情，多数人几乎不需要经过相关的培训和训练，即可识别和定位出现于我们视野中的物体。然而，就是这么一个对人类来说再简单不过的任务，对计算机而言，却是十分困难的。

直到21世纪初，随着深度学习中的卷积神经网络（convolutional neural network，CNN）技术的兴起，目标检测才得到了长足的发展。尽管在此之前，已经出现了一批基于传统人工视觉特征（如HOG特征）的方法，然而目标检测在真正意义上的突破还是从深度学习时代开始的。

目标检测发展至今，可以说是百家争鸣，百花齐放，不同的算法有着不同的特色和优势，倘若我们一一讲来，这将会是一本长篇且有趣的综述类图书。但同时也会使这本书变得厚重无比，成为长期放于书架、与尘土作伴的“大部头”。这并不是我的初衷。

不论是哪一个科学领域，总会有几个代表性的工作时常被人提起。在目标检测领域中，YOLO（You Only Look Once）便是这样的工作之一。YOLO是一个具有里程碑意义的存在，以在GPU上的实时检测速度和简洁的网络架构两大特点而一鸣惊人，打破了R-CNN系列工作的神话，结束了基于two-stage方法的检测框架的统治时代，掀开了基于深度学习的目标检测领域的新篇章，创建了新的目标检测范式，为这一领域注入了新鲜的、更具有潜在研究价值的新模式。在后续许多出色的工作中，我们都能够看到YOLO的影子。

时至今日，YOLO网络已从最开始的YOLOv1发展出YOLOv2、YOLOv3和YOLOv4等多个版本。在GitHub上，由非YOLO官方团队实现的YOLOv5也备受研究者的青睐，以及由旷视科技公司发布的YOLOX再度将YOLO工作推向了新的高峰。2022年，美团公司发布的工业部署友好型的YOLOv6和YOLOv4的作者团队新推出了YOLOv7，再一次刷新了YOLO系列的性能上限。随着这些优秀的研究者们不断致力于优化和改善YOLO框架，YOLO几乎成了目标检测任务的代名词，是当前目标检测社区较活跃，也是较受欢迎的工作。或许终有一天，YOLO将被这个时代所抛弃，但在目标检测发展史中，YOLO所筑下的里程碑将永远屹立。

正因如此，我斗胆选择以YOLO为核心，写下这本以“入门目标检测”为宗旨的技术图书。本书可能是第一本以实践为出发点来讲解YOLO网络的教程类图书，也是一本对初学者较友好的目标检测入门书。同时，请允许我以这么一本基础书来为各位读者抛砖引玉。

本书的组织结构

本书包含四大部分，共13章。以下是本书各章内容的简要介绍。

第1部分是“背景知识”，涉及第1章、第2章的内容。

- **第1章，“目标检测架构浅析”**。详略得当地介绍了自深度学习时代以来的目标检测的发展简史，以简略的笔墨向读者铺开这一技术发展的画卷。在这一章中，作者列出了若干经典的目标检测框架，如R-CNN系列和YOLO系列，讲述了当前目标检测领域的两大技术流派：两阶段和单阶段。同时，介绍了当前流行的目标检测架构，包含主干网络、颈部网络和检测头三大部分，这为以后的改进和优化工作提供了较为清晰的路线和准则。目标检测发展得已较为成熟，由于篇幅有限，作者无法将每一部分的所有工作都罗列出来，因此只能挑选其中极具代表性的工作进行介绍。在了解了相关原理后，建议读者顺藤摸瓜地去了解更多的相关工作，丰富知识体系。
- **第2章，“常用的数据集”**。介绍了目标检测领域常用的两大数据集：PASCAL VOC数据集和MS COCO数据集，其中，MS COCO数据集是最具挑战性的、当下诸多论文中必不可少的重要数据集之一。了解这些数据集的基本情况，是入门目标检测领域的基本功之一，有助于读者开展后续工程或学术方面的工作。

第2部分是“学习YOLO框架”，涉及第3章～第8章的内容。

- **第3章，“YOLOv1”**。详细讲解经典的YOLOv1工作，包括网络结构、检测原理、训练中的标签分配策略、训练模型的策略以及前向推理的细节。通过本章的学习，读者将正式迈过目标检测领域的门槛，对目标检测任务建立基本的认识，掌握基于YOLO框架的检测技术路线，这有助于开展后续的学习和研究工作。
- **第4章，“搭建YOLOv1网络”**。在第3章所学习的YOLO相关知识的基础上，通过对YOLOv1的网络结构做适当的改进，着手编写相关的网络结构的代码。本章的代码实现环节将有助于提升读者对目标检测框架的认识，使其对如何基于现有的深度学习框架搭建目标检测网络有一定的基本了解。
- **第5章，“训练YOLOv1网络”**。本章进一步编写YOLOv1的项目代码，在第4章的基础上，本章主要编写读取数据、预处理数据、搭建模型、实现标签匹配、实现训练和测试代码以及可视化检测结果等诸多代码实现内容。通过学习本章，读者将对如何搭建一个目标检测框架并实现训练和测试等必要的功能有一个较为清晰的认识。这些认识也将对读者日后开展深入研究、快速掌握其他开源代码的架构起着很大的作用。

- **第6章，“YOLOv2”**。介绍了自YOLOv1之后的新一代YOLOv2网络，着重介绍了YOLOv2所采用的各种改进和优化方式，有助于读者了解包括批归一化层、先验框、多尺度训练等在内的关键技术。这些技术都是当前主流的目标检测框架中不可或缺的部分。同时，还对YOLOv2做了一次复现，有助于读者从代码实现的角度进一步加深对YOLOv2的认识，同时巩固搭建目标检测项目的代码能力。
- **第7章，“YOLOv3”**。介绍了YOLOv3检测框架的技术原理和细节。自YOLOv3开始，YOLO系列工作的整体面貌就基本确定下来：强大的主干网络和多尺度检测架构。这两点在后续的每一代YOLO检测器中都能清晰展现。同时，也讲解了YOLOv3的代码实现，完成对复现的YOLOv3的训练和测试。
- **第8章，“YOLOv4”**。介绍了YOLOv4检测框架的技术原理和细节，着重介绍了相较于YOLOv3的诸多改进。同时，也讲解了复现YOLOv4的相关代码实现，进一步引导读者从实现的角度加深对YOLOv4的认识和理解，帮助读者巩固和强化对一个完整的目标检测项目代码的认知和实现能力。

第3部分是“较新的YOLO框架”，涉及第9章、第10章的内容。

- **第9章，“YOLOX”**。介绍了新一代的YOLO框架，讲解了YOLOX对YOLOv3的改进以及新型的动态标签分配，并动手实现了一款较为简单的YOLOX检测器。
- **第10章，“YOLOv7”**。介绍了YOLOv7检测框架的技术原理，主要介绍了YOLOv7所提出的高效网络架构的实现细节，并动手实现了一款较为简单的YOLOv7检测器。

第4部分是“其他流行的目标检测框架”，涉及第11章、第12章和第13章的内容。

- **第11章，“DETR”**。介绍了掀起Transformer在计算机视觉领域中的研究浪潮的DETR，讲解了DETR的网络结构，并通过讲解相关的开源代码来展现DETR的技术细节。
- **第12章，“YOLOF”**。介绍了新型的单级目标检测网络，讲解了YOLOF独特的网络结构特点和所提出的标签匹配，并通过代码实现的方式复现了YOLOF，进一步增强读者的代码能力。
- **第13章，“FCOS”**。介绍了掀起无先验框检测架构研究浪潮的FCOS检测器，填补了前文对于无先验框技术框架的空白，加深了读者对无先验框检测架构的理解和认识。FCOS是这一架构的经典之作，也是常用的基线模型，同时，无先验框技术框架也是当下十分受欢迎的框架。

本书特色

1. 较为全面的YOLO系列内容解读

本书以YOLO系列为核心，围绕这一流行的通用目标检测框架来开展本书的技术讲解、代码实现和入门知识科普等工作。本书翔实地讲解了自YOLOv1到YOLOv4的发展状况和相关技术细节。尽管在本书成稿时，YOLOv4已经算是“古董”了，但即便是这样一个“古董”，最新的YOLO检测器也没跳出YOLOv4的技术框架，无非是在每一个模块中采用了最新的技术，但其基本架构是一模一样的。因此，在学习YOLOv4后，就能在宏观上对YOLO框架的发展有足够清晰的认识，同时在微观上了解和掌握相关的技术细节，为日后读者自学更新的YOLO检测器做足了相关知识储备，也为后续的改进和优化夯实了基础。书中也提供了大量图片以帮助读者更加直观地理解YOLO系列。

2. 作者编写的开源代码

完整、可复现的开源代码是本书最大的亮点。本书不仅详细地讲解了YOLO系列所涉及的理论知识，更是在此基础上编写了大量的相关代码。正所谓“纸上得来终觉浅，绝知此事要躬行”，只有通过阅读代码、编写代码和调试代码，才能对YOLO具备更加全面的认识，而这些认识又会为入门目标检测领域提供大量的正反馈。本书的绝大多数代码是由作者亲手编写，部分实现也借鉴了现有的开源代码，而非简单地借用或套用已开源的YOLO项目代码作为范例，或者投机取巧地解读YOLO开源项目。每一次代码实现环节都对应一份完整的目标检测项目代码，而非零散的代码块，其目的是让读者能够一次又一次地建立起对完整的目标检测项目的认识。本书的诸多经验和认识都是建立在作者编写的大量丰富代码的基础上，使得读者既能够在阅读此书时对YOLO建立起一个感性认识，同时又能够通过阅读、模仿、编写和调试代码建立起对YOLO的理性认识。

3. 经典工作的解读和代码实现

除YOLO之外，本书还讲解了流行的目标检测框架（如DETR、YOLOF和FCOS），同时，也提供了由作者编写的完整的项目代码，以便读者阅读、复现和调试。通过学习这些YOLO之外的工作，有助于读者将从YOLO项目中学到的知识横向地泛化到其他检测框架中，进一步加深对目标检测的认识，同时还能够纵向地摸清、看清目标检测领域的发展趋势，掌握更多的技术概念，为后续的“践行”做足准备。

本书读者对象

本书主要面向具有一定神经网络基础知识、了解深度学习的基本概念、想要踏踏实实地夯实目标检测基础知识的初学者。同时，对于在工作中对YOLO框架有一定涉猎，但缺乏对相关技术的了解和掌握，并打算学习相关技术、掌握基础概念的算法工程师和软件工程师也同样适用。

本书采用自底向上、由浅入深、理论与实践相结合的讲解方式，帮助读者建立起较为扎实的目标检测知识体系，有助于开展后续的研究工作。

阅读本书需具备的基础知识

由于本书不会去讲解过多的机器学习和深度学习的基本概念，因此希望读者在阅读此书时，已经具备了一些机器学习、神经网络、深度学习和计算机视觉领域相关的基础知识。同时，我们也希望读者具备Python语言、NumPy库和PyTorch深度学习框架使用基础，以及对流行的计算机开源库OpenCV的基本操作有所了解和使用经验。

另外，为了能够顺利调试本书提供的开源代码，还需要读者对Ubuntu操作系统具有一些操作经验。尽管本书的大多数代码也能在Windows系统下正常运行，但不排除极个别的操作只能在Ubuntu系统下运行。同时，读者最好拥有一块性能不低于GTX 1060型号的显卡，其显存容量不低于3GB，并且具备安装CUDA、cuDNN和Anaconda3的能力，这些硬件和软件是运行本书代码的必要条件。

致谢

感谢我的导师李瑞峰对我这些年的博士课题研究的支持和指导，感谢我的父亲和母亲的支持，也感谢我所在实验室的师兄、师弟和师妹的支持。没有你们的支持，就不会有这本书，是你们给予了我创作的动机、勇气和决心，是你们的支持赋予了我工作的最大意义。

感谢人民邮电出版社的傅道坤编辑在本书的创作过程中提供指导、审阅书稿并反馈大量积极的修改建议，感谢人民邮电出版社的单瑞婷编辑在本书的审阅和校对阶段所付出的努力和不辞辛劳的帮助，也感谢人民邮电出版社的陈聪聪编辑的赏识以及杨海玲编辑提供的帮助和支持。

感谢人民邮电出版社的工作人员为科技图书的普及做出的贡献。

资源与支持

资源获取

本书提供如下资源：

- 本书源代码；
- 书中彩图文件；
- 本书思维导图；
- 异步社区7天VIP会员。

要获得以上资源，您可以扫描右方二维码，根据指引领取。

提交勘误

作者和编辑尽最大努力来确保书中内容的准确性，但难免会存在疏漏。欢迎您将发现的问题反馈给我们，帮助我们提升图书的质量。

当您发现错误时，请登录异步社区（https://www.epubit.com），按书名搜索，进入本书页面，单击“发表勘误”，输入勘误信息，单击“提交勘误”按钮即可（见下图）。本书的作者和编辑会对您提交的勘误进行审核，确认并接受后，您将获赠异步社区的100积分。积分可用于在异步社区兑换优惠券、样书或奖品。

图书勘误　　发表勘误

页码：1　　页内位置（行数）：1　　勘误印次：1

图书类型：纸书　电子书

添加勘误图片（最多可上传4张图片）

提交勘误

与我们联系

我们的联系邮箱是contact@epubit.com.cn。

如果您对本书有任何疑问或建议，请您发邮件给我们，并请在邮件标题中注明本书书名，以便我们更高效地做出反馈。

如果您有兴趣出版图书、录制教学视频，或者参与图书翻译、技术审校等工作，可以发邮件给我们。

如果您所在的学校、培训机构或企业，想批量购买本书或异步社区出版的其他图书，也可以发邮件给我们。

如果您在网上发现有针对异步社区出品图书的各种形式的盗版行为，包括对图书全部或部分内容的非授权传播，请您将怀疑有侵权行为的链接发邮件给我们。您的这一举动是对作者权益的保护，也是我们持续为您提供有价值的内容的动力之源。

关于异步社区和异步图书

“异步社区”（www.epubit.com）是由人民邮电出版社创办的IT专业图书社区，于2015年8月上线运营，致力于优质内容的出版和分享，为读者提供高品质的学习内容，为作译者提供专业的出版服务，实现作者与读者在线交流互动，以及传统出版与数字出版的融合发展。

“异步图书”是异步社区策划出版的精品IT图书的品牌，依托于人民邮电出版社在计算机图书领域30余年的发展与积淀。异步图书面向IT行业以及各行业使用IT技术的用户。

目　录

第1部分　背景知识

第2部分　学习 YOLO 框架

第 4 部分 其他流行的目标检测框架

第1部分

背景知识

第1章 目标检测架构浅析

通常，在正式迈入一个技术领域之前，往往先从宏观的、感性的层面来认识和了解它的发展脉络是很有益处的，因此，在正式开始学习YOLO[1-3]系列工作之前，不妨先从宏观的角度来了解一下什么是“目标检测”，了解它的发展简史、主流框架以及部分经典工作。拥有这些必要的宏观层面的认识对于开展后续的学习也是极其有益的。本章将从目标检测发展简史和当前主流的目标检测网络框架两大方面来讲一讲这一领域的发展技术路线。

1.1 目标检测发展简史

在深度学习时代到来之前，研究者们对目标检测的研究路线基本可以划分为两个阶段，先从图像中提取人工视觉特征（如HOG），再将这些视觉特征输入一个分类器（如支持向量机）中，最终输出检测结果。

以现在的技术眼光来看，这种做法十分粗糙，但是已经基本能够满足那时实时检测的需求，并且已经在一些实际场景的业务中有所应用，但那主要得益于人体结构本身不算太复杂、特点鲜明，尤其是行走中的人的模式几乎相同，鲜有“奇行种”。不过，想做出一个可靠的通用目标检测器，识别更多、更复杂的物体，则存在很大的困难，在作者看来，造成这种困难的最根本的原因是我们难以用一套精准的语言或数学方程来定义世间万物。显然，要检测的物体种类越多，模型要学会的特征就越多，仅靠人的先验所设计出的特征算子似乎无法满足任务需求了。

直到2014年，一道希望之光照射进来，拨开了重重迷雾。

2014年，著名的R-CNN[4]问世，不仅大幅提升了当时的基准数据集PASCAL VOC[12]的mAP指标，同时也吹响了深度学习进军基于视觉的目标检测（object detection）领域的号角。从整体上来看，R-CNN的思路是先使用一个搜索算法从图像中提取出若干**感兴趣区域**（region of interest，RoI），然后使用一个**卷积神经网络**（convolutional neural network，CNN）分别处理每一个感兴趣区域，提取特征，最后用一个支持向量机来完成最终的分类，如图1-1所示。

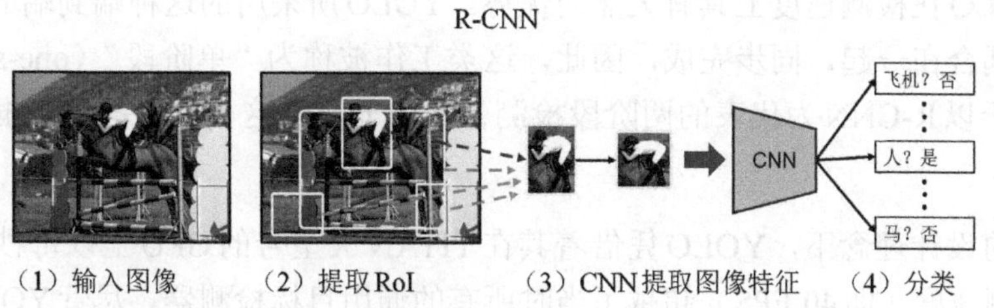

图1-1 R-CNN检测流程

通常，搜索算法会先给出约2000个感兴趣区域，然后交给后续的CNN去分别提取每一个感兴趣区域的特征，不难想象，这一过程会十分耗时。为了解决这一问题，在R-CNN工作的基础上，先后诞生了Fast R-CNN[13]和Faster R-CNN[14]这两个工作，如图1-2所示，迭代改进了R-CNN这一检测框架的各种弊端，不断完善R-CNN"先提取，后识别"的检测范式。这一检测范式后被称为"两阶段"（two-stage）检测，即**先提取出可能包含目标的区域，再依次对每个区域进行识别，最后经过处理得到最终的检测结果。**

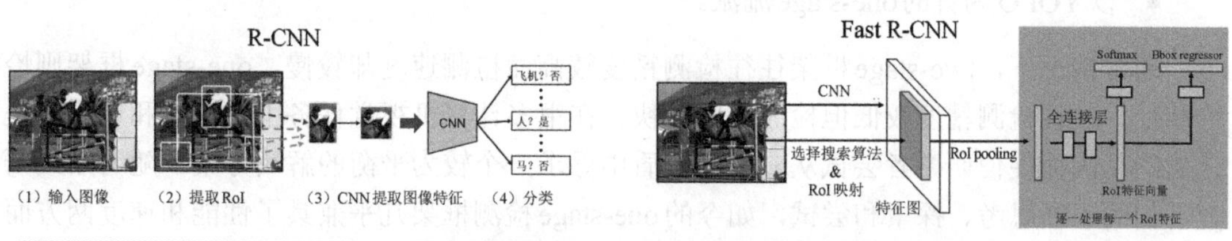

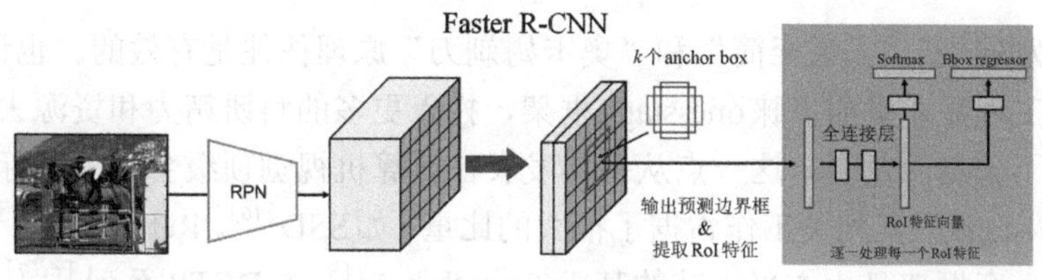

图1-2 R-CNN家族图谱

而在2015年，又一个革命性的工作——YOLO（You Only Look Once）[1]问世。不同于R-CNN的两阶段检测范式，YOLO的作者团队认为，提取候选区域（定位）和逐一识别（分类）完全可由一个单独的网络来同时完成，无须分成两个阶段，不需要对每一个特征区域进行依次分类，从而能够减少处理过程中的大量冗余操作，如图1-3所示。

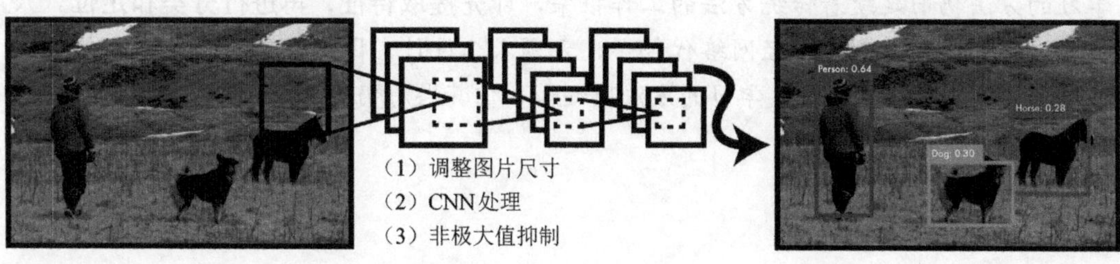

图1-3 YOLOv1检测流程

显然，在这一技术理念下，YOLO只需对输入图像处理一次，即可获得最终的检测结果，因而YOLO在检测速度上具有天然的优势。YOLO所采用的这种端到端的检测方式将定位和分类耦合在一起，同步完成，因此，这类工作被称为“单阶段”（one-stage）检测。显然，相较于以R-CNN为代表的两阶段检测范式，YOLO这类单阶段检测框架理应更加高效、简洁。

在这样的设计理念下，YOLO凭借着其在TITAN X型号的GPU上以每秒处理超过40张图像的检测速度（即40 FPS）超越了当时所有的通用目标检测器。尽管YOLO的检测性能要略逊于当时最新的Faster R-CNN检测器，但其显著的速度优势使其成为一个可以满足实时检测需求的通用目标检测器，许多研究者看到了这一检测器背后所蕴含的性能潜力和研究价值。此后，YOLO以其在检测速度和模型架构上的显著优势一鸣惊人，掀开了目标检测领域的新篇章。

也正是在YOLO框架大火之后，目标检测领域正式诞生了以下两大流派：

- 以R-CNN为代表的two-stage流派；
- 以YOLO为首的one-stage流派。

通常情况下，two-stage框架往往检测精度较高而检测速度却较慢，one-stage框架则恰恰相反，往往检测精度较低但检测速度较快。在很多计算机视觉任务中，精度和速度总是矛盾的，因而促使研究者尝试从二者的矛盾中寻求一个较为平衡的解决方案。随着后续研究者们的不断思考、探索和尝试，如今的one-stage检测框架几乎兼具了性能和速度两方面的优势，实现了极为出色的性能上的平衡。

纵观科学发展史，“大道至简”和“奥卡姆剃刀”原理往往是有效的。也许正因如此，广大研究者和工程师才更加青睐one-stage框架，投入更多的科研精力和资源去优化这一框架，使其得到了长足的发展。这一点从每年发表在计算机视觉顶级会议的目标检测工作中可见一斑，one-stage框架相关工作占据了很大的比重，如SSD[16]、RetinaNet[17]和FCOS[18]等。近来，这一套框架又由方兴未艾的基于Transformer[5]的DETR系列[6, 7]做了一次大幅度的革新。可以认为，目标检测的one-stage框架以其更简洁、更具潜力等优势已经成为这一领域的主流框架。

因此，在入门目标检测领域时，学习one-stage框架相关工作是更为契合主流的选择。

注意：尽管基于深度学习的方法成为了这一领域的主流，但我们不难发现，基于深度学习的方法仍旧延续着传统方法的工作框架，即**先提取特征，再进行分类和定位**。只不过这两部分现在都被神经网络代替了，无须人工设计。因此，虽然传统计算机视觉方法在许多方面被基于深度学习的方法所超越，但其思想仍值得我们借鉴和思考。

1.2 目标检测网络框架概述

从深度学习时代开始，目标检测网络的框架也逐渐地被确定了下来。一个常见的目标检测网络往往可以分为三大部分：**主干网络**（backbone network）、**颈部网络**（neck network）和**检测头**（detection head），如图1-4所示。

图1-4 目标检测网络的组成

- **主干网络**。主干网络是目标检测网络中最核心的部分，其关键作用就是提取输入图像中的高级特征，减少图像中的冗余信息，以便于后续的网络去做深入的处理。在大多数情况下，主干网络选择的成败对检测性能的影响是十分巨大的。
- **颈部网络**。颈部网络的主要作用是将由主干网络输出的特征进行二次处理。其整合方式有很多，最为常见的就是**特征金字塔网络**（feature pyramid network，FPN）[19]，其核心是将不同尺度的特征进行充分的融合，以提升检测器的多尺度检测的性能。除此之外，还有很多单独的、可即插即用的模块，如RFB[20]、ASPP[21]和YOLOv4[8]所使用的SPP模块等，这些模块都可以添加在主干网络之后，以进一步地处理和丰富特征信息，扩大模型的感受野。
- **检测头**。检测头的结构相对简单，其主要作用就是提取类别信息和位置信息，输出最终的预测结果。在某些工作里，检测头也被称为**解码器**（decoder），这种称呼不无道理，因为检测头的作用就是从前两个部分所输出的特征中提取并预测图像中的目标的空间位置和类别，它相当于一个解码器。

总而言之，从宏观角度来看，几乎任何一个检测器都可以分为以上三大部分，如此的模块化思想也有助于我们为其中的每一部分去做改进和优化，从而提升网络的性能。接下来，我们再从微观角度来依次讲解目标检测网络的这三大部分。

1.3 目标检测网络框架浅析

在1.2节中，简单介绍了当前常见的目标检测网络框架的基本部分：主干网络、颈部网络和检测头。本节将详细介绍每一个组成部分。

1.3.1 主干网络

为了检测出图像中目标的类别和位置，我们会先从输入的图像中提取出必要的特征信息，比如HOG特征。不论是基于传统方法还是深度学习方法，提取特征这一步都是至关重要的，区别只在于提取的方式。然后利用这些特征去完成后续的定位和分类。在深度学习领域中，由于CNN已经在图像分类任务中被证明具有强大的特征提取能力，因而选择CNN去处理输入图像，从中提取特征是一个很自然、合理的做法。在目标检测框架中，这一部分通常被称为**主干网络**。很多时候，一个通用目标检测器的绝大部分网络参数和计算都包含在了主干网络中。

由于深度学习领域本身的“黑盒子”特性，很多时候我们很难直观地去理解CNN究竟提取出了什么样的特征，尽管已经有一些相关的理论分析和可视化工作，但对于解开这层面纱还是远远不够的。不过，已经有大量的工作证明了这一做法的有效性。

从某种意义上来说，如何设计主干网络是至关重要的，这不仅因为主干网络占据了一个目标检测器的计算量和参数量的大部分，还因为提取的特征的好坏对后续的分类和定位有着至关重要的影响。在应用于目标检测任务之前，深度学习技术就已经在图像分类任务中大放光彩。尤其是在VGG[22]和ResNet[23]工作问世后，图像分类任务几乎达到了顶峰——从不再举办ImageNet比赛这一点就可见一斑。虽然这个领域还在陆陆续续地出现新的工作，诞生了很多出色的主干网络，但当年百花齐放的盛况已成为历史。

深度学习技术能够如此出色地完成图像分类任务，充分表明了这一新技术确实有着不同凡响的特征提取能力。另外，由于ImageNet是图像分类领域中最大的数据集，包含百万张自然图像，因而许多研究者认为经过该数据集训练后的CNN已经充分学会了如何提取“有用”的特征，这对于包括目标检测、语义分割、实例分割等在内的下游任务是有益的。以目标检测任务为例，尽管图像分类任务和目标检测任务有着明显区别，但二者又有着一定的相似性：**都需要对图像中的目标进行分类**。这种相似性为研究者们带来了这样的启发：**能否将训练好的分类网络（如ResNet等）迁移到目标检测网络中呢**？在经过这样的思考后，一些研究者们便将在ImageNet数据集上训练好的分类网络做一些适当的调整——去掉最后的global avgpooling层和Softmax层后，便将其作为目标检测网络中的主干网络，并使用在ImageNet数据集上训练好的参数作为主干网络的初始化参数，即“预训练权重”。这一模式也就是后来所说的“ImageNet pretrained”。

大量的工作已经证明，这一模式是十分有效的，可以大大加快目标检测网络在训练过程中的收敛速度，也可以提升检测器的检测性能。虽然主干网络起初并不具备“定位”的能力，但依靠后续添加的检测头等其他网络层在目标检测数据集上的训练后，整体的网络架构便兼具了“定位”和“分类”两大重要能力，而主干网络所采用的预训练权重参数又大大加快了这一学习过程。自此，许多目标检测模型都采用了这样一套十分有效的训练策略。

然而，2019年的一篇重新思考经过ImageNet预训练的模式的论文[24]以大量的实验数据证明了**即使不加载预训练权重，而是将主干网络的参数随机初始化，也可以达到与之相媲美的性能**。但为了达到此目的，需要花更多的时间来训练网络，且数据集本身也要包含足够多的图像和训练标签，同时，对于数据预处理和训练所采用的超参数的调整也带来了一定的挑战。这样的结论似乎是很合理的，正所谓“天下没有免费的午餐”（早餐和晚餐也不免费），既然设计了一个主干网络，若是不想在ImageNet数据集上预训练，那么自然就要在目标检测数据集上投入更多的“精力”。因此，目前经过ImageNet预训练的模式仍旧是主流，后续的研究者们还是会优先采用这一套训练模式，来降低研究的时间成本和计算成本。

最后，简单介绍5个常用的主干网络模型。

- **VGG网络**。常用的VGG网络[22]是VGG-16网络。由于其结构富有规律性，由简单的卷积块堆叠而成，因此备受研究者们的青睐。VGG网络也打开了“深度”卷积神经网络的大门，是早期的深度卷积神经网络之一。早期的Faster R-CNN和SSD都使用了这一网络作为主干网络。
- **ResNet网络**。ResNet[23]是当下最主流、最受欢迎的网络之一。常用的ResNet是ResNet-50和ResNet-101。ResNet的核心理念是“残差连接”(residual connection)，正是在这一理念下，此前令许多研究者困扰的“无法训练大模型”的问题得到了有效的解决。自ResNet工作之后，如何设计一个深度网络已经不再是难题，并且这一系列的工作已在多个计算机视觉领域中大放光彩，其残差思想也启发了其他领域的发展。
- **DarkNet网络**。DarkNet系列主要包含DarkNet-19和DarkNet-53两个网络，它们分别来源于YOLOv2[2]和YOLOv3[3]这两个工作。但由于DarkNet本身是很小众的深度学习框架，且这两个网络均是由DarkNet框架实现的，因此使用这两个主干网络的频率相对较低。
- **MobileNet网络**。MobileNet系列的工作由谷歌公司团队一手打造，目前已经推出了MobileNet-v1[25]、MobileNet-v2[26]和MobileNet-v3[27]这3个版本。MobileNet系列的核心技术点是**逐深度卷积**(depthwise convolution)，这一操作也是后来绝大多数轻量型CNN的核心操作。相较于前面介绍的以GPU为主要应用平台的大型主干网络，MobileNet着眼于低性能的移动端平台，如手机、无人机和其他嵌入式设备等。
- **ShuffleNet网络**。ShuffleNet系列由旷视科技公司团队一手打造，目前已经推出了ShuffleNet-v1[28]和ShuffleNet-v2[29]两个版本，同样是针对低性能的移动端平台设计的轻量型网络，其核心思想是**通道混合**(channel shuffle)，其目的是通过将每个通道的特征进行混合，弥补逐深度卷积无法使不同通道的信息进行交互的缺陷。

还有很多出色的主干网络，这里就不一一列举了。有关主干网络的更多介绍，感兴趣的读者可自行查阅相关资料。

1.3.2 颈部网络

1.3.1节已经介绍了目标检测模型中的主干网络，其作用可以用一句话来总结：**提取图像中有用的信息**。当然，“有用的信息”是一种笼统的描述，尚不能用精确的数学语言来做定量的解释。另外，由于主干网络毕竟是从图像分类任务中迁移过来的，在大多数情况下，这些网络的设计很少会考虑到包括目标检测、语义分割等下游任务，它们提取的特征也就有可能不太适合目标检测任务。因此，在主干网络处理完毕之后，仍有必要去设计一些额外的模块来对其特征做进一步的处理，以便适应目标检测任务。因为这一部分是在主干网络之后、检测头之前，因此被形象地称为**颈部网络**。

相较于主干网络常使用ImageNet预训练参数，颈部网络的参数的初始化没有太多需要解释的。既然颈部网络的作用是整合主干网络的信息，可供研究者们自由发挥的空间也就大得多，很多颈部网络被相继提了出来。这里我们介绍两种常见的颈部网络。

- **特征金字塔网络**。特征金字塔网络（feature pyramid network，FPN）[19] 是目前目标检测领域最有名的结构之一，几乎是当下目标检测网络的标准配置，其多尺度特征融合与多级检测思想影响了后续许多目标检测网络结构。FPN认为网络中的不同大小的特征图所包含的信息是不一样的，即浅层特征图包含更多的位置信息，且分辨率较高，感受野较小，便于检测小物体；而深层特征图包含更多的语义信息，且分辨率较低，感受野较大，便于检测大物体。因此，FPN设计了一种自顶向下的融合方式，将深层的特征不断融合到浅层特征中，通过将浅层与深层的信息进行融合，可以有效地提升网络对不同尺度物体的检测性能。图1-5展示了特征金字塔网络的结构。

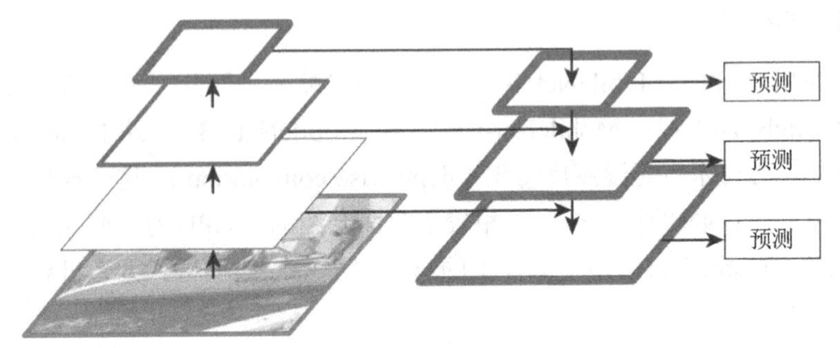

图1-5 特征金字塔网络的结构

- **空间金字塔池化模块**。虽然最早的空间金字塔池化（spatial pyramid pooling，SPP）模块是由Kaiming He团队[30] 在2015年提出的，但在目标检测任务中常用的SPP模块则是由YOLOv3工作的作者团队所设计的SPP结构，包含4条并行的分支，且每条分支用了不同大小的池化核。SPP结构可以有效地聚合不同尺度的显著特征，同时扩大网络的感受野，进而提升模型的性能。SPP模块是一个性价比很高的结构，被广泛地应用在YOLOv4、YOLOv6和YOLOv7等工作中。图1-6展示了SPP模块的网络结构。

还有很多出色的颈部网络，这里就不一一展开细说了，感兴趣的读者可以自行搜索学习。

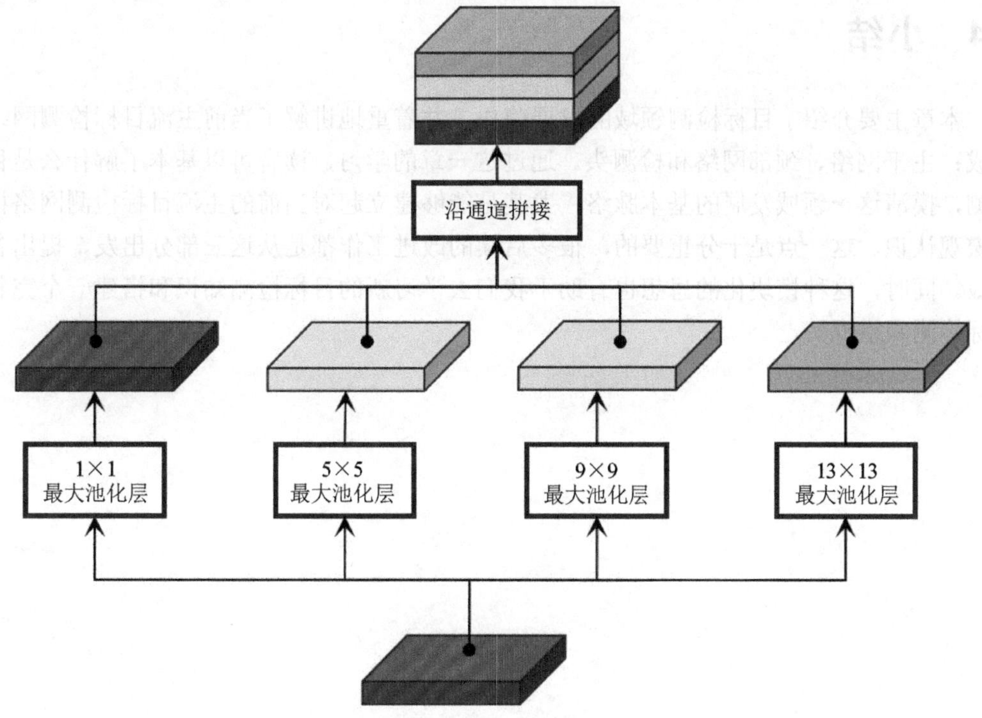

图1-6 SPP模块的网络结构

1.3.3 检测头

当一张输入图像经过主干网络和颈部网络两部分的处理后，得到的特征就可以用于后续的检测了。大多数的检测框架所采用的技术路线都是在处理好的特征图上，通过部署数层卷积来完成定位和分类。对于这一部分，由于其目的十分明确，而前面两部分已经做了充分的处理，因此检测头的结构通常十分简单，没有太多可发挥的空间，图1-7展示了RetinaNet的网络结构，RetinaNet采用了“解耦”结构的检测头，这是当前目标检测网络中常用的一种检测头结构，它由两条并行的分支组成，每一条分支都包含若干层普通卷积、非线性激活函数以及用于最终预测的线性卷积层。

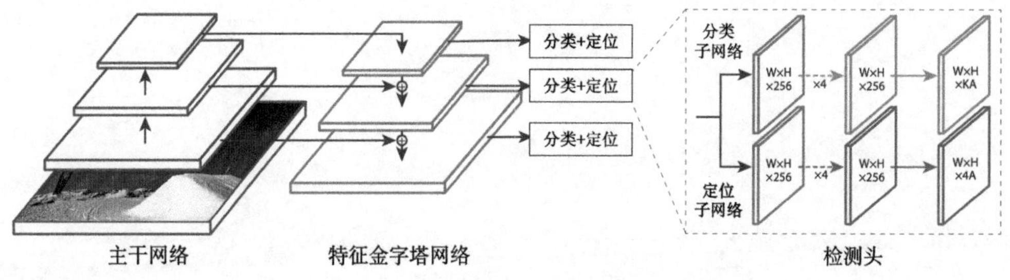

图1-7 RetinaNet的网络结构（摘自论文[17]）

1.4　小结

本章主要介绍了目标检测领域的发展简史，并着重地讲解了当前主流目标检测网络的组成：主干网络、颈部网络和检测头。通过这一章的学习，读者可以基本了解什么是目标检测，摸清这一领域发展的基本脉络，尤其是能够建立起对当前的主流目标检测网络框架的宏观认识。这一点是十分重要的，很多后续的改进工作都是从这三部分出发，提出各种修改。同时，这种模块化的思想也有助于我们去学习新的目标检测知识和搭建一个完整的目标检测网络框架。

第2章 常用的数据集

迄今为止，在机器学习和深度学习领域，数据本身对一个算法的好坏依旧起着至关重要的作用——数据的有无、数据量的大小以及数据的质量都会直接影响一个算法的实际性能。在大多数时候，可能算法本身在理论层面是很优秀的，但在处理糟糕的数据时，再优秀的算法性能也要大打折扣。

如今，社会发展已进入大数据时代，这就意味着数据获取会变得更加容易，而这在一定程度上也大力推动了深度学习的发展。例如早期的图像分类任务，在李飞飞团队公布了庞大的ImageNet数据集并举办了相关比赛后，吸引了大量的研究团队，充分利用ImageNet数据集所包含的百万级的数据来构建强大的图像分类器，越来越多的优秀算法应运而生，为后续诸多的下游任务做足了技术储备。而在目标检测领域，正是在MS COCO数据集[32]被公布后，促进了目标检测领域的发展，使得越来越多的检测算法被部署到实际场景中，从而解决实际任务中的问题。诸如此类的例子还有很多，总结起来，就是深度学习的每一条分支的发展都离不开一个庞大的、高质量的、场景复杂的、具有挑战性的数据集。因此，在步入目标检测领域之前，了解该领域常用的数据集是十分必要的。

当然，有时一个数据集可能会服务于多个任务，因此会存在不同形式的数据标签。为了配合本书，我们只介绍数据集中的部分内容。倘若读者对数据集的其他部分也感兴趣，不妨前往数据集的官方网站查看更多的信息。

2.1 PASCAL VOC 数据集

PASCAL VOC（PASCAL Visual Object Classes）数据集[12]是目标检测领域中的经典数据集，该数据集中共包含20类目标，一万多张图像。该数据集中最为常用的是VOC2007和VOC2012数据集。通常，VOC2007的trainval数据与VOC2012的trainval数据会被组合在一起用于训练网络，共包含16 551张图像，而VOC2007的test数据则作为测试集来验证网络的性能，共包含4952张图像。当然，还有其他数据组合方式，但由于这一组合最常见，因此读者只需了解这一种方式。如果读者对更多的组合使用方式感兴趣，可自行查阅相关资料。图2-1展示了VOC数据集的一些实例。

图2-1　VOC数据集的一些实例

读者可以登录PASCAL VOC官方网站下载VOC2007和VOC2012数据集，或者使用本书配套源代码的README文件中的下载链接来获得该数据集。为了配合后续的代码实现，作者推荐各位读者使用本书所提供的下载链接去下载数据集，以便和后续的实践章节相对应，以减少一些不必要的麻烦。

以作者提供的数据集下载链接为例，读者会看到一个名为VOCdevkit.zip的压缩包，下载后对其进行解压，即可获得VOC2007和VOC2012 数据集。我们将会在实践章节中使用VOC数据集，因此强烈建议读者提前将其下载下来。

以VOC2007数据集为例，打开VOC2007文件夹，我们会看到几个主要文件，如图2-2所示。其中，JPEGImages文件夹下包含数据集图像，Annotations文件夹下包含每张图像的标注文件。标注文件的命名与图像的命名相同，仅在后缀上有差别。而对于带有"Segmentation"字眼的文件，我们暂时不需要考虑，因为它们是用于语义分割和实例分割任务的，不在本书的讨论范畴内。

随后，进入ImageSets文件夹，我们主要关心的是其中的Layout文件夹，因为该文件夹下包含4个后面会常用到的txt文档，其作用是用来划分数据集，以便分别用于训练和测试。图2-3展示了这4个txt文档。

Annotations
ImageSets
JPEGImages
SegmentationClass
SegmentationObject

图2-2　VOC2007文件夹中的主要文件

test.txt
train.txt
trainval.txt
val.txt

图2-3　ImageSets/Layout文件夹下的4个txt文档

2.2　MS COCO数据集

MS COCO[32]（Microsoft Common Objects in Context，简称COCO）数据集是微软公司于2014年公布的大型图像数据集，包含诸如目标检测、图像分割、实例分割和图像标注等丰富的数据标签，是计算机视觉领域最受关注、最为重要的大型数据集之一。图2-4展示了COCO数据集的实例。

图2-4 COCO数据集的实例

相较于VOC数据集，COCO数据集包含更多的图像，场景更加丰富和复杂，用于训练的图像数量高达11万余张，包含80个类别，远远大于VOC数据集。COCO数据集不仅所包含的图像更多，而且更重要的是，COCO数据集的图像具有更加贴近自然生活、场景更加复杂、目标尺度多变、光线变化显著等特点，这些特点不仅使得COCO数据集极具挑战性，同时也赋予了检测算法良好的泛化性能，使得在该数据集上训练好的检测器可以被部署到实际场景中。

在COCO数据集中，目标物体分别被定义为小物体、中物体和大物体这3类,其中小物体是指像素面积小于32×32像素的目标；中物体是指像素面积介于32×32至96×96像素之间的目标；其余的为大物体。

迄今为止，COCO数据集的小目标检测依旧是一大难点。图2-5展示了一张COCO数据集的实例，读者能否凭借肉眼分辨出处于图像中间位置的那条犬和旁边的小孩子呢？不难看出，检测这种外观不够显著的小目标是有很大的难度的，因为相较于大目标，小目标包含的像素往往很少，所能提供的信息也就很少，同时，大多数检测器的主干网络都会存在降采样操作，如步长为2的最大池化层或者卷积，这些降采样操作会丢失小目标的特征，这些因素都会导致网络很难充分地学习到小目标的信息。另外，也正是由于小目标的像素量远小于大目标，因此在训练网络的过程中大目标的信息会占据主导位置，也不利于网络学习小目标的信息。因此，针对小物体的目标检测一直以来都是该领域的研究热点之一。

因为COCO数据集具有更大的数据规模，挑战性更高，数据内容也更贴近于实际环境，所以在数据公布后，目标检测领域的发展迅速，经由COCO数据集训练出来的模型也可以被更好地应用在实际环境中，促进了相关部署工作的开展。

图2-5 COCO数据集的实例

不过，也正是由于COCO数据集包含大量的图像，使得训练网络所花费的时间成本也会更高，因此，为了加快训练的进度、缩减时间成本，需要研究者具备更多的算力硬件（如GPU），以便使用分布式训练来缩短训练时间。倘若不具备足够多的GPU，就只能花费更多的时间。因此，读者在本书第3章至第7章中学习YOLOv1至YOLOv3时，不要求读者必须使用COCO数据集，仅使用较小的VOC数据集就足够了，但在第8章后，希望读者能够准备COCO数据集，通过编写相关的代码，即便暂不具备训练的条件，运行由作者提供的模型权重也会有不菲的收获，且能够加深对COCO数据集的认识，这也便于开展日后的相关研究工作。读者可以前往COCO官方网站或者使用本书配套源代码中提供的下载文件来下载COCO数据集。

2.3 小结

本章介绍了目标检测领域中常见的PASCAL VOC数据集和COCO数据集，其中，COCO数据集更具挑战性，是目标检测领域中最为重要的数据集之一。就本书的目标而言，了解VOC数据集即可。在后续章节的代码实现中，我们将会频繁使用VOC数据集。同时，也希望读者在本书之外去了解一些有关COCO数据集的资料，在本书第5章之后的章节中，COCO数据集也将被频繁地使用。

第2部分

学习YOLO框架

第3章

YOLOv1

本章将详细介绍one-stage流派的开山之作YOLOv1。尽管YOLOv1已经是2015年的工作了，以现在的技术眼光来看，YOLOv1有着太多不完善的地方，但正是这些不完善之处，为后续诸多先进的工作奠定了基础。正所谓"温故知新"，虽然YOLOv1已经过时了，但是它为one-stage架构奠定了重要的基础，其中很多设计理念至今还能够在先进的目标检测框架中有所体现。并且，也正是因为YOLOv1略显久远，它的架构自然也是简单、易于理解的，尚无复杂的模块，这对于初学者来说是极为友好的，就好比在学习高等数学之前，我们也总是要先从简单乘法知识学起，而非一上来就面对牛顿-莱布尼茨公式。充分掌握YOLOv1的基本原理对于我们后续学习YOLOv2、YOLOv3和YOLOv4都会有极大的帮助，所以，希望每一位读者都能够重视本章的内容。

3.1 YOLOv1的网络结构

作为one-stage流派的开山之祖，YOLOv1以其简洁的网络结构和在GPU上的实时检测速度两方面的优势一鸣惊人，开辟了完全不同于R-CNN的新技术路线，引发了目标检测领域的巨大变革。

如果以现在的眼光来看待YOLOv1，不难发现其中有诸多设计上的缺陷，但YOLOv1是这一派系发展之源头，在它被提出的那一年，YOLOv1的特色吸引了诸多研究者的注意，他们看出了其中所蕴含的研究潜力和研究价值，自此之后，大批one-stage框架被提出，一代又一代地、前赴后继地优化这一全新的框架，使其成为了目标检测领域发展的主流，对于这一切的发展，YOLOv1功不可没。

YOLOv1的思想十分简洁：**仅使用一个卷积神经网络来端到端地检测目标**。这一思想是对应当时主流的以R-CNN系列为代表的two-stage流派。从网络结构上来看，YOLOv1仿照GoogLeNet网络[33]来设计主干网络，但没有采用GoogLeNet的Inception模块，而是使用串联的1×1卷积和3×3卷积所组成的模块，所以它的主干网络的结构非常简单。图3-1展示了YOLOv1的网络结构。

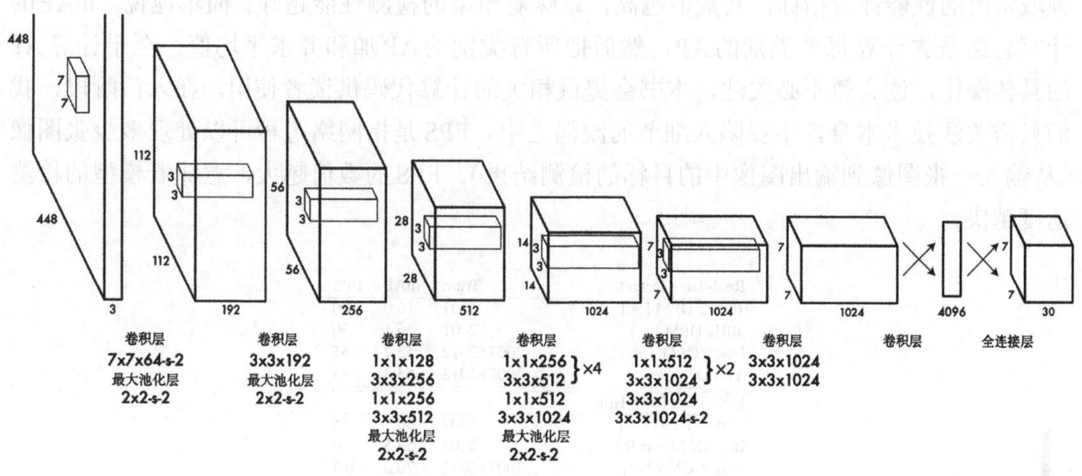

图3-1 YOLOv1的网络结构（摘自论文[1]）

在YOLO所处的年代，图像分类网络都会将特征图展平（flatten），得到一个一维特征向量，然后连接全连接层去做预测。YOLOv1 继承了这个思想，将主干网络最后输出的特征图 $\boldsymbol{F} \in \mathbb{R}^{H_o \times W_o \times C_o}$ 调整为一维向量 $\boldsymbol{F}_v \in \mathbb{R}^N$，其中 $N = H_o W_o C_o$。然后，YOLOv1 部署若干全连接层（fully connected layer）来处理该特征向量。根据图3-1中的网络结构，这里的 H_o、W_o 和 C_o 分别是7、7和1024。再连接一层包含4096个神经元的全连接层做进一步处理，得到特征维度为4096的特征向量。最后，部署一个包含1470个神经元的全连接层，输出最终的预测。不过，考虑到目标检测是一个空间任务，YOLOv1又将这个特征维度为1470的输出向量转换为一个三维矩阵 $\boldsymbol{Y} \in \mathbb{R}^{7\times7\times30}$，其中，$7\times7$ 是这个三维矩阵的空间尺寸，30是该三维矩阵的通道数。在深度学习中，通常三维及三维以上的矩阵都称为张量（tensor）。

这里需要做一个简单的计算，从特征图被展平，再到连接4096的全连接层时，可以用以下算式很容易估算出其中的参数量：

$$7\times7\times1024\times4096+4096\approx2\times10^8 \tag{3-1}$$

显然，仅这一层的参数量就已经达到了十的八次方级，虽然如此之多的参数并不意味着模型推理速度一定会很慢，但必然会对内存产生巨大的压力。从资源占用的角度来看，YOLOv1的这一缺陷是致命的。显然，这一缺陷来自网络结构本身，因此，这一点也为YOLO的后续改进埋下了伏笔。当然，这个问题并不是YOLOv1本身的问题，而是那个时代做图像分类任务的通病。尽管后来这一操作被**全局平均池化**（global average pooling）所取代，但全局平均池化并不太适合目标检测这一类对空间局部信息较为敏感的任务。即便如此，YOLOv1还是以其快速的检测速度与不凡的检测精度而引人注目。

图3-2展示了YOLOv1在VOC数据集上与其他模型的性能对比。我们主要关注其中的两个指标，一个是衡量模型检测性能的平均精度（mean average precision，mAP），另一个是衡量模型检测速度的每秒帧数（frames per second，FPS）。迄今为止，mAP是目标检测

领域常用的性能评价指标，其数值越高，意味着模型的检测性能越好。简单地说，mAP的计算思路是先计算每个类别的AP，然后把所有类别的AP加和并求平均值。至于计算AP的具体操作，读者暂不必关注，本书会提供相关的计算代码供读者使用，在入门阶段，我们只需关注技术本身，不要陷入细节的漩涡之中。FPS是指网络每秒可以处理多少张图像（从输入一张图像到输出图像中的目标的检测结果）。FPS的数值越大，意味着模型的检测速度越快。

Real-Time Detectors	Train	mAP	FPS
100Hz DPM [30]	2007	16.0	100
30Hz DPM [30]	2007	26.1	30
Fast YOLO	2007+2012	52.7	**155**
YOLO	2007+2012	**63.4**	45
Less Than Real-Time			
Fastest DPM [37]	2007	30.4	15
R-CNN Minus R [20]	2007	53.5	6
Fast R-CNN [14]	2007+2012	70.0	0.5
Faster R-CNN VGG-16[27]	2007+2012	73.2	7
Faster R-CNN ZF [27]	2007+2012	62.1	18
YOLO VGG-16	2007+2012	66.4	21

图3-2　YOLOv1在VOC数据集上与其他模型的性能对比（摘自论文[1]）

尽管YOLOv1在mAP上略逊于Faster R-CNN，但YOLOv1的速度更快。从实用性的角度来说，速度有时是一个重要的指标，它往往会决定该算法能否被部署到实际场景中去满足实际的需求。毕竟，不是所有情况下都有高算力的GPU来支持超大模型的计算。在作者看来，一个良好的科研思路就是辩证地看待每一项技术的优劣点，而非固守着“唯SOTA（state-of-the-art）论”的极端理念，那样只会让学术研究误入歧途。在那个时候，正是因为有很多研究者看到了YOLOv1所蕴含的研究价值和研究潜力，才有了后来的one-stage框架的蓬勃发展。如今，one-stage框架的相关工作已经在速度和精度之间取得了良好的平衡，成为了目标检测领域的主流技术路线。对此，YOLOv1的作者团队功不可没。

3.2　YOLOv1的检测原理

现在，我们从网络结构的角度来研究一下YOLOv1到底是如何工作的。

从整体上来看，YOLOv1网络接收一张空间尺寸为$H \times W$的RGB图像，经由主干网络处理后输出一个空间大小被降采样64倍的特征图，记作$\boldsymbol{F}$。该特征图$\boldsymbol{F} \in \mathbb{R}^{H_o \times W_o \times C_o}$是一个三维张量，$H_o$和$W_o$与输入图像的一般数学关系如下。

$$H_o = \frac{H}{stride}, \quad W_o = \frac{W}{stride} \tag{3-2}$$

其中，$stride$是网络的输出步长，其值通常等于网络的降采样倍数。依据YOLOv1论文所给出的配置，这里的H和W均为448，$stride$为64，那么就可以很容易地算出来H_o和W_o均为7，即主干网络输出的特征图的高和宽均为7。而C_o是输出特征图的通道数，依据YOLOv1的设置，C_o为1024。

随后，特征图 $\boldsymbol{F}$ 再由若干全连接层处理以及一些必要的维度转换的操作后，得到最终的输出 $\boldsymbol{Y} \in \mathbb{R}^{7\times7\times30}$。我们可以把 $\boldsymbol{Y}$ 想象成一个大小为 $7\times7\times30$ 的立方体，7×7 这个维度可以想象成一个**网格**（grid），每一个网格 $\left(grid_x, grid_y\right)$ 都是一个特征维度为30的向量，YOLOv1的输入与输出如图3-3所示。

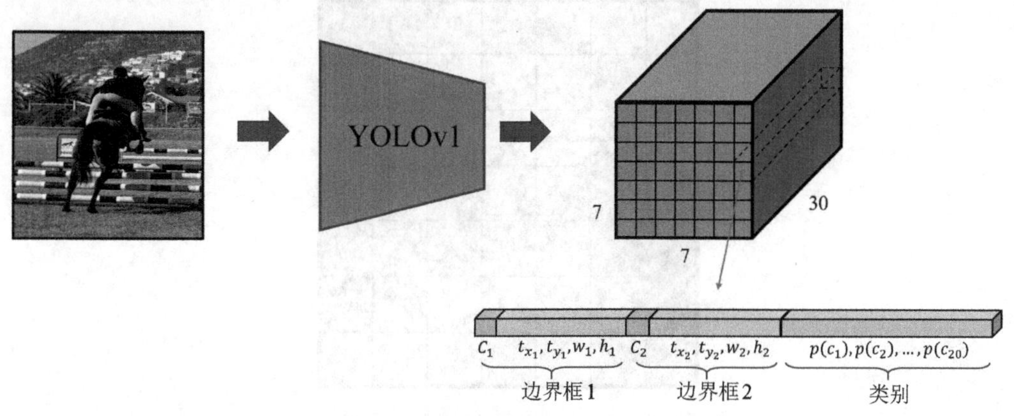

图3-3 YOLOv1的输入与输出

在每一个网格 $\left(grid_x, grid_y\right)$ 处，这个长度为30的向量都包含了两个边界框的参数以及**总数为20的类别数量**（VOC数据集上的类别数量），其中每一个边界框都包括一个**置信度** C（confidence）、**边界框位置参数** $\left(t_x, t_y, w, h\right)$，$\left(t_x, t_y, w, h\right)$ 表示边界框的中心点**相较于网格左上角点的偏移量** $\left(t_x, t_y\right)$ 以及**边界框的宽和高** $\left(w, h\right)$。将这些参数的数量加起来便可以得到前面所说的“30”这个数字。更一般地，我们可以用公式 $5B+N_C$ 来计算输出张量的通道数量，其中，B 是每个网格 $\left(grid_x, grid_y\right)$ 处预测的边界框的数量，N_C 是所要检测的目标类别的总数，对于VOC数据集来说，$N_C=20$；对于COCO数据集来说，$N_C=80$。

总体来看，一张大小为 448×448 的RGB图像输入网络，经过一系列的卷积和池化操作后，得到一个经过64倍降采样的特征图 $\boldsymbol{F} \in \mathbb{R}^{7\times7\times1024}$，随后，该特征图被展平为一个一维的特征向量，再由若干全连接层处理，最后做一些必要的维度转换操作，得到最终的输出 $\boldsymbol{Y} \in \mathbb{R}^{7\times7\times30}$。之前，我们已经把 $\boldsymbol{Y}$ 想象成一个大小为 $7\times7\times30$ 的立方体，而网格 7×7 包含了物体的信息，即边界框的位置参数和置信度。这里就充分体现了YOLOv1的核心检测思想：**逐网格找物体**。图3-4展示了YOLOv1的“网格划分”思想的实例。

具体来说，YOLOv1输出的 $\boldsymbol{Y} \in \mathbb{R}^{7\times7\times30}$ 的空间维度 7×7 相当于将输入的 448×448 的图像进行了 7×7 的网格划分。更进一步地说，YOLOv1的主干网络将原图像处理成 $\boldsymbol{F} \in \mathbb{R}^{7\times7\times1024}$ 的特征图，其实就相当于是在划分网格，每一网格处都包含了长度为1024的特征向量，该特征向量包含了该网格处的某种高级特征信息。YOLOv1通过遍历这些网格、处理其中的特征信息来预测每个网格处是否有目标的中心点坐标，以及相应的目标类别。每

个网格都会输出 B 个边界框和 N_C 个类别置信度，而每个边界框包含5个参数（边界框的置信度和边界框的位置参数），因此，每个网格都会输出 $5B+N_C$ 个预测参数。后来，随着时代的发展，YOLOv1的这种思想逐渐演变为后来常说的“anchor-based”理念，每个网格就是“anchor”。

图3-4　YOLOv1的“网格划分”思想的实例

当然，严格来讲，其实YOLOv1的这一检测理念也是从Faster R-CNN中的区域候选网络（region proposal network，RPN）继承来的，只不过，Faster R-CNN只用于确定每个网格里是否有目标，不关心目标类别，而YOLOv1则进一步将目标分类也整合进来，使得定位和分类一步到位，从而进一步发展了“anchor-based”的思想。

由于YOLOv1所接受的图像是正方形的，即宽和高是相等的，因此输出的网格也是正方形的。为了和论文对应，我们不妨用 $S \times S$ 表示输出的 $H_o \times W_o$。综上，YOLOv1的最终输出为 $\boldsymbol{Y} \in \mathbb{R}^{S \times S \times (5B+C)}$。YOLOv1的整体处理流程如图3-5所示，以现在的技术视角来看，其网络结构十分简洁。

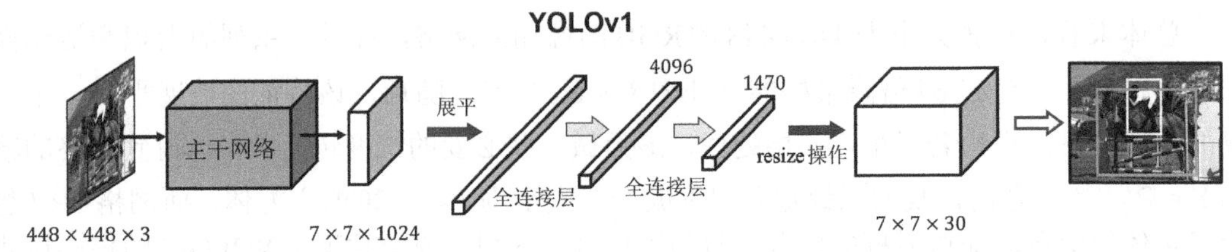

图3-5　YOLOv1的处理流程

综上所述，YOLOv1的检测理念就是将输入图像划分成 7×7 的网格，然后在网格上做预测。理想情况下，依据YOLOv1的设定，包含目标中心点的网格输出的边界框置信度很高，而不包含目标中心点的网格则输出的边界框置信度很低甚至为0。从这里我们也可以看出来，边界框的置信度的本质就是用来判断有无目标的。

至此，我们介绍了YOLOv1的网络结构。那么，在3.3节，我们就要深入且详细地了解YOLOv1是如何检测目标的，以及为了使得YOLOv1学习到这一能力，应该如何为其制作训练正样本。

3.3 YOLOv1 的制作训练正样本的方法

在3.1节和3.2节，我们已经了解了YOLOv1的网络结构和检测思想，但如何让网络尽可能充分地领会其检测思想是至关重要的，换言之，如何来训练这样的网络是重中之重。因此，本节将深入介绍YOLOv1的检测方法和训练正样本的制作方法。

在3.2节我们已经了解到，对于YOLOv1最后输出的$\boldsymbol{Y} \in \mathbb{R}^{7\times7\times30}$，可以将其理解为一个$7\times7$的网格，且每个网格包含30个参数——两个预测边界框的置信度和位置参数（共10个）以及20个VOC数据集的类别的置信度。下面，我们详细介绍YOLOv1的这30个参数的定义和学习策略，以及如何为每一个参数制作用于训练的正样本。

3.3.1 边界框的位置参数$\boldsymbol{t_x}$、$\boldsymbol{t_y}$、$\boldsymbol{w}$、$\boldsymbol{h}$

由于YOLOv1是通过检测图像中的目标中心点来达到检测目标的目的，因此，只有包含目标中心点的网格才会被认为是有物体的。为此，YOLOv1定义了一个“objectness”概念，表示此处是否有物体，即$\Pr(objectness)=1$表示此网格处有物体，反之，$\Pr(objectness)=0$表示此网格处没有物体。

图3-6展示了正样本候选区域概念的示例，其中，黄颜色网格表示这个网格是有物体的，也就是图中的犬的边界框中心点（图中的红点）落在了这个网格内。在训练过程中，该网格内所要预测的边界框，其置信度会尽可能接近1。而对于其他没有物体的网格，其边界框的置信度就会尽可能接近0。有物体的网格会被标记为**正样本候选区域**，也就是说，在训练过程中，训练的正样本（positive sample）只会从此网格处的预测中得到，而其他区域的预测都是该目标的负样本。

图3-6　YOLOv1的正样本候选区域概念的示例

另外，在图3-6中，我们会发现目标的中心点相对于它所在的网格的四边是有一定偏移量的，这是网格划分的必然结果。因此，虽然包含中心点的网格可以近似代表目标的中心点位置，但仅靠网格的位置信息还不足以精准描述目标在图像中的位置。为了解决此问题，我们必须要让YOLOv1去学习这个偏移量，从而获得更加精准的目标中心点的位置。那么，YOLOv1是如何计算出这个中心点偏移量的呢？

首先，对于给定的边界框，其左上角点坐标记作(x_1,y_1)，右下角点坐标记作(x_2,y_2)，显然，边界框的宽和高分别是x_2-x_1和y_2-y_1。随后，我们计算边界框的中心点坐标(c_x,c_y)：

$$
\begin{aligned}
c_x &= \frac{x_1+x_2}{2} \\
c_y &= \frac{y_1+y_2}{2}
\end{aligned} \tag{3-3}
$$

通常，中心点坐标不会恰好是一个整数，而网格的坐标又显然是离散的整数值。假定用网格的左上角点的坐标来表示该网格的位置，那么，就需要对中心点坐标做一个向下取整的操作来得到该中心点所在的网格坐标$(grid_x,grid_y)$：

$$
\begin{aligned}
grid_x &= \left\lfloor \frac{c_x}{stride} \right\rfloor \\
grid_y &= \left\lfloor \frac{c_y}{stride} \right\rfloor
\end{aligned} \tag{3-4}
$$

其中，$stride$为网络的输出步长或降采样倍数，在YOLOv1中，该值为64。于是，这个中心点偏移量就可以被计算出来：

$$
\begin{aligned}
t_x &= \frac{c_x}{stride} - grid_x \\
t_y &= \frac{c_y}{stride} - grid_y
\end{aligned} \tag{3-5}
$$

在YOLOv1的论文中，这一偏移量是用符号x、y表示的，但x、y的含义不清晰，会被误以为某个坐标，无法让人一目了然地理解其物理含义，因此，为了避免不必要的歧义，我们将其换成t_x、t_y。显然，两个偏移量t_x、t_y的值域都是$[0,1)$。在训练过程中，计算出的t_x、t_y就将作为此网格处的正样本的学习标签。图3-7直观地展示了YOLOv1中的中心点偏移量的概念。

在推理阶段，YOLOv1先用预测的边界框置信度来找出包含目标中心点的网格，再通过这一网格所预测出的中心点偏移量得到最终的中心点坐标，计算方法很简单，只需将公式（3-5）做逆运算：

$$
\begin{aligned}
c_x &= (grid_x + t_x) \times stride \\
c_y &= (grid_y + t_y) \times stride
\end{aligned} \tag{3-6}
$$

图3-7 YOLOv1中的中心点偏移量的概念

除了边界框的中心点，YOLOv1还要输出边界框的宽和高，以确定边界框大小。这里，我们可以直接将目标的真实边界框的宽和高作为学习目标。但是，这么做的话就会带来一个问题：边界框的宽和高的值通常都比较大，数量级普遍为1或2，甚至3，这使得在训练期间很容易出现不稳定甚至发散的问题，同时，也会因为这部分所计算出的损失较大，从而影响其他参数的学习。因此，YOLOv1会先对真实的边界框的宽和高做归一化处理：

$$\bar{w} = \frac{w}{W} \\ \bar{h} = \frac{h}{H} \tag{3-7}$$

其中，w和h分别是目标的边界框的宽和高，W和H分别是输入图像的宽和高。如此一来，由于边界框的尺寸不会超出图像的边界（超出的部分通常会被剪裁掉），归一化后的边界框的尺寸就在0～1范围内，与边界框的中心点偏移量的值域相同，这样既避免了损失过大所导致的训练发散问题，又和其他部分的损失取得了较好的平衡。

至此，我们确定了YOLOv1中有关边界框的4个位置参数的学习策略。

3.3.2 边界框的置信度

在3.3.1节中，我们已经了解了YOLOv1如何学习边界框的位置参数。但有一个遗留问题：**如何让网络确定中心点的位置**，即我们应如何让网络在训练过程中去学习边界框的置信度，因为置信度直接决定一个网格是否包含目标的中心点，如图3-8所示。

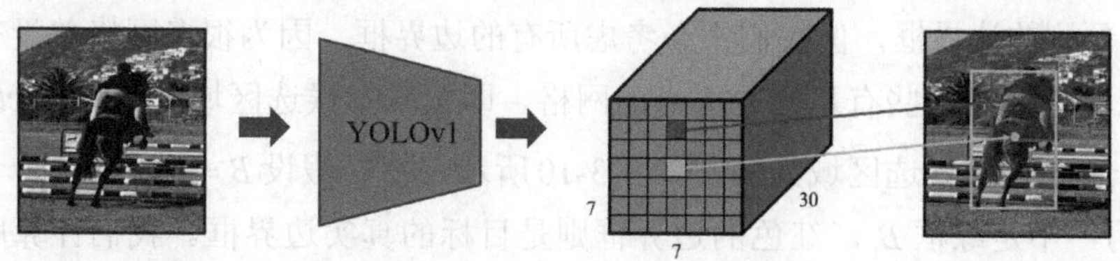

图3-8 YOLOv1的边界框置信度概念图示

只有确定了中心点所在的网格坐标$\left(grid_x, grid_y\right)$，才能去计算边界框的中心点坐标$\left(c_x, c_y\right)$和大小$\left(w, h\right)$。我们已经知道，YOLOv1的$S \times S$网格中，只有包含了目标中心点的网格才是正样本候选区域，因此，一个训练好的YOLOv1检测器就应该在包含目标中心点的网格所预测的B个边界框中，其中至少有一个边界框的置信度会很高，接近于1，以表明它检测到了此处的目标。

那么，问题就在于如何给置信度的标签赋值呢？一个很简单的想法是，将有目标中心点的网格处的边界框置信度的学习标签设置为1，反之为0，这是一个典型的“二分类”思想，正如Faster-RCNN中的RPN所做的那样。但是，YOLOv1并没有采取如此简单自然的做法，而是将这种二分类做了进一步的发展。

YOLOv1不仅希望边界框的置信度表征网格是否有目标中心点，同时也希望**边界框的置信度能表征所预测的边界框的定位精度**。因为边界框不仅要表征有无物体，它自身也要去定位物体，所以定位得是否准确同样是至关重要的。而对于边界框的定位精度，通常使用**交并比**（intersection of union，IoU）来衡量。IoU的计算原理十分简单，分别计算出两个矩形框的**交集**（intersection）和**并集**（union），它们的**比值**即为IoU。显然，IoU是一个0～1的数，且IoU越接近1，表明两个矩形框的重合度越高。图3-9直观地展示了IoU的计算原理。

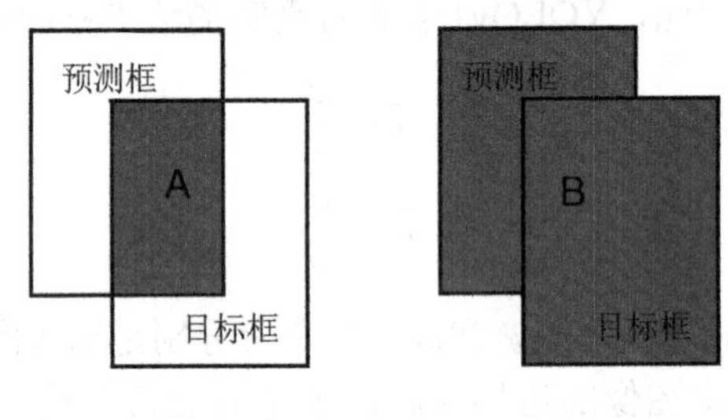

图3-9　IoU的计算原理

巧的是，边界框的置信度也是一个0～1的数，并且我们希望预测框尽可能地接近真实框，即IoU尽可能地接近于1。同时，我们希望置信度尽可能地接近于1。不难想象，一个理想的情况就是有物体的网格的置信度为1，预测框和真实框的IoU也为1，反之均为0。于是，YOLOv1就把**预测的边界框（预测框）和目标的边界框（目标框）的IoU作为置信度的学习标签**。由此，如何学习边界框的置信度这一问题也就明确了一些。接下来，详细地介绍一下YOLOv1到底是怎么把IoU作为边界框置信度的学习标签的。

我们知道，YOLOv1最终输出包含检测目标信息的张量$\boldsymbol{Y} \in \mathbb{R}^{S \times S \times (5B+C)}$，其中共有$S \times S \times B$个预测的边界框，但我们不必考虑所有的边界框，因为很多网格并没有包含目标中心点，只需要关注那些有目标中心点的网格，即正样本候选区域（$\Pr\left(objectness\right)=1$）。我们以某一个正样本候选区域为例，如图3-10所示，不妨假设$B=2$，其中一个是图中的蓝框B_0，另一个是绿框B_1，红色的边界框则是目标的真实边界框。我们计算所有预测框与目标框的IoU，一共得到B个IoU值，假设分别是$\text{IoU}_{B_0}=0.7$和$\text{IoU}_{B_1}=0.5$。

图3-10 正样本候选区域的边界框 B_0（蓝框）和 B_1（绿框）与此处的目标边界框（红框）

由于预测框 B_0 和真实边界框的IoU最大，即该预测框更加精确，因此我们就理所当然地希望这个预测框能作为正样本去学习目标的信息，即只保留IoU最大的蓝框 B_0 作为训练的正样本，去参与计算**边界框的置信度损失、边界框的位置参数损失**以及**类别损失**，并做**反向传播**，同时，它与目标框的 $\text{IoU}_{B_0}=0.7$ 将作为这个边界框的置信度学习标签。至于另一个预测框 B_1，则将其标记为负样本，它不参与类别损失和边界框的位置参数损失的计算，**只计算边界框的置信度损失，且置信度的学习标签为**0。而对于正样本候选区域之外的所有预测框，都被标记为该目标的负样本，均不参与这个目标的位置参数损失和类别损失的计算，而只计算边界框的置信度损失，且边界框置信度的学习标签也为0。

在理想情况下，预测框与目标框的IoU十分接近1，同时网络预测的置信度也接近1。因此，YOLOv1预测的置信度在表征此网格处是否有目标中心点的同时，也衡量了预测框与目标框的接近程度，即边界框定位的准确性。

可以看到，一个正样本的标记是由预测本身决定的，即我们是直接构建预测框与目标框之间的关联，而没有借助某种先验。倘若我们以现在的技术视角来看待这一点，会发现YOLOv1一共蕴含了后来被着重发展的3个技术点：

（1）不使用先验框（anchor box）的anchor-free技术。

（2）将IoU引入类别置信度中的IoU-aware技术[34,35]。

（3）动态标签分配（dynamic label assignment）技术。

在以上3个技术点中，尤其是第3点的动态标签分配研究最具有革新性，在2022年之后几乎成为了先进的目标检测框架的标准配置之一。由此可见，YOLOv1这一早期工作的确蕴含了许多研究潜力和研究价值。正如古人所说："温故而知新"，这也说明我们学习YOLOv1的必要性。

3.3.3　类别置信度

对于类别置信度，YOLOv1采用了较为简单的处理手段：每一网格都只预测一个目标。同边界框的学习一样，类别的学习也只考虑正样本网格，而不考虑其他不包含目标中心点的网格。类别的标签是图像分类任务中常用的one-hot格式。对于one-hot格式的类别学习，通常会使用Softmax 函数来处理网络的类别预测，得到每个类别的置信度，再配合交叉熵（cross entropy）函数去计算类别损失，这在图像分类任务中是再常见不过了。然而，YOLOv1却另辟蹊径，使用线性函数输出类别置信度预测，并用L2损失来计算每个类别的损失，所以，在训练过程中，YOLOv1预测的类别置信度可能会是一个负数，这也使得YOLOv1在训练的早期可能会出现训练不稳定的问题。同样，对于边界框的置信度和位置参数，YOLOv1也是采用线性函数来输出的，虽然我们知道边界框的置信度的值域应该在0～1范围内，中心点偏移量也在0～1范围内，但YOLOv1自身没有对输出做这样的约束，这一点也是YOLOv1在后续的工作中被改进的不合理之处之一。

最后，我们总结一下YOLOv1的制作正样本的流程。对于一个给定的目标框，其左上角点坐标为(x_1, y_1)，右下角点坐标为(x_2, y_2)，我们按照以下3个步骤来制作正样本和计算训练损失：

（1）计算目标框的中心点坐标(c_x, c_y)以及宽和高(w, h)，然后用公式（3-4）计算中心点所在的网格坐标，从而确定正样本候选区域的位置；

（2）使用公式（3-5）计算中心点偏移量(t_x, t_y)，并对目标框的宽和高做归一化，得到归一化后的坐标$(\bar{w}, \bar{h})$；

（3）使用one-hot格式准备类别的学习标签。

而置信度的学习标签需要**在训练过程中确定**，步骤如下：

（1）计算中心点所在的网格的每一个预测框与目标框的IoU；

（2）保留IoU最大的预测框，标记为正样本，将其设置为置信度的学习标签，然后计算边界框的置信度损失、位置参数损失以及类别置信度损失；

（3）对于其他预测框只计算置信度损失，且置信度的学习标签为0。

在了解了制作正样本的流程后，我们就可以着手计算训练损失了，下面我们将介绍如何计算训练过程中的损失。

3.4　YOLOv1的损失函数

在深度学习领域中，损失函数设计的好坏对模型的性能有着至关重要的影响，倘若损失函数设计不当，那么原本一个好的模型结构可能会表现得十分糟糕，而一个简单朴素的模型结构在一个好的损失函数的训练下，往往会表现出不俗的性能。在前面几节，我们已经了解了YOLOv1的工作原理、输出的参数组成以及制作训练正样本的方法，掌握了这些必要的知识后，学习YOLOv1的损失函数也就十分容易了。

YOLOv1的损失函数整体如公式（3-8）所示。

$$
\begin{aligned}
L = &\lambda_{\text{coord}} \sum_{i=0}^{S^2} \sum_{j=0}^{B} \mathbb{I}_{ij}^{\text{obj}} \left[\left(t_{x_i} - \hat{t}_{x_i}\right)^2 + \left(t_{y_i} - \hat{t}_{y_i}\right)^2 \right] \\
&+\lambda_{\text{coord}} \sum_{i=0}^{S^2} \sum_{j=0}^{B} \mathbb{I}_{ij}^{\text{obj}} \left[\left(\sqrt{w_i} - \sqrt{\hat{w}_i}\right)^2 + \left(\sqrt{h_i} - \sqrt{\hat{h}_i}\right)^2 \right] \\
&+\sum_{i=0}^{S^2} \sum_{j=0}^{B} \mathbb{I}_{ij}^{\text{obj}} \left(C_i - \hat{C}_i\right)^2 \\
&+\lambda_{\text{noobj}} \sum_{i=0}^{S^2} \sum_{j=0}^{B} \mathbb{I}_{ij}^{\text{noobj}} \left(C_i - \hat{C}_i\right)^2 \\
&+\sum_{i=0}^{S^2} \mathbb{I}_{ij}^{\text{obj}} \sum_{c \in \text{classes}} \left[p_i(c) - \hat{p}_i(c)\right]^2
\end{aligned}
\tag{3-8}
$$

公式（3-8）中第一行和第二行表示的是**边界框的位置参数的损失**，其中带^的表示学习标签，$\mathbb{I}_{ij}^{\text{obj}}$和$\mathbb{I}_{ij}^{\text{noobj}}$则是指示函数，分别用于标记正样本和负样本。$\lambda_{\text{coord}}$是位置参数损失的权重，论文中取$\lambda_{\text{coord}} = 5$。

第三行和第四行表示的是**边界框的置信度的损失**。第三行对应的是正样本的置信度损失，其置信度学习标签$\hat{C}_i$为最大的IoU值，第四行对应的是负样本的置信度损失，其置信度学习标签就是0。

最后一行就是**正样本处的类别的损失**，每个类别的损失都是L2损失，而不是交叉熵。

整体上看，YOLOv1的损失函数较为简洁，理解起来也较为容易。在掌握了制作正样本的策略和计算损失的方法后，就可以去训练YOLOv1，并在训练后去做推理，预测输入图像中的目标。下面我们就来了解YOLOv1是如何在测试阶段做前向推理的。

3.5 YOLOv1 的前向推理

当我们训练完YOLOv1后，对于给定的一张大小为448×448的输入图像，YOLOv1输出$\boldsymbol{Y}\in\mathbb{R}^{7\times7\times30}$，其中每个网格位置都包含两个边界框的置信度输出$C_1$和$C_2$、两个边界框的位置参数输出$\left(t_{x_1},t_{y_1},w_1,h_1\right)$和$\left(t_{x_2},t_{y_2},w_2,h_2\right)$以及20个类别置信度输出$p\left(c_1\right)\sim p\left(c_{20}\right)$。显然，这么多的预测不全是我们想要的，我们只关心那些包含目标的网格所给出的预测，因此，在得到最终的检测结果之前，我们需要再按照以下4个步骤去做滤除和筛选。

（1）**计算所有预测的边界框的得分**。在YOLOv1中，每个边界框的得分score被定义为该边界框的**置信度C与类别的最高置信度$p_{c_{\max}}$的乘积**，其中，$p_{c_{\max}}=\max\left[p\left(c_1\right),\right.$

$p(c_2),\cdots,p(c_{20})]$。具体来说，对于$(grid_x, grid_y)$处的网格，边界框B_j的得分计算公式如下：

$$score_j = C_j \times p_{c_{\max}} \tag{3-9}$$

（2）**得分阈值筛选**。计算了所有边界框的得分后，我们设定一个阈值去滤除那些得分低的边界框。显然，得分低的边界框通常都是背景框，不包含目标的中心点。比如，我们设置得分阈值为0.3，滤除那些得分低于该阈值的低质量的边界框，如图3-11所示。

图3-11　滤除得分低的边界框

（3）**计算边界框的中心点坐标以及宽和高**。筛选完后，我们即可计算余下的边界框的中心点坐标以及宽和高。

（4）**使用非极大值抑制进行第二次筛选**。由于YOLOv1可能对同一个目标给出多个得分较高的边界框，如图3-12所示，因此，我们需要对这种冗余检测进行抑制，以剔除那些不必要的重复检测。为了达到这一目的，常用的手段之一便是**非极大值抑制**（non-maximal suppression，NMS）。非极大值抑制的思想很简单，对于某一类别目标的所有边界框，先挑选出得分最高的边界框，再依次计算其他边界框与这个得分最高的边界框的IoU，超过设定的IoU阈值的边界框则被认为是重复检测，将其剔除。对所有类别的边界框都进行上述操作，直到无边界框可剔除为止，如图3-12所示。

图3-12　滤除冗余的边界框

通过上面4个步骤，我们就获得了YOLOv1的最终检测结果。

3.6 小结

至此，对于经典的YOLOv1工作，从模型结构到推理方法，再到损失函数，我们都进行了详细的讲解。关于YOLOv1是怎么工作的，相信读者已经有了较为清晰的认识，而其中的优势和劣势也都在讲解的过程中一一体现。然而，老话说得好，纸上得来终觉浅，绝知此事要躬行，唯有亲自动手去实践才能更好地加深对YOLOv1的认识，进一步地了解如何去搭建一个目标检测的网络，从而构建一个较为完整的目标检测项目。通过必要的代码实现环节，将理论与实践结合起来，我们才能够真正地掌握所学到的知识。因此，在第4章，我们将会在YOLOv1工作的基础上去搭建本书的第一个目标检测网络：YOLOv1。我们会在YOLOv1的基础上做必要的改进和优化，在不脱离YOLOv1框架的范畴的前提下，将会得到一个性能更好的YOLOv1检测器。

第4章

搭建YOLOv1网络

在第3章中，我们讲解了YOLOv1的工作原理，包括网络结构、前向推理和损失函数等。在本章中，我们将在YOLOv1的基础上进行改进，设计一个结构更好、性能更优的YOLOv1检测器。在正式开始学习本章之前，需要强调的是，我们不会以照搬官方代码的方式来搭建YOLOv1网络，尽管这从创作的角度来说会带来很大的便利，但从学习的角度来说，实为“投机取巧”。本着入门目标检测的宗旨，我们会在前文的基础上，优化其中的设计，并结合适当的当前的主流设计理念来重新设计一个新的YOLOv1网络，既便于入门，也潜移默化地加深我们对于一些当前主流技术理念的认识和理解。

4.1 改进 YOLOv1

在正式讲解之前，先看一眼我们所要搭建的新的YOLOv1网络是什么样的，如图4-1所示，我们要构建的YOLOv1网络是一个全卷积结构，其中不包含任何全连接层，这一点可以避免YOLOv1中存在的因全连接层而导致的参数过多的问题。尽管YOLO网络是在YOLOv2工作才开始转变为全卷积结构，但我们已经了解了全连接层的弊端，因此没有必要再循规蹈矩地照搬YOLOv1的原始网络结构，这也符合我们设计YOLOv1的初衷。

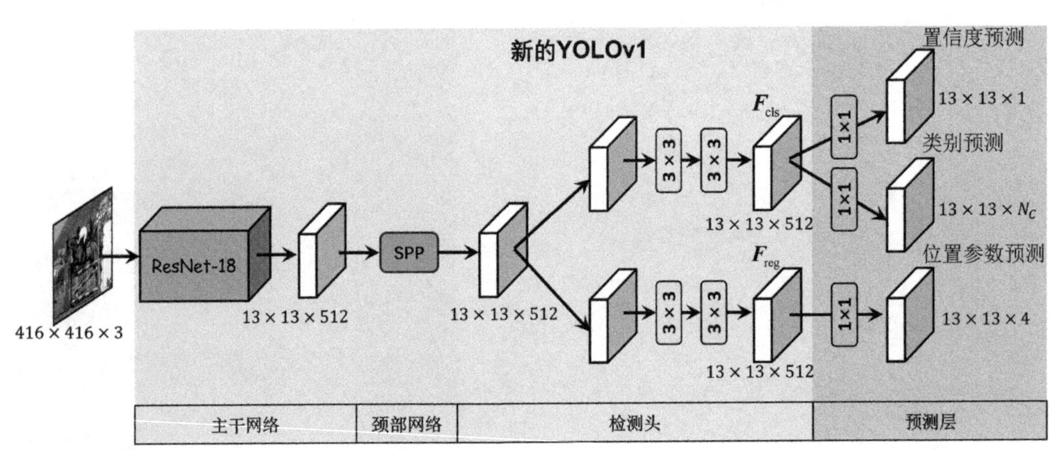

图4-1 新的YOLOv1的网络结构

4.1.1 改进主干网络

首先，我们使用当下流行的ResNet网络代替YOLOv1的GoogLeNet风格的主干网络。相较于原本的主干网络，ResNet使用了诸如**批归一化**（batch normalization，BN）、**残差连接**（residual connection）等操作，有助于稳定训练更大更深的网络。目前，这两个操作几乎成为了绝大多数卷积神经网络的标准结构之一。考虑到这是我们的第一次实践工作，并不追求性能上的极致，因此，我们选择很轻量的ResNet-18网络作为YOLOv1的主干网络。ResNet-18网络的结构如图4-2所示。

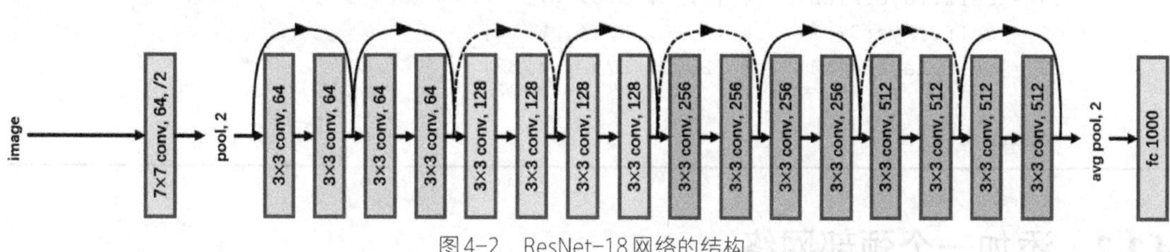

图4-2 ResNet-18网络的结构

前面已经讲过，将图像分类网络用作目标检测网络的主干网络时，通常是不需要最后的平均池化层和分类层的，因此，这里我们去除ResNet-18网络中的最后的平均池化层和分类层。

此外，不同于YOLOv1原本的GoogLeNet网络的64倍降采样，ResNet-18网络的最大降采样倍数为32，故而一张448×448的图像输入后，主干网络会输出一个空间大小为14×14的特征图。相对于YOLOv1原本输出的7×7网格，YOLOv1输出的14×14网格要更加精细一些。不过，在我们的YOLOv1中，默认输入图像的尺寸为416×416，而不再是448×448，因此，将该尺寸的图像输入后，ResNet-18网络会输出张量$\boldsymbol{F} \in \mathbb{R}^{13\times13\times512}$。

关于ResNet网络的代码，读者可以找到项目中的models/yolov1/yolov1_backbone.py文件，在该文件中可以看到由PyTorch官方实现的ResNet代码。这里，受篇幅限制，代码4-1只展示了ResNet关键部分的代码。

代码4-1 基于PyTorch框架的ResNet-18

```
# YOLO_Tutorial/models/yolov1/yolov1_backbone.py
# --------------------------------------------------------
...

class ResNet(nn.Module):
    def __init__(self, block, layers, zero_init_residual=False):
        super(ResNet, self).__init__()
        self.inplanes = 64
        self.conv1 = nn.Conv2d(3, 64, kernel_size=7, stride=2, padding=3, bias=False)
        self.bn1 = nn.BatchNorm2d(64)
        self.relu = nn.ReLU(inplace=True)
        self.maxpool = nn.MaxPool2d(kernel_size=3, stride=2, padding=1)
```

```
        self.layer1 = self._make_layer(block, 64, layers[0])
        self.layer2 = self._make_layer(block, 128, layers[1], stride=2)
        self.layer3 = self._make_layer(block, 256, layers[2], stride=2)
        self.layer4 = self._make_layer(block, 512, layers[3], stride=2)

    def forward(self, x):
        c1 = self.conv1(x)      # [B, C, H/2, W/2]
        c1 = self.bn1(c1)       # [B, C, H/2, W/2]
        c1 = self.relu(c1)      # [B, C, H/2, W/2]
        c2 = self.maxpool(c1)   # [B, C, H/4, W/4]

        c2 = self.layer1(c2)    # [B, C, H/4, W/4]
        c3 = self.layer2(c2)    # [B, C, H/8, W/8]
        c4 = self.layer3(c3)    # [B, C, H/16, W/16]
        c5 = self.layer4(c4)    # [B, C, H/32, W/32]

        return c5
```

4.1.2　添加一个颈部网络

为了提升网络的性能，我们不妨选择一个好用的颈部网络，将其添加在主干网络后面。在1.3.2节中，我们已经介绍了几种常用的颈部网络。这里，出于对参数数量与性能的考虑，我们选择性价比较高的空间金字塔池化（SPP）模块。在本次实现中，我们遵循主流的YOLO框架的做法，对SPP模块做适当的改进，如图4-3所示。

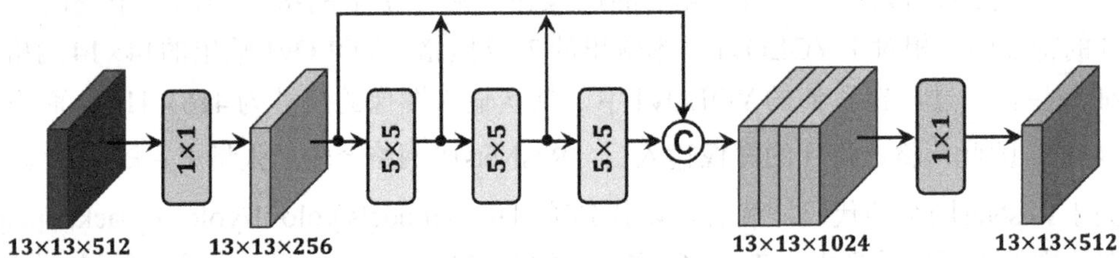

图4-3　改进的SPP模块的网络结构

改进的SPP模块的网络结构设计参考了YOLOv5开源项目中的实现方法，让一层5×5的最大池化层等效于先前讲过的5×5、9×9和13×13这三条并行的最大池化层分支，从而降低计算开销，如代码4-2所示。

代码4-2　YOLOv5风格的SPP模块

```
# YOLO_Tutorial/models/yolov1/yolov1_neck.py
# --------------------------------------------------------
...

class SPPF(nn.Module):
    def __init__(self, in_dim, out_dim, expand_ratio=0.5, pooling_size=5,
                 act_type='lrelu', norm_type='BN'):
```

```
        super().__init__()
        inter_dim = int(in_dim * expand_ratio)
        self.out_dim = out_dim
        self.cv1 = Conv(in_dim, inter_dim, k=1, act_type=act_type, norm_type=
          norm_type)
        self.cv2 = Conv(inter_dim * 4, out_dim, k=1, act_type=act_type, norm_type=
          norm_type)
        self.m = nn.MaxPool2d(kernel_size=pooling_size, stride=1, padding=pooling_
          size // 2)

    def forward(self, x):
        x = self.cv1(x)
        y1 = self.m(x)
        y2 = self.m(y1)

        return self.cv2(torch.cat((x, y1, y2, self.m(y2)), 1))
```

在代码4-2中，输入的特征图会先被一层1×1卷积处理，其通道数会被压缩一半，随后再由一层5×5最大池化层连续处理三次，依据感受野的原理，该处理方式等价于分别使用5×5、9×9和13×13最大池化层并行地处理特征图。最后，将所有处理后的特征图沿通道拼接，再由另一层1×1卷积做一次输出的映射，将其通道映射至指定数目的输出通道。

4.1.3 修改检测头

在YOLOv1中，检测头部分用的是全连接层，关于全连接层的缺点我们已经介绍过了，这里，我们抛弃全连接层，改用卷积网络。由于当前主流的检测头是解耦检测头，因此，我们也采用解耦检测头作为YOLOv1的检测头，由类别分支和回归分支组成，分别提取类别特征和位置特征，如图4-4所示。

解耦检测头的结构十分简单，共输出两种不同的特征：**类别特征** $\boldsymbol{F}_{\text{cls}} \in \mathbb{R}^{13\times13\times512}$ **和位置特征** $\boldsymbol{F}_{\text{reg}} \in \mathbb{R}^{13\times13\times512}$。没有过于复杂的结构，因此代码编写也较为容易。在本项目的models/yolov1/yolov1_head.py文件中，我们实现了相关的代码，如代码4-3所示。

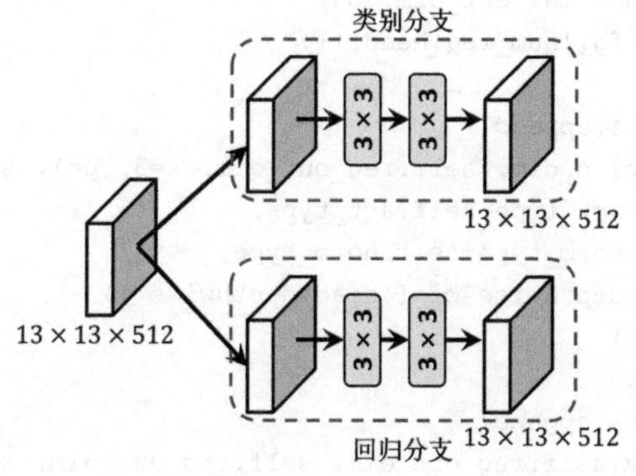

图4-4 YOLOv1的解耦检测头

代码 4-3 YOLOv1的解耦检测头

```
# YOLO_Tutorial/models/yolov1/yolov1_head.py
# --------------------------------------------------------
...

class DecoupledHead(nn.Module):
    def __init__(self, cfg, in_dim, out_dim, num_classes=80):
        super().__init__()
        print('==============================')
        print('Head: Decoupled Head')
        self.in_dim = in_dim
        self.num_cls_head=cfg['num_cls_head']
        self.num_reg_head=cfg['num_reg_head']
        self.act_type=cfg['head_act']
        self.norm_type=cfg['head_norm']

        # cls head
        cls_feats = []
        self.cls_out_dim = max(out_dim, num_classes)
        for i in range(cfg['num_cls_head']):
            if i == 0:
                cls_feats.append(
                    Conv(in_dim, self.cls_out_dim, k=3, p=1, s=1,
                        act_type=self.act_type,
                        norm_type=self.norm_type,
                        depthwise=cfg['head_depthwise'])
                        )
            else:
                cls_feats.append(
                    Conv(self.cls_out_dim, self.cls_out_dim, k=3, p=1, s=1,
                        act_type=self.act_type,
                        norm_type=self.norm_type,
                        depthwise=cfg['head_depthwise'])
                        )

        # reg head
        reg_feats = []
        self.reg_out_dim = max(out_dim, 64)
        for i in range(cfg['num_reg_head']):
            if i == 0:
                reg_feats.append(
                    Conv(in_dim, self.reg_out_dim, k=3, p=1, s=1,
                        act_type=self.act_type,
                        norm_type=self.norm_type,
                        depthwise=cfg['head_depthwise'])
                        )
            else:
                reg_feats.append(
                    Conv(self.reg_out_dim, self.reg_out_dim, k=3, p=1, s=1,
                        act_type=self.act_type,
```

```
                    norm_type=self.norm_type,
                    depthwise=cfg['head_depthwise'])
                    )

        self.cls_feats = nn.Sequential(*cls_feats)
        self.reg_feats = nn.Sequential(*reg_feats)

    def forward(self, x):
        cls_feats = self.cls_feats(x)
        reg_feats = self.reg_feats(x)

        return cls_feats, reg_feats
```

4.1.4 修改预测层

一张416×416的输入图像经过主干网络、颈部网络和检测头三部分处理后，得到特征图 $\boldsymbol{F}_d \in \mathbb{R}^{13\times13\times512}$。由于本文要搭建的YOLOv1是全卷积网络结构，因此在最后的预测层，采用当下主流的做法，即使用1×1的卷积层在特征图上做预测，如图4-5所示。不难想到，使用卷积操作在特征图上做预测，恰好和YOLOv1的“逐网格找物体”这一检测思想对应了起来。

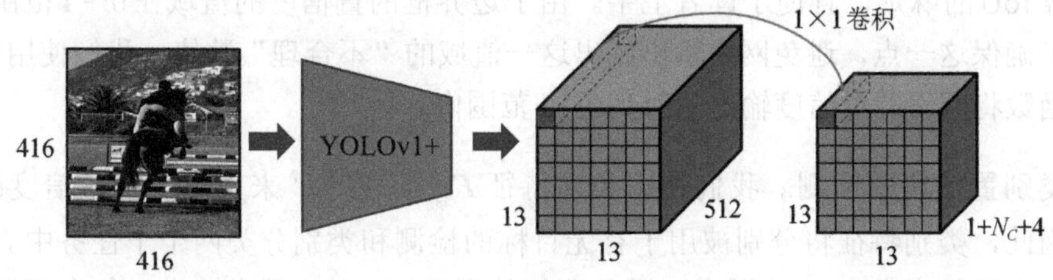

图4-5　YOLOv1使用1×1卷积层做预测

在官方的YOLOv1中，每个网格预测两个边界框，而这两个边界框的学习完全依赖自身预测的边界框位置的准确性，YOLOv1本身并没有对这两个边界框做任何约束。可以认为，这两个边界框是“平权”的，谁学得好谁学得差完全是随机的，二者之间没有显式的互斥关系，且每个网格处最终只会输出置信度最大的边界框，那么可以将这两个“平权”的边界框修改为一个边界框，即每个网格处只需要输出一个边界框。于是，我们的YOLOv1网络最终输出的张量为 $\boldsymbol{Y} \in \mathbb{R}^{13\times13\times(1+N_C+4)}$，其中通道维度上的1表示边界框的置信度，$N_C$ 表示类别的总数，4表示边界框的4个位置参数。这里不再有表示每个网格的边界框数量的 B。

然而，先前我们已经将检测头替换成了解耦检测头，因此，预测层也要做出相应的修改。具体来说，我们采用解耦检测头，分别输出两个不同的特征：**类别特征** $\boldsymbol{F}_{\text{cls}} \in \mathbb{R}^{13\times13\times512}$ 和**位置特征** $\boldsymbol{F}_{\text{reg}} \in \mathbb{R}^{13\times13\times512}$，$\boldsymbol{F}_{\text{cls}}$ 用于预测边界框置信度和类别置信度，$\boldsymbol{F}_{\text{reg}}$ 用于预测边界框

位置参数。图4-6展示了我们设计的YOLOv1所采用的解耦检测头和预测层的结构。

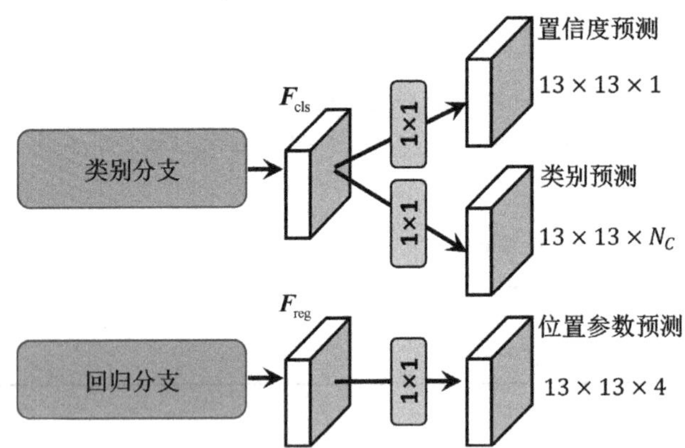

图4-6　YOLOv1所采用的解耦检测头的结构

这里，我们详细介绍一下预测层的处理方式。

- **边界框置信度的预测。**我们使用类别特征 $\boldsymbol{F}_{cls} \in \mathbb{R}^{13\times13\times512}$ 来完成边界框置信度的预测。另外，不同于YOLOv1中使用预测框与目标框的IoU作为优化目标，我们暂时采用简单的二分类标签0/1作为置信度的学习标签。这样改进并不表示二分类标签比将IoU作为学习标签的方法更好，而仅仅是图方便，省去了在训练过程中计算IoU的麻烦，且便于读者上手。由于边界框的置信度的值域在0～1范围内，为了确保这一点，避免网络输出超出这一值域的“不合理”数值，我们使用Sigmoid函数将网络的置信度输出映射到0～1范围内。

- **类别置信度的预测。**我们使用类别特征 $\boldsymbol{F}_{cls} \in \mathbb{R}^{13\times13\times512}$ 来完成类别置信度的预测。因此，类别特征将分别被用于有无目标的检测和类别分类两个子任务中。类别置信度显然也在0～1范围内，因此我们使用Sigmoid函数来输出对每个类别置信度的预测。

- **边界框位置参数的预测。**自然地，我们使用位置特征 $\boldsymbol{F}_{reg} \in \mathbb{R}^{13\times13\times512}$ 来完成边界框位置参数的预测。我们已经知道，边界框的中心点偏差 $\left(t_x, t_y\right)$ 的值域是0～1，因此，我们也对网络输出的中心点偏差 t_x 和 t_y 使用Sigmoid函数。另外两个参数 w 和 h 是非负数，这也就意味着，我们必须保证网络输出的这两个量是非负数，否则没有意义。一种办法是用ReLU函数来保证这一点，然而ReLU的负半轴梯度为0，无法回传梯度，有“死元”的潜在风险。另一种办法则是仍使用线性输出，但添加一个不小于0的不等式约束。但不论是哪一种方法，都存在约束问题，这一点往往是不利于训练优化的。为了解决这一问题，我们采用指数函数来处理，该方法既能保证输出范围是实数域，又是全局可微的，不需要额外的不等式约束。两个参数 w 和 h 的计算如公式（4-1）所示，其中，指数函数外部乘了网络的输出步长 s，这就意味着预测的 t_w 和 t_h 都是相对于网格尺度来表示的。

$$w = s \times e^{t_w}$$
$$h = s \times e^{t_h} \tag{4-1}$$

4.1.5 修改损失函数

经过4.1.4节的修改后，我们同样需要修改YOLO的损失函数，包括置信度损失、类别损失和边界框位置参数的损失，以便我们后续能够正确地训练模型。接下来，依次介绍每一个损失函数的修改。

置信度损失。首先，修改置信度损失。由于置信度的输出经过Sigmoid函数的处理，因此我们采用**二元交叉熵**（binary cross entropy，BCE）函数来计算置信度损失，如公式（4-2）所示，其中，N_{pos} 是正样本的数量。

$$L_{\text{conf}} = -\frac{1}{N_{\text{pos}}}\sum_{i=1}^{S^2}\left[\left(1-\hat{C}_i\right)\log\left(1-C_i\right)+\hat{C}_i\log\left(C_i\right)\right] \tag{4-2}$$

类别损失。接着是修改类别置信度的损失函数。由于类别预测中的每个类别置信度都经过Sigmoid函数的处理，因此，我们同样采用BCE函数来计算类别损失，如公式（4-3）所示。

$$L_{\text{cls}} = -\frac{1}{N_{\text{pos}}}\sum_{c=1}^{N_C}\sum_{i=1}^{S^2}\mathbb{I}_i^{\text{obj}}\left[\left(1-\hat{p}_{c_i}\right)\log\left(1-p_{c_i}\right)+\hat{p}_{c_i}\log\left(p_{c_i}\right)\right] \tag{4-3}$$

边界框位置参数的损失。对于位置损失，我们采用更主流的办法。具体来说，我们首先根据预测的中心点偏差以及宽和高来得到预测框 B_{pred} ，然后计算预测框 B_{pred} 与目标框 B_{gt} 的GIoU（generalized IoU）[43]，最后，使用线性GIoU损失函数去计算位置参数损失，如公式（4-4）所示。

$$L_{\text{reg}} = \frac{1}{N_{\text{pos}}}\sum_{i=0}^{S^2}\mathbb{I}_i^{\text{obj}}\left[1-\text{GIoU}\left(B_{\text{pred}},B_{\text{gt}}\right)\right] \tag{4-4}$$

总的损失。最后，将公式（4-2）、（4-3）、（4-4）加起来便得到完整的损失函数，如公式（4-5）所示，其中，λ_{reg} 是位置参数损失的权重，默认为5。

$$L_{\text{loss}} = L_{\text{conf}} + L_{\text{cls}} + \lambda_{\text{reg}}L_{\text{reg}} \tag{4-5}$$

至此，我们设计的YOLOv1的原理部分和相对于官方的YOLOv1所作的改进和优化就讲解完了。在4.2节中，我们将着手使用流行的PyTorch框架来搭建完整的YOLOv1网络。

4.2 搭建 YOLOv1 网络

在4.1节中，主要讲解了我们设计的YOLOv1网络。从本节开始，为了后续的讲解和代码实现，作者默认每一位读者都已熟悉PyTorch框架的基本操作，并配置好了Python3等必要的运行环境。后续我们在训练网络时，需要使用到独立显卡，若读者没有独立显卡，也不影响学习，可在日后有了合适的硬件条件时再去训练模型。在整个讲解的过程中，我们会详细讲解每一个实践细节，尽可能地使每一位读者在缺少GPU的情况下，仍能够掌握本书的必要知识。并且，我们也在本书的项目代码中提供了已经训练好的模型权重文件，以供读者使用（强烈建议读者将本书的配套源代码全部下载下来，以便后续的学习）。

关于PyTorch框架的安装、CUDA环境的配置等，网上已有大量的优秀教程，详细介绍了各个软件的安装方式，请读者自行上网查阅这些必要的安装教程。

现在，我们开始动手实践吧。

在正式开始搭建模型之前，我们先构建YOLOv1的代码框架，这一过程相当于准备蓝图，以确定好我们后续要编写哪些代码、构建哪些模块，从而最终组成YOLOv1模型。我们设计的YOLOv1的整体框架如代码4-4所示。

代码4-4　我们设计的YOLOv1的整体框架

```
# YOLO_Tutorial/models/yolov1/yolov1.py
# ----------------------------------------------------------
...

class YOLOv1(nn.Module):
    def __init__(self, cfg, device, input_size, num_classes,
trainable, conf_thresh, nms_thresh):
        super(YOLOv1, self).__init__()
        self.cfg = cfg                                  # 模型配置文件
        self.device = device                            # 设备、CUDA 或 CPU
        self.num_classes = num_classes                  # 类别的数量
        self.trainable = trainable                      # 训练的标记
        self.conf_thresh = conf_thresh                  # 得分阈值
        self.nms_thresh = nms_thresh                    # NMS阈值
        self.stride = 32                                # 网络的最大步长

        # >>>>>>>>>>>>>>>>>>>>> 主干网络 <<<<<<<<<<<<<<<<<<<<<<
        # TODO: 构建我们的backbone网络
        # self.backbone = ?

        # >>>>>>>>>>>>>>>>>>>>> 颈部网络 <<<<<<<<<<<<<<<<<<<<<<
        # TODO: 构建我们的neck网络
        # self.neck = ?

        # >>>>>>>>>>>>>>>>>>>>> 检测头 <<<<<<<<<<<<<<<<<<<<<<
        # TODO: 构建我们的detection head 网络
        # self.head = ?

        # >>>>>>>>>>>>>>>>>>>>> 预测层 <<<<<<<<<<<<<<<<<<<<<<
        # TODO: 构建我们的预测层
```

```
        # self.pred = ?

    def create_grid(self, input_size):
        # TODO: 用于生成网格坐标矩阵

    def decode_boxes(self, pred):
        # TODO: 解算边界框坐标

    def nms(self, bboxes, scores):
        # TODO: 非极大值抑制操作

    def postprocess(self, bboxes, scores):
        # TODO: 后处理，包括得分阈值筛选和NMS操作

    @torch.no_grad()
    def inference(self, x):
        # TODO: YOLOv1前向推理

    def forward(self, x, targets=None):
        # TODO: YOLOv1的主体运算函数
```

接下来，我们就可以将根据上面的代码框架来讲解如何搭建YOLOv1网络。

4.2.1 搭建主干网络

前面已经说到，我们的YOLOv1使用较轻量的ResNet-18作为主干网络。由于PyTorch官方已提供了ResNet的源码和相应的预训练模型，因此，这里就不需要我们自己去搭建ResNet的网络和训练了。为了方便调用和查看，ResNet的代码文件放在项目中models/yolov1/yolov1_backbone.py文件下，感兴趣的读者可以打开该文件来查看ResNet网络的代码。在确定了主干网络后，我们只需在YOLOv1框架中编写代码即可调用ResNet-18网络，如代码4-5所示。

代码4-5 构建YOLOv1的主干网络

```
# >>>>>>>>>>>>>>>>>>>>>> 主干网络 <<<<<<<<<<<<<<<<<<<<<<
# TODO:构建我们的backbone网络
self.backbone,feat_dim=build_backbone(cfg['backbone'],trainable&cfg['pretrained'])
```

在代码4-5中，`cfg`是模型的配置文件，`feat_dim`变量是主干网络输出的特征图的通道数，这在后续的代码会使用到。我们通过`trainable&cfg['pretrained']`的组合来决定是否加载预训练权重。代码4-6展示了模型的配置文件所包含的一些参数，包括网络结构的参数、损失函数所需的权重参数、优化器参数以及一些训练配置参数等，每个参数的含义都已标注在注释中。

代码4-6 我们所搭建的YOLOv1的配置参数

```
# YOLO_Tutorial/config/model_config/yolov1_config.py
# ------------------------------------------------------------
...

yolov1_cfg = {
    # input
    'trans_type': 'ssd',              # 使用SSD风格的数据增强
    'multi_scale': [0.5, 1.5],        # 多尺度的范围
    # model
    'backbone': 'resnet18',           # 使用ResNet-18作为主干网络
    'pretrained': True,               # 加载预训练权重
    'stride': 32,  # P5               # 网络的最大输出步长
    # neck
    'neck': 'sppf',                   # 使用SPP作为颈部网络
    'expand_ratio': 0.5,              # SPP的模型参数
    'pooling_size': 5,                # SPP的模型参数
    'neck_act': 'lrelu',              # SPP的模型参数
    'neck_norm': 'BN',                # SPP的模型参数
    'neck_depthwise': False,          # SPP的模型参数
    # head
    'head': 'decoupled_head',         # 使用解耦检测头
    'head_act': 'lrelu',              # 检测头所需的参数
    'head_norm': 'BN',                # 检测头所需的参数
    'num_cls_head': 2,                # 解耦检测头的类别分支所包含的卷积层数
    'num_reg_head': 2,                # 解耦检测头的回归分支所包含的卷积层数
    'head_depthwise': False,          # 检测头所需的参数
    # loss weight
    'loss_obj_weight': 1.0,         # obj损失的权重
    'loss_cls_weight': 1.0,         # cls损失的权重
    'loss_box_weight': 5.0,         # box损失的权重
    # training configuration
    'no_aug_epoch': -1,             # 关闭马赛克增强和混合增强的节点
    # optimizer
    'optimizer': 'sgd',             # 使用SGD优化器
    'momentum': 0.937,              # SGD优化器的momentum参数
    'weight_decay': 5e-4,           # SGD优化器的weight_decay参数
    'clip_grad': 10,                # 梯度剪裁参数
    # model EMA
    'ema_decay': 0.9999,            # 模型EMA参数
    'ema_tau': 2000,                # 模型EMA参数
    # lr schedule
    'scheduler': 'linear',          # 使用线性学习率衰减策略
    'lr0': 0.01,                    # 初始学习率
    'lrf': 0.01,                    # 最终的学习率= lr0 * lrf
    'warmup_momentum': 0.8,         # Warmup阶段，优化器的momentum参数的初始值
    'warmup_bias_lr': 0.1,          # Warmup阶段，优化器为模型的bias参数设置的学习率初始值
}
```

4.2.2 搭建颈部网络

前面已经说到，我们的YOLOv1选择SPP模块作为颈部网络。SPP网络的结构非常简单，仅由若干不同尺寸的核的最大池化层所组成，实现起来也非常地简单，相关代码我们已经在前面展示了。而在YOLOv1中，我们直接调用相关的函数来使用SPP即可，如代码4-7所示。

代码4-7 构建YOLOv1的颈部网络

```
# >>>>>>>>>>>>>>>>>>>>> 颈部网络 <<<<<<<<<<<<<<<<<<<<<<
# TODO: 构建我们的颈部网络
self.neck = build_neck(cfg, feat_dim, out_dim=512)
head_dim = self.neck.out_dim
```

4.2.3 搭建检测头

有关检测头的代码和预测层相关的代码已经在前面介绍过了，这里，我们只需要调用相关的函数来使用解耦检测头，然后再使用1×1卷积创建预测层，如代码4-8所示。

代码4-8 构建YOLOv1的检测头

```
# >>>>>>>>>>>>>>>>>>>>> 检测头 <<<<<<<<<<<<<<<<<<<<<<
# TODO: 构建我们的detection head 网络
## 检测头
self.head = build_head(cfg, head_dim, head_dim, num_classes)


# >>>>>>>>>>>>>>>>>>>>> 预测层 <<<<<<<<<<<<<<<<<<<<<<
# TODO: 构建我们的预测层
self.obj_pred = nn.Conv2d(head_dim, 1, kernel_size=1)
self.cls_pred = nn.Conv2d(head_dim, num_classes, kernel_size=1)
self.reg_pred = nn.Conv2d(head_dim, 4, kernel_size=1)
```

4.2.4 YOLOv1前向推理

确定好了网络结构的代码后，我们就可以按照本章最开始的图4.1所展示的结构来编写前向推理的代码，也就是YOLOv1的主框架中的`forward`函数，如代码4-9所示。

代码4-9 构建YOLOv1在训练阶段所使用的推理函数

```
def forward(self, x):
    if not self.trainable:
```

```
        return self.inference(x)
    else:
        # 主干网络
        feat = self.backbone(x)

        # 颈部网络
        feat = self.neck(feat)

        # 检测头
        cls_feat, reg_feat = self.head(feat)

        # 预测层
        obj_pred = self.obj_pred(cls_feat)
        cls_pred = self.cls_pred(cls_feat)
        reg_pred = self.reg_pred(reg_feat)
        fmp_size = obj_pred.shape[-2:]

        # 对 pred 的size做一些调整，便于后续的处理
        # [B, C, H, W] -> [B, H, W, C] -> [B, H*W, C]
        obj_pred = obj_pred.permute(0, 2, 3, 1).contiguous().flatten(1, 2)
        cls_pred = cls_pred.permute(0, 2, 3, 1).contiguous().flatten(1, 2)
        reg_pred = reg_pred.permute(0, 2, 3, 1).contiguous().flatten(1, 2)

        # 解耦边界框
        box_pred = self.decode_boxes(reg_pred, fmp_size)

        # 网络输出
        outputs = {
                "pred_obj": obj_pred,           # (Tensor) [B, M, 1]
                "pred_cls": cls_pred,           # (Tensor) [B, M, C]
                "pred_box": box_pred,           # (Tensor) [B, M, 4]
                "stride": self.stride,          # (Int)
                "fmp_size": fmp_size            # (List) [fmp_h, fmp_w]
                    }
        return outputs
```

注意，在上述所展示的推理代码中，我们对变量pred执行了view操作，将H和W两个维度合并到一起，由于这之后不会再有任何卷积操作了，而仅仅是要计算损失，因此，将输出张量的维度从$[B,C,H,W]$调整为$[B,H*W,C]$的目的仅是方便后续的损失计算和后处理，而不会造成其他不必要的负面影响。

另外，在测试阶段，我们只需要推理当前输入图像，无须计算损失，所以我们单独实现了一个inference函数，如代码4-10所示。

代码4-10 YOLOv1在测试阶段的前向推理

```
@torch.no_grad()
def inference(self, x):
```

```
    # 主干网络
    feat = self.backbone(x)

    # 颈部网络
    feat = self.neck(feat)

    # 检测头
    cls_feat, reg_feat = self.head(feat)

    # 预测层
    obj_pred = self.obj_pred(cls_feat)
    cls_pred = self.cls_pred(cls_feat)
    reg_pred = self.reg_pred(reg_feat)
    fmp_size = obj_pred.shape[-2:]

    # 对 pred 的size做一些调整，便于后续的处理
    # [B, C, H, W] -> [B, H, W, C] -> [B, H*W, C]
    obj_pred = obj_pred.permute(0, 2, 3, 1).contiguous().flatten(1, 2)
    cls_pred = cls_pred.permute(0, 2, 3, 1).contiguous().flatten(1, 2)
    reg_pred = reg_pred.permute(0, 2, 3, 1).contiguous().flatten(1, 2)

    # 测试时，默认batch是1
    # 因此，我们不需要用batch这个维度，用[0]将其取走
    obj_pred = obj_pred[0]       # [H*W, 1]
    cls_pred = cls_pred[0]       # [H*W, NC]
    reg_pred = reg_pred[0]       # [H*W, 4]

    # 每个边界框的得分
    scores = torch.sqrt(obj_pred.sigmoid() * cls_pred.sigmoid())

    # 解算边界框，并归一化边界框：[H*W, 4]
    bboxes = self.decode_boxes(reg_pred, fmp_size)

    # 将预测放在CPU处理上，以便进行后处理
    scores = scores.cpu().numpy()
    bboxes = bboxes.cpu().numpy()

    # 后处理
    bboxes, scores, labels = self.postprocess(bboxes, scores)

    return bboxes, scores, labels
```

在代码4-10中，装饰器`@torch.no_grad()`表示该`inference`函数不会存在任何梯度，因为推理阶段不会涉及反向传播，无须计算变量的梯度。在这段代码中，多了一个后处理`postprocess`函数的调用，我们将会在4.3.2节介绍后处理的实现。

至此，我们搭建完了YOLOv1的网络，只需将上面的单独实现分别对号入座地加入YOLOv1的网络框架里。最后，我们就可以获得网络的3个预测分支的输出。但是，这里还遗留下了以下3个问题尚待处理。

（1）如何有效地计算出边界框的左上角点坐标和右下角点坐标。

（2）如何计算3个分支的损失。

（3）如何对预测结果进行后处理。

接下来，我们将在4.3节中一一解决上述的3个问题。

4.3　YOLOv1的后处理

在4.2节中，我们已经完成了YOLOv1网络的代码编写，但除了网络本身，仍存在一些空白需要我们去填补。在本节中，我们依次解决4.2节的节尾所遗留的问题。

4.3.1　求解预测边界框的坐标

对于某一处的网格$\left(grid_x,grid_y\right)$，YOLOv1输出的边界框的中心点偏移量预测为$t_x$和$t_y$，宽和高的对数映射预测为$t_w$和$t_h$，我们使用公式（4-6）即可解算出边界框的中心点坐标c_x和c_y与宽高w和h。

$$\begin{aligned} c_x &= \left[grid_x + \sigma\left(t_x\right)\right] \times stride \\ c_y &= \left[grid_y + \sigma\left(t_y\right)\right] \times stride \\ w &= \exp\left(t_w\right) \times stride \\ h &= \exp\left(t_h\right) \times stride \end{aligned} \tag{4-6}$$

其中，$\sigma(\cdot)$是Sigmoid函数。从公式中可以看出，为了计算预测的边界框的中心点坐标，我们需要获得网格的坐标$\left(grid_x,grid_y\right)$，因为我们的YOLOv1也是在每个网格预测偏移量，从而获得精确的边界框中心点坐标。直接的方法就是遍历每一个网格，以获取网格坐标，然后加上此处预测的偏移量即可获得此处预测出的边界框中心点坐标，但是这种for循环操作的效率不高。在一般情况下，能用矩阵运算来实现的操作就尽量避免使用for循环，因为不论是GPU还是CPU，矩阵运算都是可以并行处理的，开销更小，因此，这里我们采用一个讨巧的等价方法。

在计算边界框坐标之前，先生成一个保存网格所有坐标的矩阵$\boldsymbol{G} \in \mathbb{R}^{H_o \times W_o \times 2}$，其中$H_o$和$W_o$是输出的特征图的空间尺寸，2是网格的横纵坐标。$\boldsymbol{G}\left(grid_x,grid_y\right)$就是输出特征图上$\boldsymbol{G}\left(grid_x,grid_y\right)$处的网格坐标$\left(grid_x,grid_y\right)$，即$\boldsymbol{G}\left(grid_x,grid_y,0\right)=grid_x$，$\boldsymbol{G}\left(grid_x,grid_y,1\right)=grid_y$，如图4-7所示。

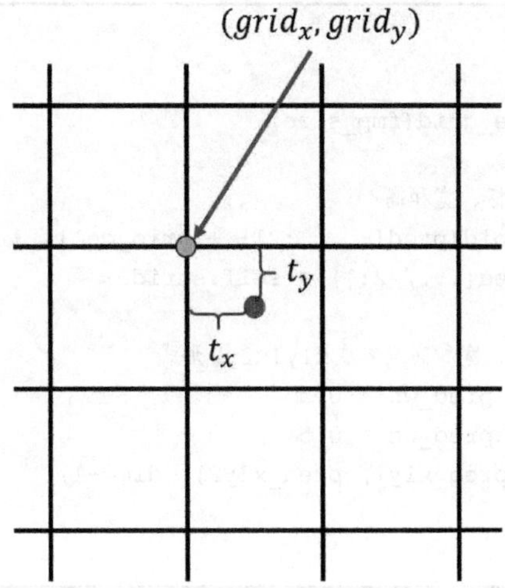

图4-7 YOLOv1的***G***矩阵，其中保存了所有的网格坐标

所以，在清楚了***G***矩阵的含义后，我们便可以编写相应的代码来生成***G***矩阵，如代码4-11所示。

代码4-11 保存了网格坐标的*G*矩阵的生成代码

```
def create_grid(self, input_size):
    # 输入图像的宽和高
    w, h = input_size, input_size
    # 特征图的宽和高
    ws, hs = w // self.stride, h // self.stride
    # 生成网格的x坐标和y坐标
    grid_y, grid_x = torch.meshgrid([torch.arange(hs), torch.arange(ws)])
    # 将x和y两部分的坐标拼起来：[H, W, 2]
    grid_xy = torch.stack([grid_x, grid_y], dim=-1).float()
    # [H, W, 2] -> [HW, 2]
    grid_xy = grid_xy.view(-1, 2).to(self.device)

    return grid_xy
```

注意，为了后续解算边界框的方便，将`grid_xy`的维度调整成$[HW,2]$的形式，因为在讲解YOLOv1的前向推理的代码时，输出的`txtytwth_pred`的维度被调整为$[HW,2]$的形式，这里我们为了保持维度一致，也做了同样的处理。

在得到了***G***矩阵之后，我们就可以很容易计算边界框的位置参数了，包括边界框的中心点坐标、宽、高、左上角点坐标和右下角点坐标，代码4-12展示了这一计算过程。

代码4-12 解算预测的边界框坐标

```
def decode_boxes(self, pred, fmp_size):
    """
        将txtytwth转换为常用的x1y1x2y2形式
```

```
    """
    # 生成网格坐标矩阵
    grid_cell = self.create_grid(fmp_size)

    # 计算预测边界框的中心点坐标、宽和高
    pred_ctr = (torch.sigmoid(pred[..., :2]) + grid_cell) * self.stride
    pred_wh = torch.exp(pred[..., 2:]) * self.stride

    # 将所有边界框的中心点坐标、宽和高换算成x1y1x2y2形式
    pred_x1y1 = pred_ctr - pred_wh * 0.5
    pred_x2y2 = pred_ctr + pred_wh * 0.5
    pred_box = torch.cat([pred_x1y1, pred_x2y2], dim=-1)

    return pred_box
```

最终，我们会得到边界框的左上角点坐标和右下角点坐标。

4.3.2 后处理

当我们得到了边界框的位置参数后，我们还需要对预测结果做进一步的后处理，滤除那些得分低的边界框和检测到同一目标的冗余框。因此，后处理的主要作用可以总结为两点：

（1）滤除得分低的低质量边界框；

（2）滤除对同一目标的冗余检测结果，即非极大值抑制（NMS）处理。

在清楚了后处理的逻辑和目的后，我们就可以编写相应的代码了，如代码4-13所示。

代码4-13 YOLOv1的后处理

```
def postprocess(self, bboxes, scores):
    # 将得分最高的类别作为预测的类别标签
    labels = np.argmax(scores, axis=1)
    # 预测标签所对应的得分
    scores = scores[(np.arange(scores.shape[0]), labels)]

    # 阈值筛选
    keep = np.where(scores >= self.conf_thresh)
    bboxes = bboxes[keep]
    scores = scores[keep]
    labels = labels[keep]

    # 非极大值抑制
    keep = np.zeros(len(bboxes), dtype=np.int)
    for i in range(self.num_classes):
        inds = np.where(labels == i)[0]
        if len(inds) == 0:
```

```
            continue
        c_bboxes = bboxes[inds]
        c_scores = scores[inds]
        c_keep = self.nms(c_bboxes, c_scores)
        keep[inds[c_keep]] = 1

    keep = np.where(keep > 0)
    bboxes = bboxes[keep]
    scores = scores[keep]
    labels = labels[keep]

    return bboxes, scores, labels
```

我们采用十分经典的基于Python语言实现的代码作为本文的**非极大值抑制**。在入门阶段，希望读者能够将这段代码烂熟于心，这毕竟是此领域的必备算法之一。相关代码如代码4-14所示。

代码4-14 NMS的经典实现

```
def nms(self, bboxes, scores):
    """Pure Python NMS baseline."""
    x1 = bboxes[:, 0]  #xmin
    y1 = bboxes[:, 1]  #ymin
    x2 = bboxes[:, 2]  #xmax
    y2 = bboxes[:, 3]  #ymax
    areas = (x2 - x1) * (y2 - y1)
    order = scores.argsort()[::-1]
    keep = []
    while order.size > 0:
        i = order[0]
        keep.append(i)
        # 计算交集的左上角点和右下角点的坐标
        xx1 = np.maximum(x1[i], x1[order[1:]])
        yy1 = np.maximum(y1[i], y1[order[1:]])
        xx2 = np.minimum(x2[i], x2[order[1:]])
        yy2 = np.minimum(y2[i], y2[order[1:]])
        # 计算交集的宽和高
        w = np.maximum(1e-10, xx2 - xx1)
        h = np.maximum(1e-10, yy2 - yy1)
        # 计算交集的面积
        inter = w * h
        # 计算交并比
        iou = inter / (areas[i] + areas[order[1:]] - inter)
        # 滤除超过NMS 阈值的边界框
        inds = np.where(iou <= self.nms_thresh)[0]
        order = order[inds + 1]

    return keep
```

经过后处理后，我们得到了最终的3个输出变量：

（1）变量`bboxes`，包含每一个边界框的左上角坐标和右下角坐标；

（2）变量`scores`，包含每一个边界框的得分；

（3）变量`labels`，包含每一个边界框的类别预测。

至此，我们填补了之前留下来的空白，只需要将上面实现的每一个函数放置到YOLOv1的代码框架中，即可组成最终的模型代码。读者可以打开项目中的models/yolov1/yolov1.py文件来查看完整的YOLOv1的模型代码。

4.4 小结

至此，在4.2节末尾所提出的3个问题就都得到了解决。现在，我们通过相关的代码实现，已经搭建起了完整的YOLOv1的模型，并在这一过程中，逐一地清除了原版YOLOv1的一些弊端。通过这样的代码实现，相信读者已经了解到了如何使用PyTorch深度学习框架来搭建一个目标检测网络。尽管本文所采用的代码风格简约浅显，没有过多的封装和嵌套，但如此简约的风格主要是为了便于读者阅读和理解，至于今后阅读一些流行的开源代码，还需读者慢慢摸索和积累。既然有了模型，接下来，我们就准备讲解如何训练YOLOv1网络，并着重讲解制作正样本和计算损失这两个关键的技术要点。

第5章

训练YOLOv1网络

本章，将着手训练YOLOv1网络。为了实现这一目标，我们需要掌握制作训练正样本和计算损失两个技术要点。倘若我们无法实现这两点，就如同上了战场的战士手里没有枪。没有正样本、不能计算损失，那么训练网络也就无从谈起。因此，读者务必掌握本章的内容。在后续我们自己的YOLOv2网络和YOLOv3网络时，都是在本章的基础之上做些必要和适当的调整，不必再大动干戈。

5.1 读取VOC数据

数据是深度学习领域中的唯一"粮食"，没有数据，再怎么精心设计的深度学习算法也将力不从心。因此，在开始讲解训练网络之前，了解如何处理数据是十分必要的。

我们先从较小的VOC数据集入手。读者在本书的项目中的README文件中都可以找到下载VOC数据集的链接，读者务必下载VOC数据集，尽管相较于更大规模的COCO数据集来说，VOC数据集显得十分"迷你"，且数据所包含的场景较为简单，难度较低，数据量更小，在近几年中几乎不会再用来作为重要的数据集去测试新工作。但对于入门检测来说，VOC数据集足以支撑读者学习本书的理论知识和项目代码。在接下来的内容中，将默认读者已经下载好了VOC数据集。

打开项目的dataset/voc.py文件来查看读取VOC数据集所需的代码。首先，我们会看到一个单独的变量`VOC_CLASSES`，它是VOC数据集的所有类别名称，如代码5-1所示。

代码5-1　VOC数据集的20个类别的名称

```
VOC_CLASSES = ('aeroplane', 'bicycle', 'bird', 'boat','bottle', 'bus', 'car', 'cat',
'chair', 'cow', 'diningtable', 'dog', 'horse', 'motorbike', 'person', 'pottedplant',
'sheep', 'sofa', 'train', 'tvmonitor')
```

接着，我们会看到一个名为`VOCAnnotationTransform`的类，如代码5-2所示。这个类的主要作用就是读取数据类别（如"person"和"bird"），并依据该数据类别在预定义的变量VOC_CLASSES中所存放的位置来计算出类别序号，以便后续计算one-hot格式的类别标签，例如，读取到的数据类别是“bird”，那么它的类别序号就是2。注意，这里的序号是从0开始的。

代码5-2 处理VOC数据集的标签格式

```
# YOLO_Tutorial/dataset/voc.py
# --------------------------------------------------------
...

class VOCAnnotationTransform(object):
    def __init__(self, class_to_ind=None, keep_difficult=False):
        self.class_to_ind = class_to_ind or dict(
            zip(VOC_CLASSES, range(len(VOC_CLASSES))))
        self.keep_difficult = keep_difficult

    def __call__(self, target):
        res = []
        for obj in target.iter('object'):
            difficult = int(obj.find('difficult').text) == 1
            if not self.keep_difficult and difficult:
                continue
            name = obj.find('name').text.lower().strip()
            bbox = obj.find('bndbox')

            pts = ['xmin', 'ymin', 'xmax', 'ymax']
            bndbox = []
            for i, pt in enumerate(pts):
                cur_pt = int(bbox.find(pt).text) - 1
                bndbox.append(cur_pt)
            label_idx = self.class_to_ind[name]
            bndbox.append(label_idx)
            res += [bndbox]  # [xmin, ymin, xmax, ymax, label_ind]

        return res  # [[xmin, ymin, xmax, ymax, label_ind], ... ]
```

然后，就是这个代码文件中最主要的部分：VOCDetection类。在训练和测试两个阶段中，我们都将使用该类来读取用于训练和测试的图像与标签。同时，数据预处理操作也是在该类中完成的。我们先看一下它的初始化代码，如代码5-3所示。

代码5-3 VOCDetection类的初始化

```
# YOLO_Tutorial/dataset/voc.py
# --------------------------------------------------------
...

class VOCDetection(data.Dataset):
    def __init__(self, root, img_size, image_sets, transform, dataset_
name='VOC0712'):
```

```
    self.root = root
    self.img_size = img_size
    self.image_set = image_sets
    self.transform = transform
    self.target_transform = VOCAnnotationTransform()
    self.name = dataset_name
    self._annopath = osp.join('%s', 'Annotations', '%s.xml')
    self._imgpath = osp.join('%s', 'JPEGImages', '%s.jpg')
    self.ids = list()
    for (year, name) in image_sets:
        rootpath = osp.join(self.root, 'VOC' + year)
        for line in open(osp.join(rootpath, 'ImageSets', 'Main', name + '.txt')):
            self.ids.append((rootpath, line.strip()))
```

在代码5-3中，self.root属性是数据集的路径。self.image_set属性是数据集的划分，比如，当self.image_set被设置为trainval时，该类将会读取VOC的trainval集的图像和标签；当self.image_set被设置为test时，该类将会读取VOC的测试集的图像和标签。self.transform属性是数据预处理函数，当我们要对所读取的图像和标签做处理时，将会使用该属性来完成。对于VOCDetection类，首先是一个用于读取数据集的图像和标签的类方法，如代码5-4所示。

代码5-4　读取图像和标签

```
def load_image_target(self, index):
    # 读取一张图像
    img_id = self.ids[index]
    image = cv2.imread(self._imgpath % img_id)
    height, width, channels = image.shape

    # 读取图像的标签
    anno = ET.parse(self._annopath % img_id).getroot()
    if self.target_transform is not None:
        anno = self.target_transform(anno)

    anno = np.array(anno).reshape(-1, 5)
    target = {
        "boxes": anno[:, :4],
        "labels": anno[:, 4],
        "orig_size": [height, width]
    }

    return image, target
```

在代码5-4中，变量image是使用OpenCV库读取进来的RGB图像，变量anno是从VOC数据集中的与图像同名的XML文件中读取进来的标注数据，属于Python的list类型，包含了图像image中的所有目标的边界框坐标和类别标签。然后，我们做一些适当的处理，将变量target转换成Python的dict类型的变量，包含边界框坐标、标签以及图像的原始尺寸。

随后，我们再实现一个名为pull_item的类方法，其作用是将读取进来的图像做进一步处理，比如数据增强，如代码5-5所示。

代码5-5　对图像做进一步处理

```
def pull_item(self, index):
    if random.random() < self.mosaic_prob:
        # 读取一张马赛克图像
        mosaic = True
        image, target = self.load_mosaic(index)
    else:
        mosaic = False
        # 读取一张图像和标签
        image, target = self.load_image_target(index)

    # 混合增强
    if random.random() < self.mixup_prob:
        image, target = self.load_mixup(image, target)

    # 数据增强
    image, target, deltas = self.transform(image, target, mosaic)

    return image, target, deltas
```

在代码5-5中，我们会看到mosaic和mixup等字眼，相关的变量分别和是否使用**马赛克增强**与**混合增强**有关。在我们实现的YOLOv1和后续将会实现的YOLOv2中，都不会采用这两种过于强大的数据增强，所以这里暂时忽视它们，即默认变量mosaic_prob和mixup_prob均为0，也就是不使用这两种增强。在读取了图像和标签后，类属性self.transform会做数据预处理。

对于我们实现的YOLOv1和后续会实现的YOLOv2，数据预处理均采用SSD风格的数据增强。具体来说，在训练阶段，我们采用包括"随机水平翻转""随机剪裁""随机缩放"以及"随机颜色扰动"等在内的数据增强手段；在测试阶段，我们仅采用将图像调整至指定尺寸的resize操作。

为了能够加深对数据预处理的理解，该代码文件在其下方提供了一段可运行的示例代码，如代码5-6所示。

代码5-6　调试VOCDetection类

```
# YOLO_Tutorial/dataset/voc.py
# ----------------------------------------------------------
...

if __name__ == "__main__":
    import argparse
```

```
from data_augment import build_transform

parser = argparse.ArgumentParser(description='VOC-Dataset')

# opt
parser.add_argument('--root', default='D:\\python_work\\object-detection\\
                    dataset\\VOCdevkit',help='data root')

args = parser.parse_args()

is_train = False
img_size = 640
yolov5_trans_config = {
    'aug_type': 'yolov5',
    # Basic Augment
    'degrees': 0.0,
    'translate': 0.2,
    'scale': 0.9,
    'shear': 0.0,
    'perspective': 0.0,
    'hsv_h': 0.015,
    'hsv_s': 0.7,
    'hsv_v': 0.4,
    # Mosaic & Mixup
    'mosaic_prob': 1.0,
    'mixup_prob': 0.15,
    'mosaic_type': 'yolov5_mosaic',
    'mixup_type': 'yolov5_mixup',
    'mixup_scale': [0.5, 1.5]
}
ssd_trans_config = {
    'aug_type': 'ssd',
    'mosaic_prob': 0.0,
    'mixup_prob': 0.0
}
transform = build_transform(img_size, ssd_trans_config, is_train)

dataset = VOCDetection(
    img_size=img_size,
    data_dir=args.root,
    trans_config=ssd_trans_config,
    transform=transform,
    is_train=is_train
    )

np.random.seed(0)
class_colors = [(np.random.randint(255),
                 np.random.randint(255),
                 np.random.randint(255)) for _ in range(20)]
print('Data length: ', len(dataset))
```

```
for i in range(1000):
    image, target, deltas = dataset.pull_item(i)
    # to numpy
    image = image.permute(1, 2, 0).numpy()
    # to uint8
    image = image.astype(np.uint8)
    image = image.copy()
    img_h, img_w = image.shape[:2]

    boxes = target["boxes"]
    labels = target["labels"]

    for box, label in zip(boxes, labels):
        x1, y1, x2, y2 = box
        cls_id = int(label)
        color = class_colors[cls_id]
        # class name
        label = VOC_CLASSES[cls_id]
        image = cv2.rectangle(image, (int(x1), int(y1)), (int(x2), int(y2)),
            (0,0,255), 2)
        # put the test on the bbox
        cv2.putText(image, label, (int(x1), int(y1 - 5)), 0, 0.5, color, 1,
            lineType=cv2.LINE_AA)
    cv2.imshow('gt', image)
    # cv2.imwrite(str(i)+'.jpg', img)
    cv2.waitKey(0)
```

在代码5-6中，root是VOC数据集的存放路径，请读者根据VOC数据集在自己设备上的存放路径来做相应的更改；is_train是一个bool变量，当其为True时，transform包含了一些数据增强的操作；当其为False时，transform只包含调整图像尺寸的操作。另外，注意，这段代码提供了和数据预处理有关的两个变量：ssd_trans_config和yolov5_trans_config。前者所包含的配置参数和调用SSD风格的数据增强有关，而后者是和使用YOLOv5风格的数据增强有关。在本次代码实现中，我们暂且不考虑YOLOv5风格的数据增强。图5-1展示了一些经数据预处理操作处理后的结果，其中，图5-1a展示的是经过SSD风格的数据增强处理后的实例，图5-1b展示的是无数据增强的数据预处理后的实例。

倘若读者感兴趣，可以将build_transform函数和VOCDetection类中所接受的ssd_trans_config更换为yolov5_trans_config，然后运行代码，即可看到相关的可视化结果。图5-2展示了部分结果，其中包含了当下YOLO框架常用的马赛克增强和混合增强的效果，对于这两个强大的数据增强手段，我们会在后文进行讲解，读者只需要有一个感性层面的理解。

（a）经过SSD风格的数据增强处理后的实例

（b）无数据增强的数据预处理后的实例

图5-1 VOC数据集的图像和标签

图5-2 YOLOv5风格的数据增强处理结果

另外，pull_item函数一次只会返回一张图像的数据。在训练中，我们通常使用多张图像组成一批数据来训练，即**mini-batch**概念。在**PyTorch**框架下，需要为读取数据的代码定义一个__getitem__内置函数，用于调用pull_item函数，再为外部的

dataloader类编写一个collate函数，以便将多个数据组成一个批次。在本项目中，我们实现了一个针对目标检测任务的简单的CollateFunc类，如代码5-7所示。

代码5-7 collection函数的代码实现

```
# YOLO_Tutorial/utils/misc.py
# --------------------------------------------------------
...

class CollateFunc(object):
    def __call__(self, batch):
        targets = []
        images = []

        for sample in batch:
            image = sample[0]
            target = sample[1]

            images.append(image)
            targets.append(target)

        images = torch.stack(images, 0) # [B, C, H, W]

        return images, targets
```

在训练阶段，该类会将读取进来的B张图像拼接成一个维度为$[B,3,H,W]$的张量，其中B就是训练中所使用的mini-batch大小，3是颜色通道，H和W分别是图像的高和宽，这一维度顺序是符合PyTorch框架要求的，读者不要将其调整为其他顺序。同时，每张图像的标签数据都会被存放在一个list变量中。我们将会在训练时使用到这些数据。

5.2 数据预处理

在5.1节中，我们主要介绍了读取数据的方法和相关的代码实现，其中，我们提到过数据预处理的概念。不论是在训练阶段还是测试阶段，数据预处理都是不可或缺的，尤其是在训练阶段，除了一些基础的、必要的数据预处理，往往还会使用数据增强的操作。通常，好的预处理手段可以有效提升模型的性能和泛化性，反之则会严重损害模型的性能。在本节中，我们将展开介绍这一概念。

5.2.1 基础变换

在ImageNet时代，常用的图像预处理手段就是先对图像（记作I）做归一化，即所有的像素值都除以255，因为RGB格式的图像所包含的最大像素值为255，最小像素值为0。

因此，通过除以255即可将所有的像素值映射到0～1范围内，然后使用均值 μ_I 和标准差 v_I 做进一步的归一化处理，如公式（5-1）所示：

$$\bar{I} = \frac{\frac{I}{255} - \mu_I}{v_I} \tag{5-1}$$

其中，μ_I 和 v_I 是从ImageNet数据集中统计出来的，按照RGB通道的顺序，分别为（0.485，0.456，0.406）和（0.229，0.224，0.225）。这两组数值是目前自然图像中很常用的均值和方差。注意，这里的均值和方差也都除以了255。当然，从ImageNet数据集统计出来的图像均值和方差通常难以适用于其他领域，如医学图像领域，毕竟该领域的图像不是自然图像。所以，必要时可以根据自己的任务场景来重新统计归一化图像所需的均值和方差。不过，有时候我们不需要去统计均值和方差。这就要视具体情况而定了。

另外，这里需要提醒读者，从流行的计算机视觉库OpenCV读取的图像，其颜色通道是按照BGR的顺序排列的，而不是RGB，因此，读者会在项目代码中发现上面均值和方差的颜色通道排列顺序是颠倒的，我们会在OpenCV读取进来的图像上进行归一化操作，最终将其转换成RGB顺序的颜色通道。

完成上面的归一化操作后，还要再进行一次调整图像尺寸的操作，即resize操作。在通常情况下，读取进来的图像大小不会都是一样的，为了便于在训练阶段能够将多组数据组成一个批次（即mini-batch概念）去训练模型，我们就需要使这批数据拥有同样的尺寸，其中一种常用的方法是将所有的图像都使用resize操作调整为具有同一尺寸的方形图像，如图5-3所示。

图5-3 调整图像尺寸的resize操作

图5-3所展示的方法虽然在操作层面上是很便利的，但其本身的缺点也是很明显的，其中之一便是改变了图像的长宽比，易导致图像中的物体发生畸变，图5-4展示了这样的一个例子。我们可以从图5-4中看到，图像中的物体外观发生了严重的畸变，这可能会对最终的识别精度产生潜在的负面影响。

图5-4 resize操作导致的物体畸变失真的问题

为了缓解这一问题，我们可以采取另一种办法，即先将图像等比例缩小，使得原本的最长边等于我们所设定的长度，然后沿着最短边来填充像素。这一做法既能保证当前读取的一批图像最终都能具有相同的尺寸，同时还避免了失真问题。图5-5展示了该操作的一个具体实例。

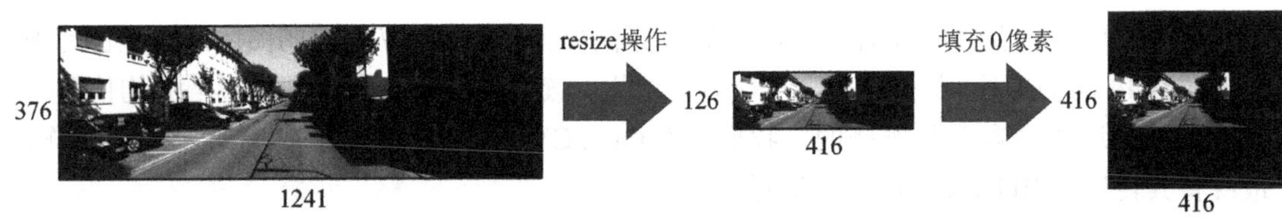

图5-5 保留长宽比的resize操作

尽管如此，由于图5-3的方法更为简单，便于读者上手，因此，本章我们暂时选择此方法。在后面的章节，我们则会使用图5-5所展示的这一类能够保留图像原始长宽比的resize操作。所以，这里也希望读者将第二种做法记在心里，以便日后的学习。

综上，我们将**图像归一化操作**和**resize操作**合在一起，就组成了视觉任务中最常用的数据预处理操作。有的时候，我们将这种组合后的预处理操作称为基础变换，因为它在很多视觉项目中都会被用到。

不过，在当前的YOLO系列的工作中，几乎很少再会使用均值和方差去做图像归一化操作，往往只是除以255，将所有的像素值映射到0～1范围内。遵循当前主流的做法，我们也不使用ImageNet数据集的均值和方差。因此，我们所使用的基础变换仅包含调整图像尺寸的resize操作。

在本项目的dataset/data_augment/ssd_augment.py文件中，我们实现了基础变换的代码，如代码5-8所示。

代码5-8 基础变换的代码实现

```
# YOLO_Tutorial/dataset/data_augment/ssd_augment.py
# --------------------------------------------------------
...

## SSD-style valTransform
class SSDBaseTransform(object):
    def __init__(self, img_size):
```

```
        self.img_size = img_size

    def __call__(self, image, target=None, mosaic=False):
        deltas = None
        # 调整图像尺寸
        orig_h, orig_w = image.shape[:2]
        image = cv2.resize(image, (self.img_size, self.img_size)).astype(np.float32)

        # 调整边界框尺寸
        if target is not None:
            boxes = target['boxes'].copy()
            labels = target['labels'].copy()
            img_h, img_w = image.shape[:2]
            boxes[..., [0, 2]] = boxes[..., [0, 2]] / orig_w * img_w
            boxes[..., [1, 3]] = boxes[..., [1, 3]] / orig_h * img_h
            target['boxes'] = boxes

        # 转换为PyTorch的Tensor类型
        img_tensor = torch.from_numpy(image).permute(2, 0, 1).contiguous().float()
        if target is not None:
            target['boxes'] = torch.from_numpy(boxes).float()
            target['labels'] = torch.from_numpy(labels).float()

        return img_tensor, target, deltas
```

注意，在本章的前半部分有关YOLOv1和YOLOv2的代码实现环节中，我们仅使用SSD风格的数据增强和基础变换，对于包含马赛克增强的YOLOv5风格的数据增强等预处理手段暂不介绍。当我们学习到YOLOv3时，再做相关讲解。

5.2.2 数据增强

然而，一旦数据集固定，其所承载的各种信息也就固定下来了，这在一定程度上也会影响到模型的学习能力以及泛化性。不难想象，数据越丰富，模型就可以从中学习到越多的信息，有助于提升泛化性。因此，为了扩充数据集、提升数据的丰富性，以及提高模型的鲁棒性和泛化能力，我们往往会在原有的数据基础上通过一些人为手段来“创造”原数据集所没有的数据，比如图5-6所展示的由随机剪裁操作而得到的新样本。用于实现这一目的的一系列操作被称为**数据增强**（data augmentation）。

图5-6 由随机剪裁操作而得到的新样本

常见的数据增强有随机裁剪、随机水平翻转、颜色扰动等。图5-7a和图5-7b分别展示了被**基础变换**和**数据增强**处理后的VOC数据集的图片。这里为了方便展示，我们将归一化后的图片又进行了反归一化操作，以便我们能够看到图片中的内容。

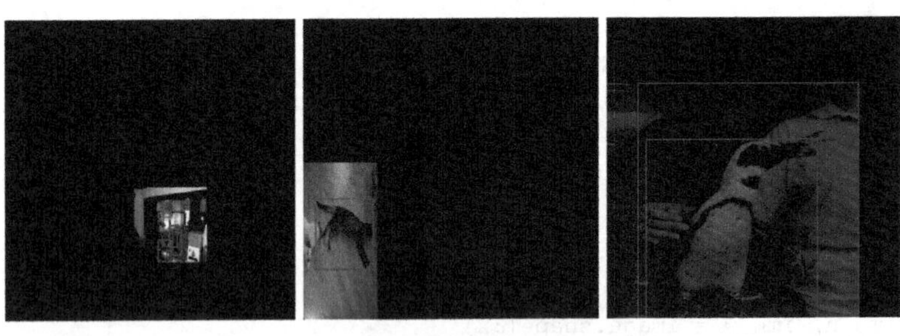

（a）基础变换

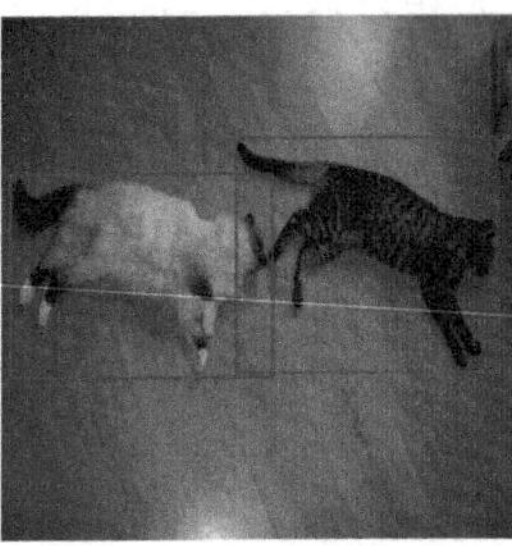

（b）数据增强

图5-7　经数据预处理操作的VOC数据集图片

在项目中的dataset/data_augment/ssd_augment.py文件中，我们实现了SSD风格的数据增强的代码，代码5-9展示了在训练过程中使用到的SSDAugmentation类。

代码5-9　SSDAugmentation类的代码实现

```
# YOLO_Tutorial/dataset/data_augment/ssd_augment.py
# -------------------------------------------------------
...

## SSD-style Augmentation
class SSDAugmentation(object):
    def __init__(self, img_size=640):
        self.img_size = img_size
        self.augment = Compose([
            ConvertFromInts(),                         # 将int类型转换为float32类型
            PhotometricDistort(),                      # 图像颜色增强
            Expand(),                                  # 扩充增强
            RandomSampleCrop(),                        # 随机剪裁
            RandomHorizontalFlip(),                    # 随机水平翻转
            Resize(self.img_size)                      # resize操作
        ])

    def __call__(self, image, target, mosaic=False):
```

```
        boxes = target['boxes'].copy()
        labels = target['labels'].copy()
        deltas = None
        # 数据增强
        image, boxes, labels = self.augment(image, boxes, labels)

        # 转换成PyTorch的Tensor类型
        img_tensor = torch.from_numpy(image).permute(2, 0, 1).contiguous().float()
        target['boxes'] = torch.from_numpy(boxes).float()
        target['labels'] = torch.from_numpy(labels).float()

        return img_tensor, target, deltas
```

在代码5-9中，SSDAugmentation类的self.augment属性包含了若干数据增强操作，如图像颜色扰动PhotometricDistort类和随机水平翻转RandomHorizontalFlip类。关于每个具体增强操作的代码，请读者自行阅读。

5.3 制作训练正样本

通过前两节的介绍，我们已经了解了如何编写代码来读取VOC数据集的图像和标签，并做相关的预处理。本节将在此基础上，讲解如何为每一个数据制作训练正样本。

为了实现这一目的，在本项目的models/yolov1/matcher.py文件中，我们编写了一个名为YoloMatcher的类，其功能就是用来处理读取的标签从而为每一张图片制作训练所需的正样本。该类的代码框架如代码5-10所示。

代码5-10 YoloMatcher类

```
# YOLO_Tutorial/models/yolov1/matcher.py
# ---------------------------------------------------------
...

class YoloMatcher(object):
    def __init__(self, num_classes):
        self.num_classes = num_classes

    @torch.no_grad()
    def __call__(self, fmp_size, stride, targets):
        """处理标签数据，完成标签匹配"""
        ...
```

接下来，我们介绍一下该类的运行逻辑。

假设在某一次训练迭代中，读取进来由B张图像组成的一批数据，依据PyTorch框架的约定，这批数据所组成的张量的维度是$[B,3,H,W]$，同时读取进来的标签数据是一个包含这*B*张图像的标签的list类型的变量。对于这一批数据，首先编写第一层for循环去遍历这一批数据中的每个图像的标签数据，再编写第二层for循环去遍历该图像的每一个目标，并计算中心点所在的网格坐标，如代码5-11所示。

代码5-11　计算目标的中心点所在的网格坐标

```
# YOLO_Tutorial/models/yolov1/matcher.py
# --------------------------------------------------------
...

class YoloMatcher(object):
    def __init__(self, num_classes):
        self.num_classes = num_classes

    @torch.no_grad()
    def __call__(self, fmp_size, stride, targets):
        bs = len(targets)
        fmp_h, fmp_w = fmp_size
        gt_objectness = np.zeros([bs, fmp_h, fmp_w, 1])
        gt_classes = np.zeros([bs, fmp_h, fmp_w, self.num_classes])
        gt_bboxes = np.zeros([bs, fmp_h, fmp_w, 4])

        # 第一层for循环遍历输入的这一批数据中的每一张图像
        for batch_index in range(bs):
            targets_per_image = targets[batch_index]
            # [N,]
            tgt_cls = targets_per_image["labels"].numpy()
            # [N, 4]
            tgt_box = targets_per_image['boxes'].numpy()

            # 第二层for循环遍历这一张图像的每一个目标的标签数据
            for gt_box, gt_label in zip(tgt_box, tgt_cls):
                x1, y1, x2, y2 = gt_box
                # 计算目标框的中心点坐标
                xc, yc = (x2 + x1) * 0.5, (y2 + y1) * 0.5
                bw, bh = x2 - x1, y2 - y1

                # 检查数据的有效性
                if bw < 1. or bh < 1.:
                    return False

                # 计算中心点所在的网格坐标
                xs_c = xc / stride
                ys_c = yc / stride
                grid_x = int(xs_c)
                grid_y = int(ys_c)
                ...
```

随后，我们即可根据计算出来的网格坐标去赋予训练标签，被赋予标签的就是正样本，如代码5-12所示。

代码 5-12 标签匹配

```
# YOLO_Tutorial/models/yolov1/matcher.py
# -----------------------------------------------------------
...

class YoloMatcher(object):
    def __init__(self, num_classes):
        self.num_classes = num_classes

    @torch.no_grad()
    def __call__(self, fmp_size, stride, targets):
        bs = len(targets)
        fmp_h, fmp_w = fmp_size
        gt_objectness = np.zeros([bs, fmp_h, fmp_w, 1])
        gt_classes = np.zeros([bs, fmp_h, fmp_w, self.num_classes])
        gt_bboxes = np.zeros([bs, fmp_h, fmp_w, 4])

        for batch_index in range(bs):
            ...
            for gt_box, gt_label in zip(tgt_box, tgt_cls):
                ...

                # 计算中心点所在的网格坐标
                xs_c = xc / stride
                ys_c = yc / stride
                grid_x = int(xs_c)
                grid_y = int(ys_c)

                if grid_x < fmp_w and grid_y < fmp_h:
                    # obj
                    gt_objectness[batch_index, grid_y, grid_x] = 1.0
                    # cls
                    cls_ont_hot = np.zeros(self.num_classes)
                    cls_ont_hot[int(gt_label)] = 1.0
                    gt_classes[batch_index, grid_y, grid_x] = cls_ont_hot
                    # box
                    gt_bboxes[batch_index, grid_y, grid_x] = np.array([x1, y1, x2, y2])

        # [B, M, C], M=HW
        gt_objectness = gt_objectness.reshape(bs, -1, 1)
        gt_classes = gt_classes.reshape(bs, -1, self.num_classes)
        gt_bboxes = gt_bboxes.reshape(bs, -1, 4)

        # 转换为PyTorch的Tensor类型
        gt_objectness = torch.from_numpy(gt_objectness).float()
        gt_classes = torch.from_numpy(gt_classes).float()
        gt_bboxes = torch.from_numpy(gt_bboxes).float()

        return gt_objectness, gt_classes, gt_bboxes
```

在代码的最后，由于模型的预测都进行了维度调整，即预测的维度都从$[B,C,H,W]$被调整为$[B,HW,C]$的形式，因此，我们把gt_objectness等标签变量的维度也调整成与之一致的形式，便于后续的计算。

我们简单介绍一下代码最后返回的标签变量的含义：

- **gt_objectness标签变量，**其维度为$[B,HW,C]$，包含了若干的1和0两个数值，假设gt_objectness[i,j,0]=1，那么就表明这一批数据中的**第*i*（从0开始计数）张图像的第*j*（从0开始计数）个置信度预测**（一共HW个预测）为正样本，反之为负样本。
- **gt_classes标签变量，**其维度为$[B,HW,N_C]$，gt_classes[i,j]表示**第*i*张图像的第*j*个类别预测**的one-hot格式的类别标签。
- **gt_bboxes标签变量，**其维度为$[B,HW,4]$，gt_bboxes[i,j]表示**第*i*张图像的第*j*个边界框预测**的坐标标签。

5.4 计算训练损失

有了训练标签，我们就可以计算损失了。有关YOLOv1所使用的损失函数已在4.1.5节中给出，因此，我们可以直接根据公式来编写相关的代码。在本项目的models/yolov1/loss.py文件中，我们实现了用于计算损失的Criterion类，如代码5-13所示。

代码5-13 Criterion类

```
# YOLO_Tutorial/models/yolov1/loss.py
# --------------------------------------------------------
...

class Criterion(object):
    def __init__(self, cfg, device, num_classes=80):
        self.cfg = cfg
        self.device = device
        self.num_classes = num_classes
        self.loss_obj_weight = cfg['loss_obj_weight']
        self.loss_cls_weight = cfg['loss_cls_weight']
        self.loss_box_weight = cfg['loss_box_weight']

        # 标签匹配
        self.matcher = YoloMatcher(num_classes=num_classes)

    def loss_objectness(self, pred_obj, gt_obj):
        # 计算置信度损失
        loss_obj = F.binary_cross_entropy_with_logits(pred_obj, gt_obj,
```

```
            reduction='none')

        return loss_obj

    def loss_classes(self, pred_cls, gt_label):
        # 计算类别损失
        loss_cls = F.binary_cross_entropy_with_logits(pred_cls, gt_label,
            reduction='none')

        return loss_cls

    def loss_bboxes(self, pred_box, gt_box):
        # 计算边界框损失
        ious = get_ious(pred_box, gt_box, box_mode="xyxy", iou_type='giou')
        loss_box = 1.0 - ious

        return loss_box

    def __call__(self, outputs, targets):
        ...
```

我们来介绍一下该类计算损失的代码逻辑。

对于给定的一批数据的预测和读取的标签，我们首先进行标签匹配，确定哪些预测是正样本以及相应的学习标签，如代码5-14所示。

代码5-14　标签匹配

```
# YOLO_Tutorial/models/yolov1/loss.py
# --------------------------------------------------------
...

class Criterion(object):
    def __init__(self, cfg, device, num_classes=80):
        ...

    def __call__(self, outputs, targets):
        device = outputs['pred_cls'][0].device
        stride = outputs['stride']
        fmp_size = outputs['fmp_size']
        # 进行标签匹配，获得训练标签
        (
            gt_objectness,
            gt_classes,
            gt_bboxes,
            ) = self.matcher(fmp_size=fmp_size,
                             stride=stride,
                             targets=targets)
        # List[B, M, C] -> [B, M, C] -> [BM, C]
        pred_obj = outputs['pred_obj'].view(-1)                     # [BM,]
```

```
        pred_cls = outputs['pred_cls'].view(-1, self.num_classes)      # [BM, C]
        pred_box = outputs['pred_box'].view(-1, 4)                     # [BM, 4]

        gt_objectness = gt_objectness.view(-1).to(device).float()               # [BM,]
        gt_classes = gt_classes.view(-1, self.num_classes).to(device).float() # [BM, C]
        gt_bboxes = gt_bboxes.view(-1, 4).to(device).float()                    # [BM, 4]

        pos_masks = (gt_objectness > 0)
        num_fgs = pos_masks.sum()
        ...
```

在代码5-14中，pos_masks变量标记了哪些是正样本（对应的值为1），哪些是负样本（对应的值为0）。在完成了标签匹配后，就可以计算损失了，如代码5-15所示。

代码5-15 计算损失

```
# YOLO_Tutorial/models/yolov1/loss.py
# -------------------------------------------------------
...

class Criterion(object):
    def __init__(self, cfg, device, num_classes=80):
        ...

    def __call__(self, outputs, targets):
        ...

        # 置信度损失
        loss_obj = self.loss_objectness(pred_obj, gt_objectness)
        loss_obj = loss_obj.sum() / num_fgs

        # 类别损失，只考虑正样本
        pred_cls_pos = pred_cls[pos_masks]
        gt_classes_pos = gt_classes[pos_masks]
        loss_cls = self.loss_classes(pred_cls_pos, gt_classes_pos)
        loss_cls = loss_cls.sum() / num_fgs

        # 边界框损失，只考虑正样本
        pred_box_pos = pred_box[pos_masks]
        gt_bboxes_pos = gt_bboxes[pos_masks]
        loss_box = self.loss_bboxes(pred_box_pos, gt_bboxes_pos)
        loss_box = loss_box.sum() / num_fgs

        # 总的损失
        losses = self.loss_obj_weight * loss_obj + \
                 self.loss_cls_weight * loss_cls + \
                 self.loss_box_weight * loss_box

        loss_dict = dict(
```

```
            loss_obj = loss_obj,
            loss_cls = loss_cls,
            loss_box = loss_box,
            losses = losses
    )

    return loss_dict
```

最终，我们将所有的损失都保存在loss_dict变量中，将其输出，用于后续的反向传播和记录训练信息等环节。

至此，训练的三大要素——模型、训练标签以及损失函数已齐备。接下来我们就可以着手训练网络了。

5.5 开始训练 YOLOv1

对于训练，就没有多少理论可讲了，直接展示代码。读者可以打开项目中的train.py文件来查看完整的训练代码，这是一个相对较长的代码文件，包含了诸如构建数据集、设计优化器、设计学习率策略等重要的环节。由于训练代码相对较长，这里为了节省篇幅，不予展示。为了方便读者更好地理解train.py文件所展示的训练流程，我们将对其中的一些重要细节做必要的介绍。对于往后其他项目的训练代码也将遵循同样的逻辑来设计，不再讲解。

首先，需要构建训练所需的数据集，我们通过调用build_dataset函数来实现这一目的。同时，除了构建数据集类，PyTorch还要求创建一个dataloader类，以便更加高效地训练。对此，我们通过调用build_dataloader函数来实现这一点。在训练阶段，我们也会使用到当下流行的自动混合精度（automatic mixed precision，AMP）训练策略，因此，我们要调用PyTorch提供的GradScaler类构建一个梯度缩放器。另外，我们也使用到当前YOLO项目常用的模型指数滑动平均（exponential moving average，EMA）技巧，可以稳定模型在训练早期的性能。这部分的代码如代码5-16所示。

代码5-16 构建训练所需的dataloader类

```
# YOLO_Tutorial/train.py
# --------------------------------------------------------
...
# 构建dataset类
dataset, dataset_info, evaluator = build_dataset(args, trans_cfg, device, is_
                                                 train=True)
num_classes = dataset_info[0]
...
# 构建dataloader类
dataloader = build_dataloader(args, dataset, per_gpu_batch, CollateFunc())
```

```
...
# 构建GradScaler类
scaler = torch.cuda.amp.GradScaler(enabled=args.fp16)
...
# 使用模型EMA技巧
if args.ema and distributed_utils.get_rank() in [-1, 0]:
    print('Build ModelEMA ...')
    ema = ModelEMA(model, decay=model_cfg['ema_decay'], tau=model_cfg['ema_tau'],
                   updates=start_epoch * len(dataloader))
    else:
        ema = None
```

在代码5-16中，build_dataset函数返回3个变量，分别是用于读取数据集的dataset、数据集的基本信息dataset_info以及用于测试模型的evaluator。dataloader变量将被用于加载每次迭代所需的数据去训练模型。

然后，我们调用build_model函数来构建YOLOv1模型，并将其放置在指定的GPU或CPU设备上，再调整为训练所需的train模式，如代码5-17所示。

代码5-17 构建模型

```
# YOLO_Tutorial/train.py
# --------------------------------------------------------
...

model, criterion = build_model(args, model_cfg, device, num_classes, trainable=True,)
model = model.to(device).train()
```

接着，我们构建训练所需的优化器。我们使用YOLO框架最常用的SGD优化器，其中，weight_decay参数设置为0.0005，momentum参数设置为0.937，一些细节上的设置参考了YOLOv5开源项目。在本项目的utils/solver/optimizer.py文件中，我们提供了构建优化器的更详细的实现细节，相关原理借鉴了极受欢迎的YOLOv5项目。代码5-18展示了构建优化器的代码。

代码5-18 构建训练所需的优化器

```
# YOLO_Tutorial/train.py
# --------------------------------------------------------
...

# 构建训练优化器
model_cfg['weight_decay'] *= total_bs * accumulate / 64
optimizer, start_epoch = build_optimizer(
          model_cfg, model_without_ddp, model_cfg['lr0'], args.resume)
```

随后，我们就可以从dataloader中读取数据去训练了，这之后也就进入了训练代码的核心流程：读取一批数据、制作正样本（亦称“标签匹配”）、计算损失和反向传播。代码5-19展示了核心流程的代码实现。

代码5-19 训练代码的核心流程

```
# YOLO_Tutorial/train.py
# ----------------------------------------------------------------------
...

# 开始训练
for epoch in range(start_epoch, total_epochs):
    if args.distributed:
       dataloader.batch_sampler.sampler.set_epoch(epoch)

    # 检查使用启动训练的第二阶段
    if epoch >= (total_epochs - model_cfg['no_aug_epoch'] - 1):
        # 关闭马赛克增强
        if dataloader.dataset.mosaic_prob > 0.:
            print('close Mosaic Augmentation ...')
            dataloader.dataset.mosaic_prob = 0.
            heavy_eval = True
        # 关闭混合增强
        if dataloader.dataset.mixup_prob > 0.:
            print('close Mixup Augmentation ...')
            dataloader.dataset.mixup_prob = 0.
            heavy_eval = True

    # 训练一个epoch
    last_opt_step = train_one_epoch(...)

    # 测试模型的性能
    if heavy_eval:
        best_map = val_one_epoch(...)
    else:
        if (epoch % args.eval_epoch) == 0 or (epoch == total_epochs - 1):
            best_map = val_one_epoch(...)
    ...
```

在代码5-19中，训练的核心环节在于`train_one_epoch`函数，其中包括模型的前向推理、计算损失和反向传播等关键操作。具体来说，该函数主要包含以下几个重点。

- **数据归一化**。在数据预处理阶段，我们没有采用ImageNet数据集的均值和方差去归一化处理输入图像，但从训练的角度来讲，归一化往往是有益处的，因此，在将数据送入网络之前，我们将这一批图像的所有像素值都除以255，使其值域在0～1内。
- **多尺度训练**。在当前流行的YOLO框架中，多尺度训练已经是一个基本配置了。为了便于读者能够尽可能了解一些常用的操作，在本次的YOLOv1代码实现环节中，基于YOLOv5的多尺度原理，我们采用了多尺度训练。假设输入图像的尺寸是640（默认图像是正方形），在每次将图像输入网络之前，我们随机从320~960的尺寸范围内，以32的步长随机选择一个新的尺寸，然后使用resize操作将输入图像的尺寸调整至这一个新的尺寸。

- **梯度累加策略**。受限于作者的硬件资源，我们无法使用多张显卡去做分布式训练，仅能依赖单张显卡来训练模型，那么，batch size就显得尤为重要。为了能够在单张显卡上尽可能利用大的batch size的优势，我们使用梯度累加策略。假设batch size为16，我们累加4次，就可以近似batch size为64的训练效果。不过，考虑到网络中的批归一化（BN）层，这种累加出的64不完全等价于将batch size设置为64，但仍旧是有效的策略。
- **自动混合精度训练**。该训练策略是当前YOLO框架常用的技巧之一。使用自动混合精度训练有助于减少训练所需的显存并提高训练速度。由于PyTorch框架已经提供了相关的代码库，因此我们按照PyTorch的要求来实现相关操作即可。
- **反向传播**：在完成了指定次数的梯度累加后，我们遵循PyTorch库的要求来调用相关函数去回传梯度和更新参数即可。同时，我们也会再更新EMA中的模型参数。

代码5-20展示了`train_one_epoch`函数的部分代码，以上几个重点也都得到了充分的体现。

代码5-20 `train_one_epoch`函数

```
# YOLO_Tutorial/engine.py
# --------------------------------------------------------
...

def train_one_epoch(...):
    ...
    accumulate = accumulate = max(1, round(64 / args.batch_size))

    for iter_i, (images, targets) in enumerate(dataloader):
        ni = iter_i + epoch * epoch_size
        # Warmup阶段，调整学习率
        ...

        # 将图像放置到指定设备上，如GPU，并作归一化
        images = images.to(device, non_blocking=True).float() / 255.

        # 多尺度训练
        if args.multi_scale:
            images, targets, img_size = rescale_image_targets(
                images, targets, model.stride, args.min_box_size, cfg['multi_scale'])

        # 前向推理，args.fp16为True时，就会开始自动混合精度
        with torch.cuda.amp.autocast(enabled=args.fp16):
            outputs = model(images)
            # 计算损失
            loss_dict = criterion(outputs=outputs, targets=targets)
            losses = loss_dict['losses']
            losses *= images.shape[0]  # loss * bs
            ...
```

```
        # 反向传播
        scaler.scale(losses).backward()

        # 优化模型，使用梯度累加策略
        if ni - last_opt_step >= accumulate:
            ...
            scaler.step(optimizer)
            scaler.update()
            optimizer.zero_grad()

            last_opt_step = ni

        # 训练阶段的输出信息
        ...

    scheduler.step()

    return last_opt_step
```

对于多尺度训练，我们单独实现了一个名为rescale_image_targets的函数，利用PyTorch库提供的插值函数来做上采样或下采样，从而动态地调整这一批数据的图像尺寸，标签数据也做好相应的比例变化，如代码5-21所示。

代码5-21 多尺度尺寸变换

```
# YOLO_Tutorial/engine.py
# ------------------------------------------------------------
...
def rescale_image_targets(images, targets, stride, min_box_size, multi_scale_
                          range=[0.5, 1.5]):
    """
        Deployed for Multi scale trick.
    """
    if isinstance(stride, int):
        max_stride = stride
    elif isinstance(stride, list):
        max_stride = max(stride)

    # 在训练期间，确保图像的形状都是正方形的
    old_img_size = images.shape[-1]
    new_img_size = random.randrange(old_img_size * multi_scale_range[0],
                                    old_img_size * multi_scale_range[1] + max_stride)
    new_img_size = new_img_size // max_stride * max_stride  # size
    if new_img_size / old_img_size != 1:
        # 利用插值操作来调整这一批图像的尺寸
        images = torch.nn.functional.interpolate(
                          input=images,
```

```
                        size=new_img_size,
                        mode='bilinear',
                        align_corners=False)
    # 调整标签中的边界框尺寸
    for tgt in targets:
        boxes = tgt["boxes"].clone()
        labels = tgt["labels"].clone()
        boxes = torch.clamp(boxes, 0, old_img_size)
        # rescale box
        boxes[:, [0, 2]] = boxes[:, [0, 2]] / old_img_size * new_img_size
        boxes[:, [1, 3]] = boxes[:, [1, 3]] / old_img_size * new_img_size
        # refine tgt
        tgt_boxes_wh = boxes[..., 2:] - boxes[..., :2]
        min_tgt_size = torch.min(tgt_boxes_wh, dim=-1)[0]
        keep = (min_tgt_size >= min_box_size)

        tgt["boxes"] = boxes[keep]
        tgt["labels"] = labels[keep]

return images, targets, new_img_size
```

在代码5-21中，`multi_scale_range`参数包含多尺度的最小和最大值所确定的范围，对于YOLOv1，我们设置为0.5～1.5，输入图像的resize操作后的默认尺寸是640，那么多尺度范围就是320～960。由于网络的最大输出步长是32，新的尺寸也必须是32的整数倍，换言之，我们会按照步长32从320～960这个范围内去随机选择新的尺寸。当然，图像尺寸越大，就意味着会消耗越大的显存。作者所使用的显卡型号为RTX 3090，拥有24 GB的显存。对于显存容量较小的显卡，可以适当减小多尺度的最大值，但不要低于1.0。

为了完成整个训练过程，需要读者有一张至少8 GB容量的显卡，如GTX 1080ti和RTX 2080ti。我们默认读者所使用的操作系统环境为Ubuntu 16.04。当准备好训练所需的一切条件后，就可以进入本项目所在的文件夹下，输入下面一行命令即可运行训练文件：

```
python train.py --cuda -d voc --root path/to/voc
```

切记，一定要输入`--cuda`才能调用GPU来训练模型，否则程序只调用CPU来训练，那将是个极其漫长的训练过程。在上方的运行命令中，命令行参数`-d voc`用于指定使用VOC数据集来进行训练，我们可以传入更多的命令行参数来启用更多的技巧，如多尺度训练参数`-ms`和自动混合精度训练参数`-fp16`：

```
python train.py --cuda -d voc --root path/to/voc -ms -fp16
```

要了解更多的命令行参数，请读者详细阅读train.py文件中有关命令行参数的代码。为了方便读者训练，这里还提供了`train_single_gpu.sh`文件，其中已经写好了用于训练我们实现的YOLOv1所需的参数，不过有关数据集的存放路径参数，还需读者依据自己的设备情况来做必要的调整，以便能顺利地读取训练所需的数据。读者在终端输入`sh train_single_gpu.sh`命令，即可一键训练YOLOv1模型。

通常，训练会花费至少两小时的时间（取决于读者所使用的显卡设备），其间，一旦终端被关闭，训练就被迫中止了，这不是我们想看到的结果，对此，可以在输入训练命令时使用nohup命令，从而将程序放到后台去训练，这样即便终端被关闭，也不会影响训练，例如：

```
nohup sh train.sh 1>YOLOv1-VOC.txt 2>error.txt &
```

在Ubuntu下，`nohup`命令可以将程序放到后台去运行，即便终端被关闭，也不会造成运行的程序被终止的问题。在上面的一行命令中，`1>YOLOv1-VOC.txt`表示程序会将有效输出信息（程序正常运行时所输出的信息）存放在YOLOv1-VOC.txt文件中，读者也可以将其换个名字，用YOLOv1-VOC.txt这个文件名只是作者的个人习惯。而`2>error.txt`表示将程序执行过程中的警告信息和报错信息存放到error.txt文件中。一旦后台程序报错导致终止，读者可以打开error.txt 文件查看程序报出的错误信息，以便调试。图5-8展示了YOLOv1模型在VOC数据集上训练的输出信息。

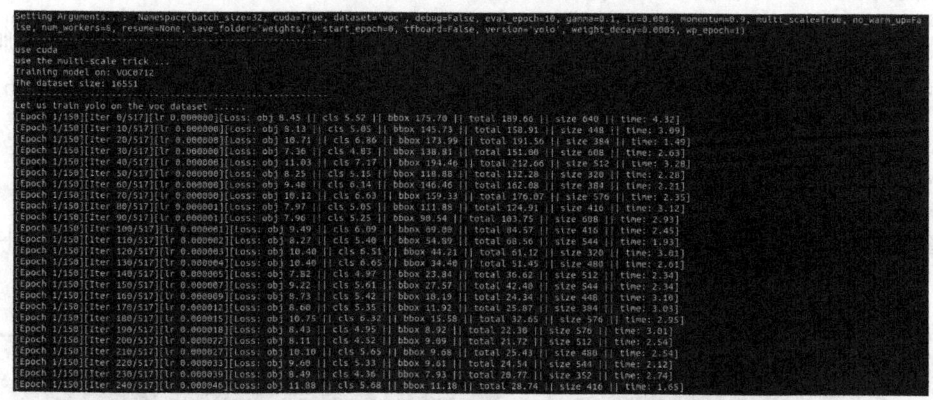

```
Setting Arguments.. : Namespace(batch_size=32, cuda=True, dataset='voc', debug=False, eval_epoch=10, gamma=0.1, lr=0.001, momentum=0.9, multi_scale=True, no_warm_up=Fa
lse, num_workers=8, resume=None, save_folder='weights/', start_epoch=0, tfboard=False, version='yolo', weight_decay=0.0005, wp_epoch=1)
----------------------------------------------------------------
use cuda
use the multi-scale trick ...
Training model on: VOC0712
The dataset size: 16551
----------------------------------------------------------------
Let us train yolo on the voc dataset ......
[Epoch 1/150][Iter 0/517][lr 0.000000][Loss: obj 8.45 || cls 5.52 || bbox 175.70 || total 189.66 || size 640 || time: 4.32]
[Epoch 1/150][Iter 10/517][lr 0.000000][Loss: obj 8.13 || cls 5.05 || bbox 145.73 || total 158.91 || size 448 || time: 3.09]
[Epoch 1/150][Iter 20/517][lr 0.000000][Loss: obj 10.71 || cls 6.86 || bbox 173.99 || total 191.56 || size 384 || time: 1.49]
[Epoch 1/150][Iter 30/517][lr 0.000000][Loss: obj 7.36 || cls 4.83 || bbox 138.81 || total 151.00 || size 608 || time: 2.63]
[Epoch 1/150][Iter 40/517][lr 0.000000][Loss: obj 11.03 || cls 7.17 || bbox 194.46 || total 212.66 || size 512 || time: 3.28]
[Epoch 1/150][Iter 50/517][lr 0.000000][Loss: obj 8.25 || cls 5.15 || bbox 118.88 || total 132.28 || size 320 || time: 2.28]
[Epoch 1/150][Iter 60/517][lr 0.000000][Loss: obj 9.48 || cls 6.14 || bbox 146.46 || total 162.08 || size 384 || time: 2.21]
[Epoch 1/150][Iter 70/517][lr 0.000000][Loss: obj 10.12 || cls 6.63 || bbox 159.33 || total 176.07 || size 576 || time: 2.35]
[Epoch 1/150][Iter 80/517][lr 0.000001][Loss: obj 7.97 || cls 5.05 || bbox 111.88 || total 124.91 || size 416 || time: 3.12]
[Epoch 1/150][Iter 90/517][lr 0.000001][Loss: obj 7.96 || cls 5.25 || bbox 90.54 || total 103.75 || size 608 || time: 2.93]
[Epoch 1/150][Iter 100/517][lr 0.000001][Loss: obj 9.49 || cls 6.09 || bbox 69.00 || total 84.57 || size 416 || time: 2.45]
[Epoch 1/150][Iter 110/517][lr 0.000002][Loss: obj 8.27 || cls 5.40 || bbox 54.89 || total 68.56 || size 544 || time: 1.93]
[Epoch 1/150][Iter 120/517][lr 0.000003][Loss: obj 10.40 || cls 6.51 || bbox 44.21 || total 61.12 || size 320 || time: 3.01]
[Epoch 1/150][Iter 130/517][lr 0.000004][Loss: obj 10.40 || cls 6.65 || bbox 34.40 || total 51.45 || size 480 || time: 2.61]
[Epoch 1/150][Iter 140/517][lr 0.000005][Loss: obj 7.82 || cls 4.97 || bbox 23.84 || total 36.62 || size 512 || time: 2.34]
[Epoch 1/150][Iter 150/517][lr 0.000007][Loss: obj 9.22 || cls 5.61 || bbox 27.57 || total 42.40 || size 544 || time: 2.34]
[Epoch 1/150][Iter 160/517][lr 0.000009][Loss: obj 8.73 || cls 5.42 || bbox 10.19 || total 24.34 || size 448 || time: 3.10]
[Epoch 1/150][Iter 170/517][lr 0.000012][Loss: obj 8.60 || cls 5.35 || bbox 11.92 || total 25.87 || size 384 || time: 3.03]
[Epoch 1/150][Iter 180/517][lr 0.000015][Loss: obj 10.75 || cls 6.32 || bbox 15.58 || total 32.65 || size 576 || time: 2.95]
[Epoch 1/150][Iter 190/517][lr 0.000018][Loss: obj 8.43 || cls 4.95 || bbox 8.92 || total 22.30 || size 576 || time: 3.01]
[Epoch 1/150][Iter 200/517][lr 0.000022][Loss: obj 8.11 || cls 4.52 || bbox 9.09 || total 21.72 || size 512 || time: 2.54]
[Epoch 1/150][Iter 210/517][lr 0.000027][Loss: obj 10.10 || cls 5.65 || bbox 9.68 || total 25.43 || size 480 || time: 2.54]
[Epoch 1/150][Iter 220/517][lr 0.000033][Loss: obj 9.60 || cls 5.33 || bbox 9.61 || total 24.54 || size 544 || time: 2.12]
[Epoch 1/150][Iter 230/517][lr 0.000039][Loss: obj 8.49 || cls 4.36 || bbox 7.93 || total 20.77 || size 352 || time: 2.74]
[Epoch 1/150][Iter 240/517][lr 0.000046][Loss: obj 11.88 || cls 5.68 || bbox 11.18 || total 28.74 || size 416 || time: 1.65]
```

图5-8 YOLOv1在VOC数据集上的训练输出

在训练过程中，默认每训练10个轮次（epoch），模型便会在VOC2007 测试集上进行一次测试。图5-9展示了测试时的输出信息，主要包括测试阶段的耗时以及mAP指标。

```
im_detect: 1/4952 0.009s
im_detect: 501/4952 0.009s
im_detect: 1001/4952 0.008s
im_detect: 1501/4952 0.007s
im_detect: 2001/4952 0.007s
im_detect: 2501/4952 0.008s
im_detect: 3001/4952 0.008s
im_detect: 3501/4952 0.008s
im_detect: 4001/4952 0.008s
im_detect: 4501/4952 0.008s
Evaluating detections
VOC07 metric? Yes
AP for aeroplane = 0.5538
AP for bicycle = 0.6447
AP for bird = 0.4632
AP for boat = 0.3527
AP for bottle = 0.2398
AP for bus = 0.5565
AP for car = 0.6150
AP for cat = 0.7407
AP for chair = 0.2369
AP for cow = 0.3862
AP for diningtable = 0.3791
AP for dog = 0.5886
AP for horse = 0.5873
AP for motorbike = 0.6258
AP for person = 0.4639
AP for pottedplant = 0.2583
AP for sheep = 0.3229
AP for sofa = 0.4779
AP for train = 0.6304
AP for tvmonitor = 0.4911
Mean AP = 0.4807
Mean AP:  0.4807464538568377
Saving state, epoch: 11
[Epoch 12/150][Iter 0/517][lr 0.001000][Loss: obj 3.17 || cls 0.83 || bbox 3.42 || total 7.42 || size 480 || time: 93.43]
[Epoch 12/150][Iter 10/517][lr 0.001000][Loss: obj 3.65 || cls 1.41 || bbox 4.23 || total 9.28 || size 384 || time: 1.86]
[Epoch 12/150][Iter 20/517][lr 0.001000][Loss: obj 5.12 || cls 2.92 || bbox 6.74 || total 14.78 || size 448 || time: 1.16]
[Epoch 12/150][Iter 30/517][lr 0.001000][Loss: obj 5.95 || cls 2.05 || bbox 7.07 || total 15.07 || size 544 || time: 1.55]
[Epoch 12/150][Iter 40/517][lr 0.001000][Loss: obj 3.57 || cls 1.05 || bbox 4.12 || total 8.75 || size 576 || time: 2.22]
```

图5-9 训练过程中YOLOv1在VOC数据集上的测试输出

5.6 可视化检测结果

当完成全部训练后，默认模型都保存在了weights/voc/yolov1/文件夹下。假设，最好的模型权重文件是yolov1_voc.pth。然后，读者可以运行项目中的test.py文件的代码，输入以下命令：

```
python test.py --cuda -d voc --weight weight/voc/yolo/yolov1_voc.pth
```

其中，--weight是模型文件的路径。本项目提供了由作者训练得到的权重文件，读者可以根据项目中的README文件给出的相关说明来下载训练好的YOLOv1模型。

下载完毕后，我们只需将运行命令中的--weight后面所传入的参数做相应的调整。如果读者只是用模型做前向推理的话，那么使用CPU也可以，即不需要传入--cuda参数。以作者的i5-12500H CPU为例，在输入图像的尺寸为416×416的情况下，YOLOv1的运行速度大约为5 FPS。尽管慢了些，但还在可接受的范围内。

测试时，默认的输入尺寸是640×640，由于我们的模型在训练时使用了多尺度训练技巧，因此读者可以通过调整-size参数来改变测试时的图像尺寸，比如设置其为416。

```
python test.py --cuda -d voc -m yolov1 --weight weight/voc/yolov1/yolov1_voc.pth
--show-size 416 -vt 0.3
```

图5-10展示了YOLOv1在VOC2007测试集上的检测结果的可视化图像。从图中可以看出，我们设计的检测器是可以正常工作的，性能还算不错。

图5-10　YOLOv1在VOC2007测试集上的检测结果的可视化图像

倘若读者想单独在VOC2007测试集上测试模型的mAP，那么可以运行本项目中所提供的eval.py文件，具体命令如下。读者可以给定不同的图像尺寸来测试YOLOv1在不同输入尺寸下的性能。

```
python eval.py --cuda -d voc -m yolov1 --weight weight/voc/yolov1/yolov1_voc.pth
-size 输入图像尺寸
```

表5-1汇总了YOLOv1在VOC2007测试集上的mAP指标，并与官方的YOLOv1（表中用YOLOv1*加以区别）进行了对比。从表中可以看到，在同样的输入尺寸448×448下，我们所实现的YOLOv1实现了更高的性能：73.2%的mAP，超过了官方YOLOv1的63.4%。由此可见，我们所作的改进和优化是有效的。

表 5-1 YOLOv1 在 VOC2007 测试集上的 mAP 测试结果

模型	输入尺寸	mAP/%
YOLOv1*	448×448	63.4
YOLOv1	416×416	71.9
YOLOv1	448×448	73.2
YOLOv1	512×512	74.9
YOLOv1	640×640	76.7

5.7 使用 COCO 数据集(选读)

本节是选读章节。因为COCO数据集很大，完整训练所花费的时间比VOC数据集多，对读者所使用的硬件要求较高，所以在入门阶段，我们不要求读者在COCO数据集上进行训练和测试。

倘若读者十分感兴趣，那么不妨运行本项目中的data/scripts/COCO2017.sh文件来下载COCO2017数据集，其共包括11万余张的训练集图片、5000张验证集图片、2万余张的测试集图片以及JSON格式的各种标注文件。读者只需关注训练集train2017 文件和验证集val2017文件，而测试集test2017没有标注文件，其mAP测试需登录COCO官网去完成，这一点我们不做要求。

下载完毕后，读者可以运行dataset/coco.py文件来查看COCO数据集的一些图像和标签的可视化结果，以便了解该数据集的具体情况。在准备好了一切训练所需的条件后，我们将train.sh文件中的参数`-d voc`改成`-d coco`，并修改数据集路径，即可使用COCO数据集来训练我们的YOLOv1模型，读者将会看到如图5-11所示的输出。

由于COCO数据集的规模很大，因此训练也将是个较为漫长的过程。在初期，我们要先学会搭建网络、掌握标签匹配和损失函数等重要操作，所以暂不需要重视COCO数据集，尽管它是当前目标检测领域最重要的数据集之一。

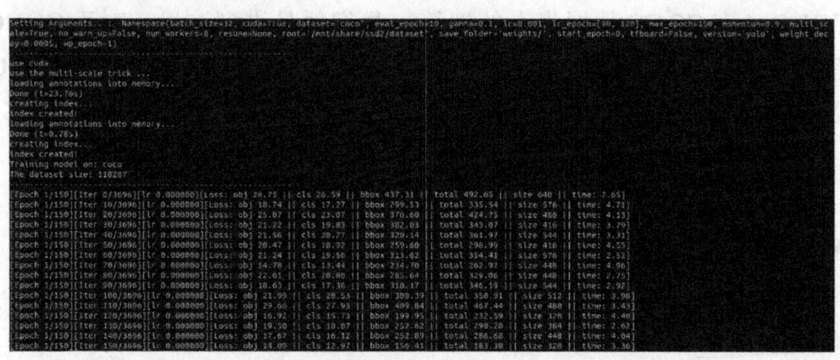

图5-11 YOLOv1在COCO数据集上训练的输出

在完成训练后，我们再在COCO验证集上验证我们的YOLOv1的性能。我们使用以下命令查看模型在COCO验证集上的检测结果的可视化图像，图5-12展示了一些可视化结果。

```
python test.py --cuda -d coco --root path/to/coco -m yolov1 --weight path/to/
yolov1_coco.pth -size 416 -vt 0.3 --show
```

图5-12　YOLOv1在COCO验证集上的可视化结果

随后，我们再使用以下命令去计算在COCO验证集上的性能指标。

```
python eval.py --cuda -d coco-val --root path/to/coco -m yolov1 --weight path/to/
yolov1_coco.pth -size 416
```

表5-2汇总了相关的测试结果，其中，AP_S、AP_M和AP_L分别是COCO定义下的小物体、中物体和大物体的AP指标。由于官方的YOLOv1并没有使用到COCO数据集，因此这里我们就不做对比了，相关实验数据仅供参考。

表5-2　YOLOv1在COCO验证集上的测试结果

模型	输入尺寸	AP /%	AP_{50} /%	AP_{75} /%	AP_S /%	AP_M /%	AP_L /%
YOLOv1	320×320	20.9	37.1	20.4	3.7	20.0	39.6
YOLOv1	416×416	24.4	41.9	24.3	7.5	24.4	42.2
YOLOv1	448×448	24.7	42.8	24.5	8.0	25.3	41.5
YOLOv1	512×512	26.5	45.4	26.3	9.8	27.7	42.9
YOLOv1	640×640	27.9	47.5	28.1	11.8	30.3	41.6

关于YOLOv1在COCO数据集上的训练，我们暂且讲到这里，对于COCO数据集的更多内容留待后续的章节中介绍，我们将会在YOLOv2和YOLOv3中使用COCO数据集，包括训练集和测试集等。当然，我们在前半部分的实践环节中仍主要使用VOC数据集。

5.8　小结

至此，我们讲解完了YOLOv1，相信读者已经掌握了入门目标检测所需的一些基本概念，对于如何读取数据集的数据、搭建目标检测网络、训练和测试等步骤，相信读者都已经有了基本的认识。在学习了YOLOv1和YOLOv1、掌握了必要的知识点和技术之后，后续学习YOLOv2和YOLOv3将会如鱼得水，因为这两项工作都是在YOLOv1基础上的增量式改进工作，不会引入复杂的模块，这也是作者如此喜爱YOLO系列工作的原因之一。

第6章 YOLOv2

在前面的章节中，我们先后了解和学习了目标检测技术的发展概况、常用的数据集，以及one-stage框架的开山之作YOLOv1，并在YOLOv1的学习基础上实现了第一个由我们自己动手搭建的单尺度目标检测网络：YOLOv1。从检测的原理上来看，我们的YOLOv1和YOLOv1一样，区别仅在于实现上改用和加入了更贴近当下主流的做法，例如使用ResNet作为主干网络、在卷积层后加入批归一化，以及采用全卷积网络结构设计YOLOv1等。相较于官方的YOLOv1，我们的YOLOv1具有更加简洁的网络结构和出色的检测性能，同时，端到端的全卷积网络架构也更加便于读者学习、理解和实践。

当然，这里并不是吹捧我们的YOLOv1，毕竟我们的YOLOv1也是在借鉴了许多研究成果的基础上得以实现的。YOLOv1的影响是深远的，是开启one-stage通用目标检测模型时代的先锋之作，其里程碑地位不可撼动。不过，既然称为YOLOv1，就表明YOLO这个工作并未就此止步。

在2016年IEEE主办的计算机视觉与模式识别（CVPR）会议上，继在YOLOv1工作获得了瞩目的成功之后，YOLO的作者团队立即推出了第二代YOLO检测器：YOLOv2[2]。新提出的YOLOv2在YOLOv1基础之上做了大量的改进和优化，如使用新的网络结构、引入由Faster R-CNN[14]工作提出的先验框机制、提出基于k均值聚类算法的先验框聚类算法，以及采用新的边界框回归方法等。在VOC2007数据集上，凭借着这一系列的改进，YOLOv2不仅大幅度超越了上一代的YOLOv1，同时也超越了同年发表在欧洲计算机视觉国际会议（ECCV）上的新型one-stage检测器：SSD[16]，成为了那个年代当之无愧的最强目标检测器之一。接下来我们来看看YOLOv2究竟做了哪些改进。

6.1 YOLOv2详解

由于YOLOv2的工作是建立在YOLOv1基础上的，因此读者理解YOLOv2也会更容易，只要理解它相对于YOLOv1所做出的各种改进和优化，就可以在这一过程中掌握YOLOv2的原理和精髓。接下来，就让我们来一一认识和了解YOLOv2的诸多改进方面。

6.1.1 引入批归一化层

在上一代的YOLOv1中，每一层卷积结构都是由普通的线性卷积和非线性激活函数构成，其中并没有使用到后来十分流行的归一化层，如**批归一化**（batch normalization，BN）、**层归一化**（layer normalization，LN）和**实例归一化**（instance normalization，IN）等。后来，随着BN层逐渐得到越来越多工作的认可，它几乎成为了许多卷积神经网络的标配之一，因此，YOLO的作者团队便在这一次的改进中也引入了被广泛验证的BN层。具体来说，卷积层的结构从原先的线性卷积与非线性激活函数的组合变为后来YOLO系列常用的"卷积三件套"：**线性卷积、BN层和非线性激活函数**，如图6-1所示。

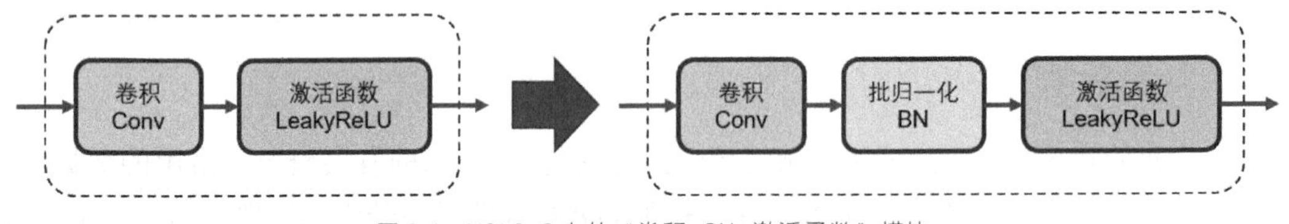

图6-1　YOLOv2中的"卷积+BN+激活函数"模块

在加入了BN层之后，YOLOv1的性能得到了第一次提升。在VOC2007测试集上，其mAP性能从原本的63.4%提升到65.8%。

6.1.2 高分辨率主干网络

在上一代的YOLOv1中，作者团队先基于GoogLeNet的网络结构设计了合适的主干网络，并将其放到ImageNet数据集上进行一次预训练，随后，再将这一预训练的权重作为YOLOv1的主干网络的初始参数，这就是我们前文提到过的"ImageNet pretrained"技术。但是，作者团队认为这当中存在一个细节上的缺陷。在预训练阶段，主干网络接受的图像的空间尺寸是224×224，而在执行目标检测任务时，YOLOv1接受的图像的空间尺寸则是448×448，不难想象，不同尺寸的图像所包含的信息量是完全不同的，那么在训练YOLOv1时，由预训练权重初始化的主干网络就必须先解决由图像分辨率的变化所带来的某些问题。

为了解决这一问题，作者团队采用了"二次微调"的策略，即当主干网络在完成常规的预训练之后，再使用448×448的图像继续训练主干网络，对其参数进行一次微调（fine-tune），使之适应高分辨率的图像。由于第二次训练建立在第一次训练的基础上，因此不需要太多的训练。依据论文的设定，第二次训练仅设置10个epoch。当微调完毕后，用这一次训练的权重去初始化YOLOv1的主干网络。在这样的策略之下，YOLOv1的性能又一次得到了提升：mAP从65.8%提升到69.5%。由此可见，这一技巧确实有明显的作用。不过，似乎这一技巧只有YOLO工作在用，并未成为主流训练技巧，鲜在其他工作中用到，而随着YOLO系列的发展，"从头训练"的策略逐渐取代了"ImageNet pretrained"技术，这一技巧不再在YOLO中被使用。

6.1.3 先验框机制

在讲解这一改进之前，我们先来了解一下什么是先验框。

先验框的意思其实就是在每个网格处都固定放置一些大小不同的边界框，通常情况下，所有网格处所放置的先验框都是相同的，以便后续的处理。图6-2展示了先验框的实例，注意，为了便于观察，图中的先验框是每两个网格才绘制一次，避免绘制出的先验框过于密集，导致不够直观。

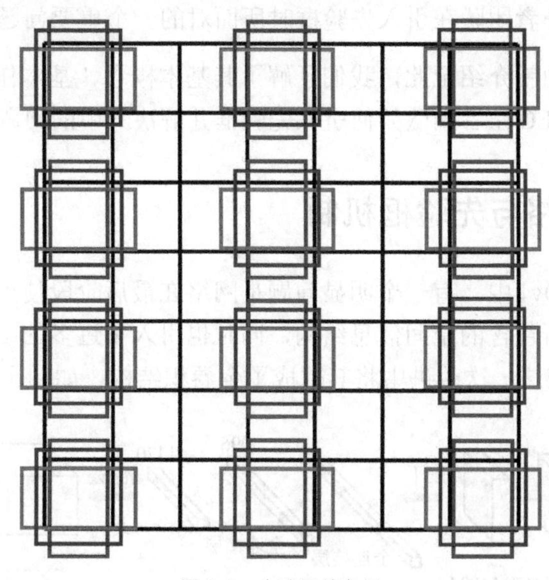

图6-2 先验框的实例

这一机制最早是在Faster R-CNN工作[14]中提出的，用在RPN中，其目的是希望通过预设不同尺寸的先验框来帮助RPN更好地定位有物体的区域，从而生成更高质量的感兴趣区域（region of interest，RoI），以提升RPN的召回率。事实上，RPN的检测思想其实和YOLOv1是相似的，都是"逐网格找物体"，区别在于，RPN只是找哪些网格有物体（只定位物体），不关注物体的类别，因为分类的任务属于第二阶段；而YOLOv1则是"既找也分类"，即找到物体的时候，也把它的类别确定下来。从时间线上来看，YOLOv1继承了RPN的这种思想，从发展的角度来看，YOLOv1则是将这一思想进一步发展了。

在Faster R-CNN中，每个网格都预先被放置了k个具有不同尺寸和不同宽高比的先验框（这些尺寸和大小依赖人工设计）。在推理阶段，Faster R-CNN的RPN会为每一个先验框预测若干偏移量，包括**中心点的偏移量、宽和高的偏移量**，并用这些偏移量去调整每一个先验框，得到最终的边界框。由此可见，先验框的本质是提供边界框的尺寸先验，使用网络预测出来的偏移量在这些先验值上进行调整，从而得到最终的边界框尺寸。后来，使用先验框的目标检测网络被统一称为"anchor box based"方法，简称"anchor-based"方法。

既然有anchor-based，那么自然也会有anchor-free，也就是不使用先验框的目标检测器。事实上，YOLOv1就是一种anchor-free检测器，只不过这一特性在当时并没有被广泛关注，直到后来的FCOS工作[18]被提出后，才引起了广泛的关注，使其成为了主流的设计理念。

设计先验框的一个难点在于设计多少个先验框，且每个先验框的尺寸（宽高比和面积）又该是多少。对于宽高比，研究者们通常采用的配置是1∶1、1∶3和3∶1；对于面积，常用的配置是32^2、64^2、128^2、256^2和512^2。依据这个配置，每个面积都可以计算出3个具有相同面积但不同宽和高的先验框，于是,遵循这套配置，就可以得到15个先验框，即$k=15$。但若不采用这一配置，我们能不能更改先验框的尺寸和宽高比呢？如果更改，又应该遵循什么样的原则呢？对于这一点，Faster R-CNN并没有给出一个较好的设计准则，而这一点也是YOLO作者团队在引入先验框时所面对的一个重要问题。

有关先验框的插曲就介绍至此，我们了解了其基本概念、基本作用和相关的问题。接下来，我们来介绍YOLO作者团队如何引入先验框并解决其中的问题。

6.1.4 全卷积网络与先验框机制

在上一代的YOLOv1中，有一个明显问题是网络在最后阶段使用了全连接层，这不仅破坏了先前的特征图所包含的空间信息结构，同时也引入了过多的参数。为了解决这一问题，YOLO作者团队在这一次改进中将其改成了全卷积结构，如图6-3所示。

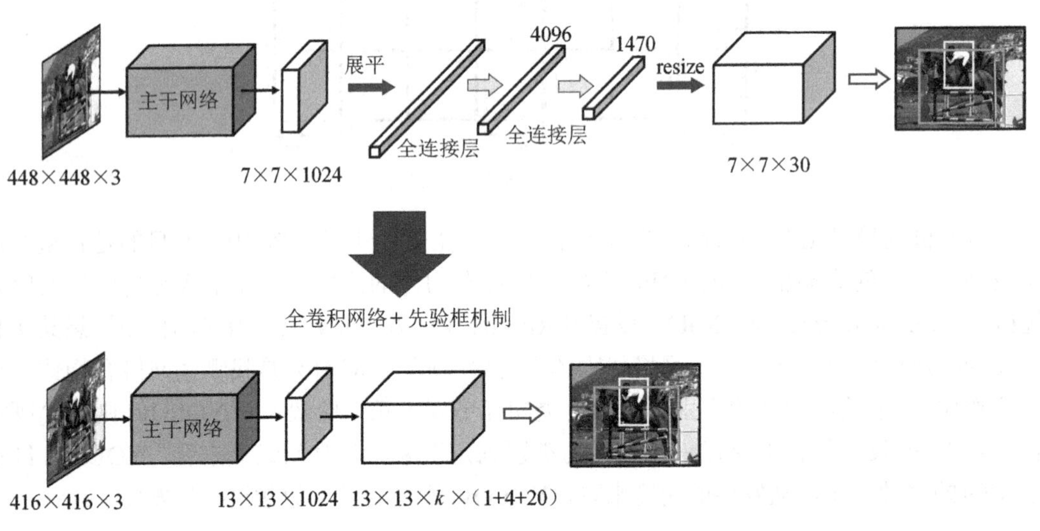

图6-3 YOLOv1的全卷积结构

具体来说，首先移除了YOLOv1最后一个池化层和所有的全连接层，使得网络的最后输出步长从原先的64变为32。以一张416×416的输入图像为例，经主干网络处理后，网络输出一个空间维度13×13的特征图，即相当于13×13的网格。随后，每个网格上都被放置了k个先验框，正如Faster R-CNN所操作的那样。在推理阶段，网络只需要学习能够将先验框映射到目标框的尺寸的偏移量，无须再学习整个目标框的尺寸信息，这使得训练变得更加容易。

注意，在YOLOv1中，每个网格处会预测B个边界框，每个边界框都附带一个置信度预测，但是类别置信度则是共享的，即每个网格只会预测1个类别的物体，而不是B个。这显然有一个弊病，倘若一个网格包含了两个类别以上的物体，必然会出现漏检问题。而在加入先验框后，YOLOv1则让每一个预测的边界框都附带表示有无物体的置信度和类别的置信度，即网络的最终输出是$\boldsymbol{Y} \in \mathbb{R}^{S\times S\times k(1+4+N_C)}$，每个边界框的预测都包含1个置信度、边界框的4个位置参数和N_C个类别置信度。经过这种改进后，每个网格就最多可以检测k个类别的物体。

尽管预测的方式略有变化，即每个网格的预测边界框都有各自的表示有无物体的置信度和类别置信度，但训练策略没有改变，依旧是从k个预测的边界框中选择出与目标框的IoU最大的边界框作为正样本，其表示有无物体的置信度标签还是最大的IoU，其余的边界框则是负样本。

令人意外的是，在完成了以上改进后，YOLOv1的性能却并未得到提升，反而略有下降：mAP从69.5%降为69.2%。不过，作者团队注意到此时YOLOv1的召回率却从81%提升到了88%，召回率的提升意味着YOLOv1可以检测出更多的目标，尽管精度略有下降，但是作者团队并没有因精度的微小损失而放弃这一改进。

6.1.5 使用新的主干网络

随后，作者团队又设计了新的主干网络来取代原先的GoogLeNet风格的主干网络。新的主干网络被命名为“DarkNet-19”，其中共包含19层由前文所提到的“卷积三件套”所组成的卷积层。具体来说，每一个卷积层都包含一个线性卷积、BN层以及LeakyReLU激活函数。按照惯例，作者团队首先用ImageNet数据集去训练DarkNet-19网络，获得了72.9%的top 1准确率和91.2%的top 5准确率。在精度上，DarkNet-19网络达到了VGG网络的水平，但模型更小。在预训练完毕后，去掉DarkNet-19中的用于分类任务的最后一层卷积、平均池化层和Softmax层等，将其用作YOLOv1的新主干网络。表6-1展示了DarkNet-19的网络结构。

表6-1 DarkNet-19网络结构

层级	层类型	卷积核数量	卷积核大小 / 步长	输出尺寸
1	卷积层	32	3×3	224×224
2	最大池化层	—	2×2/2	112×112
3	卷积层	64	3×3	112×112
4	最大池化层	—	2×2/2	56×56
5	卷积层	128	3×3	56×56
6	卷积层	64	1×1	56×56
7	卷积层	128	3×3	56×56
8	最大池化层	—	2×2/2	28×28
9	卷积层	256	3×3	28×28

续表

层级	层类型	卷积核数量	卷积核大小 / 步长	输出尺寸
10	卷积层	128	1×1	28×28
11	卷积层	256	3×3	28×28
12	最大池化层	—	2×2 / 2	14×14
13	卷积层	512	3×3	14×14
14	卷积层	256	1×1	14×14
15	卷积层	512	3×3	14×14
16	卷积层	256	1×1	14×14
17	卷积层	512	3×3	14×14
18	最大池化层	—	2×2 / 2	7×7
19	卷积层	1024	3×3	7×7
20	卷积层	512	1×1	7×7
21	卷积层	1024	3×3	7×7
22	卷积层	512	1×1	7×7
23	卷积层	1024	3×3	7×7
24	卷积层	1000	1×1	7×7
25	平均池化层	—	全局	1000
26	Softmax 层	—	—	—

在换上了新的主干网络后，YOLOv1的性能指标mAP从上一次的69.2%小幅提升到了69.6%。由此可见，这一次网络结构的改进是比较成功的。

6.1.6 基于 *k* 均值聚类算法的先验框聚类

在6.1.3节中，我们介绍先验框机制时，提到了它的一些参数是依赖人工设计的，例如，我们需要人为确定放置先验框的数量、每个先验框的尺寸大小。在Faster R-CNN中，这些参数都是人工设定的，然而YOLO作者团队认为人工设定的参数不一定好。为了去人工化，他们采用了基于k均值聚类算法，从VOC数据集中的所有边界框中聚类出k个先验框，通过实验，作者团队最终设定$k=5$。聚类的目标是数据集中所有边界框的宽和高，与类别无关。为了能够实现这样的聚类，作者团队使用IoU作为聚类的衡量指标，如公式（6-1）所示：

$$d(box, centroid) = 1 - \mathrm{IoU}(box, centroid) \tag{6-1}$$

基于k均值聚类算法的先验框聚类算法可以自动地从数据中获得合适的边界框尺寸，显然，这样的操作所得到的边界框也自然会适用于该数据集。不过，这当中也存在一个隐患：从A数据集聚类出的先验框可能不适用于B数据集，尤其A和B两个数据集中所包含的数据相差甚远时，这一问题会更加严重。因此，如果我们换一个其他的数据集，如

COCO数据集，往往需要在新的数据集上重新聚类先验框的尺寸。这是YOLOv2的潜在问题之一。另外，由聚类所获得的先验框严重依赖数据集本身，倘若数据集规模过小、样本不够丰富，那么由聚类得到的先验框未必会提供足够好的先验尺寸信息。

事实上，归根结底，这一系列的问题都在先验框上，这一曾经的“肯定因素”也随着技术的发展和研究者们的深入思考而渐渐转化成了“否定因素”，而更加简洁、优雅的anchor-free架构也随着研究者们的思考而逐渐从历史的尘埃中脱颖而出，再度焕发新的光彩。回到YOLOv2工作中，在换上了新的先验框后，作者团队又对边界框的预测方法做了相应的调整。

首先，对于每一个边界框，YOLO仍旧去学习中心点偏移量t_x和t_y。我们知道，这个中心点偏移量是0～1范围内的数，在设计YOLOv1时，作者团队没有在意这一点，直接使用线性函数输出，这显然是有问题的，因为在训练初期，模型很有可能会输出数值极大的中心点偏移量，导致训练不稳定甚至发散。于是，作者团队使用Sigmoid函数将网络输出的中心点偏移量映射到0～1范围内，从而避免了这一问题。

其次，由于有了边界框的先验尺寸信息，因此网络不必再去学习整个目标框的宽高了。假设某个先验框的宽和高分别为p_w和p_h，网络输出宽和高的偏移量分别为t_w和t_h，YOLOv2使用公式（6-2）来算出边界框的中心点坐标$\left(c_x,c_y\right)$和宽高b_w、b_h：

$$
\begin{aligned}
c_x &= grid_x + \sigma\left(t_x\right) \\
c_y &= grid_y + \sigma\left(t_y\right) \\
b_w &= p_w \exp\left(t_w\right) \\
b_h &= p_h \exp\left(t_h\right)
\end{aligned}
\tag{6-2}
$$

在YOLOv2的论文中，这一改进后的边界框解算策略被命名为location prediction。这里需要注意的一点是，YOLOv2的先验框尺寸都是相对于网格尺度的，而非相对于输入图像，所以求解出来的数值也是相对于网格的。若要得到相对于输入图像尺寸的坐标，我们还需要使坐标值乘以网络的输出步长$stride$。图6-4展示了这一预测方法的示例。

使用k均值聚类算法获得先验框，再配合location prediction的边界框预测方法，YOLOv1的性能得到了显著的提升：mAP从69.6%提升到74.4%。不难想象，性能提升的主要来源是k均值聚类算法，更好的先验信息自然会有效提升网络的检测性能。由此可知，先前加入先验框并没有提升YOLOv1性能的原因可能仅是因为使用的边界框预测方法不当。

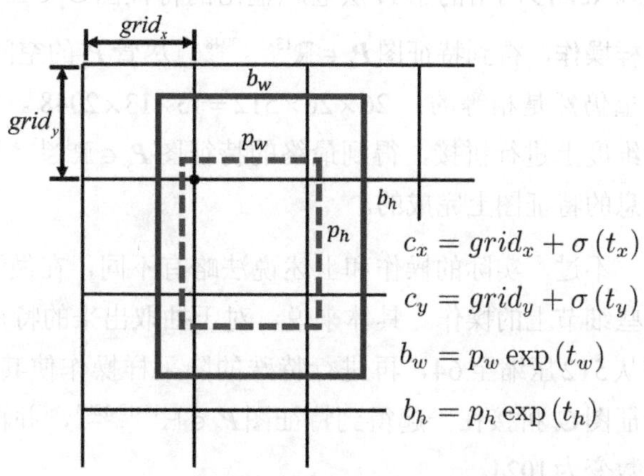

图6-4　基于先验框的边界框预测

6.1.7　融合高分辨率特征图

随后，YOLO作者团队又借鉴了同年的SSD [16] 工作：**使用更高分辨率的特征图**。在SSD工作中，检测是在多张特征图上进行的，如图6-5所示，为后续主流的多级检测架构奠定了技术基础。通常，不同的特征图的分辨率不同，越是浅层的特征图，越被较少地做降采样处理，因而分辨率就越高，所划分的网格就越精细，这显然有助于去提取更多的细节信息。

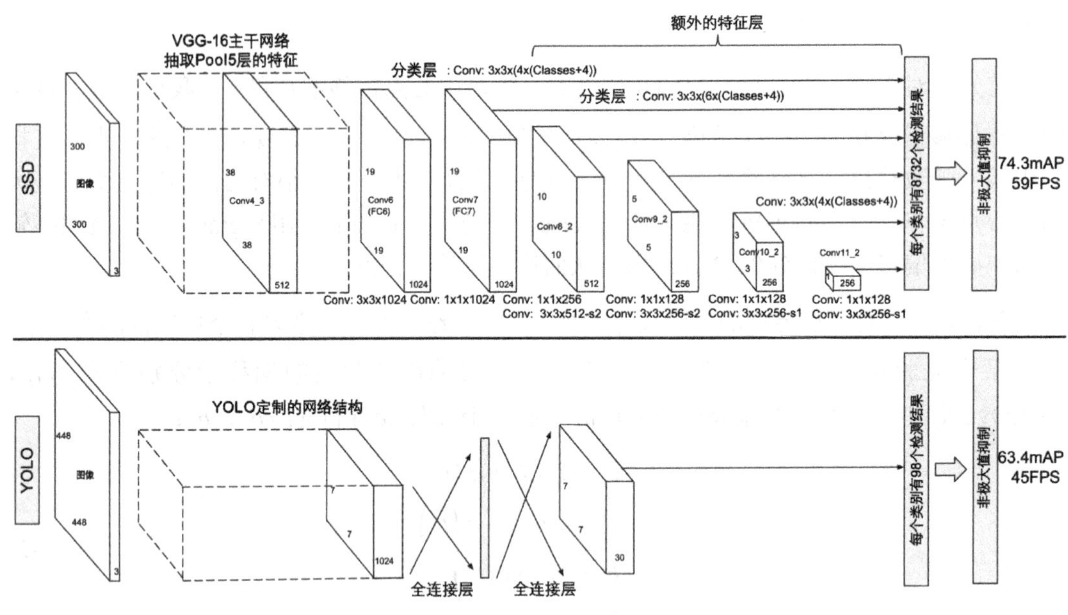

图6-5　SSD网络与YOLOv1的对比（摘自SSD论文［16］）

于是，YOLO作者团队借鉴了这一思想。具体来说，在之前的改进中，YOLOv1是在最后输出的特征图$\boldsymbol{C}_5 \in \mathbb{R}^{13\times13\times1024}$（输入图像尺寸为$416\times416$）上进行检测，由于在此之前做了许多降采样操作，一些信息都丢失了。为了弥补这些丢失的信息，作者团队将DarkNet-19网络的第17层卷积输出的特征图$\boldsymbol{C}_4 \in \mathbb{R}^{26\times26\times512}$单独抽取出来，做一次**特殊的降采样操作**，得到特征图$\boldsymbol{P}_4 \in \mathbb{R}^{13\times13\times2048}$。尽管$\boldsymbol{P}_4$的空间维度相较于$\boldsymbol{C}_4$发生了变化，但信息的总量仍然是相等的：$26\times26\times512=13\times13\times2048$。然后，将$\boldsymbol{P}_4$特征图和$\boldsymbol{C}_5$特征图在通道的维度上进行拼接，得到最终的特征图$\boldsymbol{P}_5 \in \mathbb{R}^{13\times13\times3072}$。最终的检测便是在这张融合了更多信息的特征图上完成的。

不过，实际的操作和上述说法略有不同，在做了上述调整后，YOLOv2在其中加入了一些细节上的操作。具体来说，对于抽取出来的特征图$\boldsymbol{C}_4$，先使用一层1×1卷积将其通道数从512压缩至64，再进行特殊的降采样操作使其变为特征图$\boldsymbol{P}_4 \in \mathbb{R}^{13\times13\times256}$，然后将其与特征图$\boldsymbol{C}_5$拼接在一起得到特征图$\boldsymbol{P}_5 \in \mathbb{R}^{13\times13\times1280}$，并再用一层$3\times3$卷积做一次处理，使其通道数变为1024。

需要说明的是，这里的**特殊的降采样操作**并不是常用的步长为2的池化或步长为2的卷积操作，而是采用了如图6-6所示的操作。依据YOLO官方配置文件中的命名方式，我们将这一操作称为reorg。

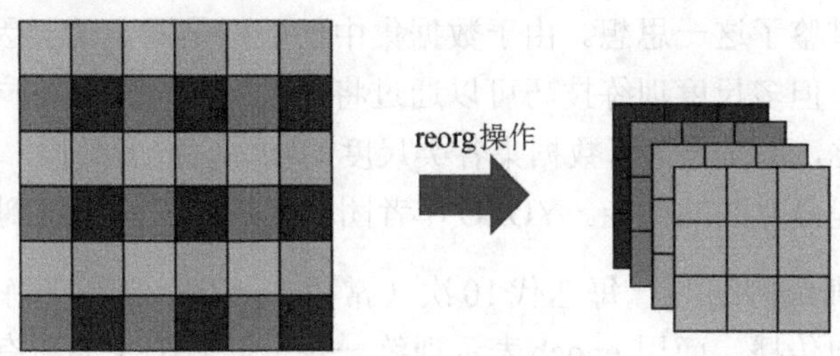

图6-6　不丢失信息的降采样操作：reorg

不难发现，特征图C_4在经过reorg操作的处理后，其空间尺寸会减半，而通道数则扩充至原来的4倍，因此，这种特殊降采样操作的好处就在于，降低分辨率的同时未丢失任何细节信息，即信息总量保持不变。但是，空间尺寸终究还是减少了，最终的检测仍旧是在一个13×13的网格上进行的，这一点并没有发生变化。所以，从这一点上来看，YOLOv1似乎看起来并没有从SSD框架里借鉴到其精髓：**多级检测**。

总之，加上该操作后，YOLOv1在VOC2007测试集上的mAP从74.4%再次提升到75.4%。由此可见，引入更多的细节信息，确实有助于提升模型的检测性能。这一改进在论文中被命名为“passthrough”。

6.1.8 多尺度训练策略

在计算机视觉中，一种十分常见的图像处理操作是图像金字塔，即将一张图像缩放到不同的尺寸，不同尺寸的图像所包含的信息尺度也不同，从而有助于提升算法的检测性能。一个最直观的理解就是同一物体在不同尺寸的图例中所表现出来的外观是不一样的，如图6-7所示。

图6-7　图像金字塔

同样是人和马，在越大的图像中，其外观越清晰，所包含的信息也就越丰富，符合对于“大物体”的认知理解，而其他小尺寸的图像中，同样的人和马就不那么清晰，细节纹理也相对变少了，更贴合对于“中物体”甚至“小物体”的认知。由此可见，图像金字塔可以丰富各种尺度的物体数量。

多尺度训练便借鉴了这一思想。由于数据集中的数据是固定的，因此各种大小的物体的数量也就固定了，但多尺度训练技巧可以通过将每张图像缩放到不同大小，使得其中的物体大小也随之变化，从而丰富了数据集各类尺度的物体，很多时候，数据层面的“丰富”都能够直接有效地提升算法的性能。YOLO作者团队便将这一技巧用到了模型训练中。

具体来说，在训练网络时，每迭代10次（常用iteration表示训练迭代一次，即一次前向传播和一次反向传播，而用 epoch表示训练一轮，即数据集的所有数据都被使用了一轮），就从320、352、384、416、448、480、512、544、576、608中选择一个新的图像尺寸用作后续10次训练的图像尺寸。注意，这些尺寸都是32的整数倍，因为网络的最大降采样倍数就是32，倘若输入一个无法被32整除的图像尺寸，则会遇到不必要的麻烦。

通常，多尺度训练是常用的提升模型性能的技巧之一。不过，技巧终归是技巧，并不总是有效的，若目标几乎不会有明显的尺寸变化，就没必要进行多尺度训练了。

配合多尺度训练，YOLOv1再一次获得了性能提升：mAP从75.4%提升到76.8%。既然已经使用了多尺度训练，且全卷积网络的结构可以处理任意大小的图像，那么YOLOv1就可以使用不同尺度的图像去测试性能。除了先前常用的416×416这个尺寸，作者团队又使用544×544的较大尺寸图像去测试mAP，不出意料，得到了性能更高的测试结果：mAP提升到78.6%。

至于损失函数，YOLOv2大体上仍沿用YOLOv1的损失函数，仅添加了一些小细节，由于对整体损失函数不会有较大的影响，这里我们不再展示全部的损失函数。

至此，针对YOLOv1所作的诸多改进和优化就介绍完毕了，这一更强的YOLO网络也实至名归地被命名为YOLOv2。在本节的最后，参照YOLOv2官方的配置文件，提供了YOLOv2网络的结构，如图6-8所示。

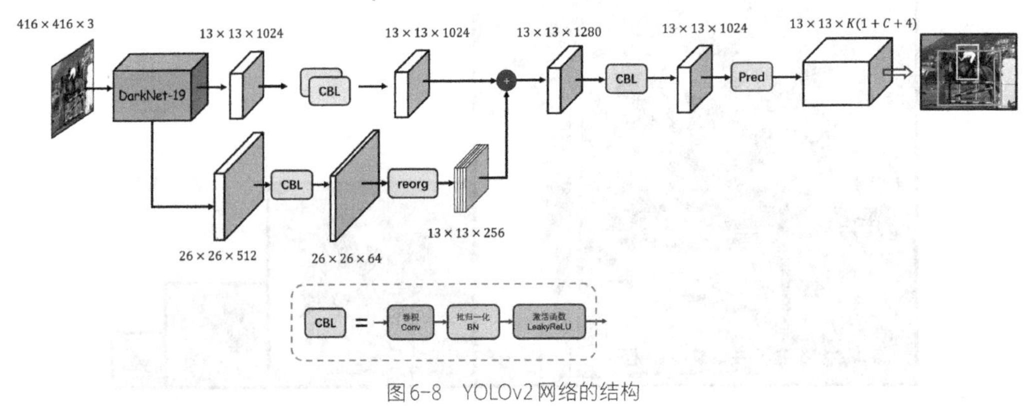

图6-8　YOLOv2网络的结构

那么，接下来我们将在YOLOv1代码实践的基础上，结合YOLOv2的一些改进思路，去构建我们自己的YOLOv2模型。我们仍以VOC数据集为主，来完成YOLOv2的代码实践，另外，我们会使用更大的COCO数据集。对于数据预处理和数据增强，我们沿用先前的代码，无须做改动，因此，在实现环节中，我们只需要着眼于模型代码、制作正样本的代码以及损失函数的代码这三部分。

6.2 搭建 YOLOv2 网络

本节将在先前由我们自己搭建的新的YOLOv1工作的基础上去搭建一个新的YOLOv2网络。我们采取和先前的YOLOv1的工作一样的实现方式，不循规蹈矩，并在不改变YOLOv2的核心思想的前提下做一些适当的修改。这些修改依旧参考了一些当下主流的做法，以便我们获取一个更好的检测器。尽管读者不会得到一个原汁原味的YOLOv2，但由我们手动构建的YOLOv2检测器仍在很大程度上继承了其思想内核，同时读者能够掌握基于先验框机制的目标检测方法的原理，以得到一个性能更好的anchor-based单尺度目标检测器。从整体架构的角度来看，我们将要搭建的YOLOv2与先前搭建的YOLOv1是基本一致的，区别仅是引入了先验框，使得标签匹配的细节发生细微的变化。总而言之，在先前的YOLOv1的基础上，YOLOv2的实现环节将会容易一些。

6.2.1 搭建 DarkNet-19 网络

首先，我们来搭建YOLOv2的主干网络：DarkNet-19网络。官方的YOLOv2所使用的主干网络为DarkNet-19，而这一网络是由DarkNet深度学习框架实现的。为了配合本书的学习，同时便于后续的使用，我们改用PyTorch深度学习框架来重新搭建DarkNet-19网络。在有了先前的YOLOv1实践的基础，搭建DarkNet-19网络的难度就较低了，代码6-1展示了DarkNet-19的主要部分的代码结构。读者可以在作者提供的YOLOv2项目的models/yolov2/yolov2_backbone.py文件中查看完整的DarkNet-19网络的代码。

代码6-1　基于PyTorch框架搭建的DarkNet-19网络

```
# YOLO_Tutorial/yolov2/yolov2_backbone.py
# ----------------------------------------------------------
...

class DarkNet_19(nn.Module):
    def __init__(self):
        super(DarkNet_19, self).__init__()
        # backbone network : DarkNet-19
        # output : stride = 2, c = 32
        self.conv_1 = ...

        # output : stride = 4, c = 64
```

```
        self.conv_2 = ...

        # output : stride = 8, c = 128
        self.conv_3 = ...

        # output : stride = 8, c = 256
        self.conv_4 = ...

        # output : stride = 16, c = 512
        self.maxpool_4 = ...

        # output : stride = 32, c = 1024
        self.maxpool_5 = ...
        self.conv_6 = ...

    def forward(self, x):
        c1 = self.conv_1(x)                      # [B, C1, H/2, W/2]
        c2 = self.conv_2(c1)                     # [B, C2, H/4, W/4]
        c3 = self.conv_3(c2)                     # [B, C3, H/8, W/8]
        c3 = self.conv_4(c3)                     # [B, C3, H/8, W/8]
        c4 = self.conv_5(self.maxpool_4(c3))     # [B, C4, H/16, W/16]
        c5 = self.conv_6(self.maxpool_5(c4))     # [B, C5, H/32, W/32]

        output = {'c3': c3, 'c4': c4, 'c5': c5}
        return output
```

我们所搭建的DarkNet-19网络会输出一个Python的list类型变量output，其中包含了网络的三个尺度的输出：c3、c4以及c5，其输出步长分别为8、16和32。不过，我们只使用c4和c5两个输出。

在搭建完网络后，依据官方的做法，我们在ImageNet数据集上进行预训练。由于ImageNet是一个十分庞大的数据集，对此我们不做任何要求，不需要读者单独去下载和使用该数据集。在代码中，我们已经提供了DarkNet-19的预训练权重的下载链接，当构建YOLOv2时，它会根据“使用预训练权重”的设置来自动下载DarkNet-19在ImageNet数据集上的预训练权重。代码6-2展示了调用DarkNet-19网络以及加载预训练权重。

代码6-2 调用DarkNet-19网络

```
# YOLO_Tutorial/yolov2/yolov2_backbone.py
# --------------------------------------------------------
...

def build_backbone(model_name='darknet19', pretrained=False):
    if model_name == 'darknet19':
        # 构建DarkNet19网络
        model = DarkNet19()
        feat_dim = 1024
```

```
    # 加载ImageNet预训练权重
    if pretrained:
        print('Loading pretrained weight ...')
        url = model_urls['darknet19']
        # checkpoint state dict
        checkpoint_state_dict = torch.hub.load_state_dict_from_url(
            url=url, map_location="cpu", check_hash=True)
        # model state dict
        model_state_dict = model.state_dict()
        # check
        for k in list(checkpoint_state_dict.keys()):
            if k in model_state_dict:
                shape_model = tuple(model_state_dict[k].shape)
                shape_checkpoint = tuple(checkpoint_state_dict[k].shape)
                if shape_model != shape_checkpoint:
                    checkpoint_state_dict.pop(k)
            else:
                checkpoint_state_dict.pop(k)
                print(k)

        model.load_state_dict(checkpoint_state_dict)

    return model, feat_dim
```

随后，我们就可以构建YOLOv2的主干网络。我们通过调用build_backbone函数来构建主干网络，如代码6-3所示。

代码6-3 搭建YOLOv2的主干网络

```
# YOLO_Tutorial/models/yolov2/yolov2.py
# --------------------------------------------------------
...

class YOLOv2(nn.Module):
    def __init__(self, cfg, device, input_size, num_classes, trainable, conf_thresh,
                 nms_thresh, topk, anchor_size):
        super(YOLOv2, self).__init__()
        # ------------------- 基础参数 -------------------
        self.cfg = cfg                                      # 模型配置文件
        self.img_size = img_size                            # 输入图像大小
        self.device = device                                # CUDA或者CPU
        self.num_classes = num_classes                      # 类别的数量
        self.trainable = trainable                          # 训练的标记
        self.conf_thresh = conf_thresh                      # 得分阈值
        self.nms_thresh = nms_thresh                        # NMS阈值
        self.topk = topk                                    # topk
        self.stride = 32                                    # 网络的最大步长
        # ------------------- anchor box参数 -------------------
        self.anchor_size = torch.as_tensor(cfg['anchor_size']).view(-1, 2) # [A, 2]
```

```
        self.num_anchors = self.anchor_size.shape[0]

        # -------------------- 网络结构 --------------------
        ## 主干网络
        self.backbone, feat_dim = build_backbone(
            cfg['backbone'], trainable&cfg['pretrained'])
        ...
```

在代码6-3中，cfg是配置文件，读者可以在项目的config/model_config/yolov2_config.py文件中查看构建YOLOv2网络所需的一些配置参数，部分配置参数如代码6-4所示。

代码6-4 YOLOv2的配置文件

```
# YOLO_Tutorial/config/model_config/yolov2_config.py
# ----------------------------------------------------------

yolov2_cfg = {
    # input
    'trans_type': 'ssd',
    # backbone
    'backbone': 'darknet19',
    'pretrained': True,
    'stride': 32,  # P5
    # neck
    'neck': 'sppf',
    'expand_ratio': 0.5,
    'pooling_size': 5,
    'neck_act': 'lrelu',
    'neck_norm': 'BN',
    'neck_depthwise': False,
    # head
    'head': 'decoupled_head',
    'head_act': 'lrelu',
    'head_norm': 'BN',
    'num_cls_head': 2,
    'num_reg_head': 2,
    'head_depthwise': False,
    'anchor_size': [[17,  25],
                    [55,  75],
                    [92,  206],
                    [202, 21],
                    [289, 311]],  # 416
    # matcher
    ...
}
```

6.2.2 先验框

在代码6-4所展示的配置文件中，能够看到名为anchor_size的变量，这是作者基于YOLOv2的k均值聚类代码在COCO数据集上聚类出的先验框尺寸，它是相对于416×416的图像尺寸的。由于COCO数据集更大、数据量更加丰富，我们不妨就将这一先验框尺寸用在VOC数据集上。

相较于YOLOv1，YOLOv2所生成的$\boldsymbol{G}$矩阵除包含网格自身的坐标之外，还要包含先验框的尺寸信息，因此，我们在先前实现的YOLOv1的$\boldsymbol{G}$矩阵生成代码的基础上，来改写适用于YOLOv2的$\boldsymbol{G}$矩阵代码，如代码6-5所示。

代码6-5 YOLOv2生成$\boldsymbol{G}$矩阵

```
# YOLO_Tutorial/models/yolov2/yolov2.py
# --------------------------------------------------------
...

def generate_anchors(self, fmp_size):
    """
        fmp_size: (List) [H, W]
    """
    fmp_h, fmp_w = fmp_size

    # 生成网络坐标
    anchor_y, anchor_x = torch.meshgrid([torch.arange(fmp_h), torch.arange(fmp_w)])
    anchor_xy = torch.stack([anchor_x, anchor_y], dim=-1).float().view(-1, 2)
    # [HW, 2] -> [HW, A, 2] -> [M, 2]
    anchor_xy = anchor_xy.unsqueeze(1).repeat(1, self.num_anchors, 1)
    anchor_xy = anchor_xy.view(-1, 2).to(self.device)

    # [A, 2] -> [1, A, 2] -> [HW, A, 2] -> [M, 2]
    anchor_wh = self.anchor_size.unsqueeze(0).repeat(fmp_h*fmp_w, 1, 1)
    anchor_wh = anchor_wh.view(-1, 2).to(self.device)

    anchors = torch.cat([anchor_xy, anchor_wh], dim=-1)

    return anchors
```

在代码6-5中，我们使用“anchor”来代替先前的“grid”，每一个anchor都包含自身的空间坐标（即网格坐标）和先验框的尺寸。最终生成的变量anchors的维度是$[M,4]$，其中，$M=HWA$，A就是先验框的数量。依据代码的设定，我们可以这样理解变量anchors：它包含了所有网格的所有先验框，且每个先验框均包含**自身所在的网格坐标**和它的**先验框的尺寸**。

6.2.3 搭建预测层

对于主干网络之后的颈部网络和检测头，我们采用和先前的YOLOv1相同的结构，即颈部网络使用SPP模块，检测头使用解耦头，因此，这里不添加额外的内容来重复介绍。不过，由于预测多了先验框，因此预测层的输出通道数量略有变化，如代码6-6所示，其中也展示了颈部网络和检测头的代码，与先前实现的YOLOv1是完全一样的。

代码6-6 YOLOv2的预测层

```
# YOLO_Tutorial/models/yolov2/yolov2.py
# ---------------------------------------------------------
...

class YOLOv2(nn.Module):
    def __init__(self, cfg, device, input_size, num_classes, trainable, conf_thresh,
                 nms_thresh, topk, anchor_size):
        super(YOLOv2, self).__init__()
        # ------------------- 基础参数 -------------------
        ...

        # ------------------- 网络结构 -------------------
        ...
        ## 颈部网络
        self.neck = build_neck(cfg, feat_dim, out_dim=512)
        head_dim = self.neck.out_dim

        ## 检测头
        self.head = build_head(cfg, head_dim, head_dim, num_classes)

        ## 预测层
        self.obj_pred = nn.Conv2d(head_dim, 1*self.num_anchors, kernel_size=1)
        self.cls_pred = nn.Conv2d(head_dim, num_classes*self.num_anchors, kernel_
                                  size=1)
        self.reg_pred = nn.Conv2d(head_dim, 4*self.num_anchors, kernel_size=1)
        ...
```

至此，我们的YOLOv2的网络结构就搭建完毕了。尽管网络结构上与官方的YOLOv2有所不同，但其思想内核是一样的，均是在YOLOv1的单级检测架构上引入了先验框。从我们所实现的YOLOv2的代码上来看，仅仅是在先前的YOLOv1的基础上引入了先验框机制。注意，我们没有使用YOLOv2的passthrough技术，这一点并不会削弱我们的性能。我们将会在实践章节中证明，我们所搭建的YOLOv2性能更佳。

6.2.4 YOLOv2的前向推理

设计好了网络的代码结构，接下来就可以编写前向推理的代码了。大部分函数功能与之前的YOLOv1是一样的，但由于引入了先验框机制，因此要做适当的调整，如代码6-7所示。

代码6-7 YOLOv2的前向推理

```
# YOLO_Tutorial/models/yolov2/yolov2.py
# --------------------------------------------------------
...

@torch.no_grad()
def inference(self, x):
    bs = x.shape[0]
    # 主干网络
    feat = self.backbone(x)

    # 颈部网络
    feat = self.neck(feat)

    # 检测头
    cls_feat, reg_feat = self.head(feat)

    # 预测层
    obj_pred = self.obj_pred(reg_feat)
    cls_pred = self.cls_pred(cls_feat)
    reg_pred = self.reg_pred(reg_feat)
    fmp_size = obj_pred.shape[-2:]

    # anchors: [M, 4]
    anchors = self.generate_anchors(fmp_size)

    # 对 pred 的size做一些view调整，便于后续的处理
    # [B, A*C, H, W] -> [B, H, W, A*C] -> [B, H*W*A, C]
    obj_pred = obj_pred.permute(0, 2, 3, 1).contiguous().view(bs, -1, 1)
    cls_pred = cls_pred.permute(0, 2, 3, 1).contiguous().view(bs, -1, self.num_classes)
    reg_pred = reg_pred.permute(0, 2, 3, 1).contiguous().view(bs, -1, 4)

    # 测试时，作者默认batch是1
    # 因此，我们不需要用batch这个维度，用[0]将其取走
    obj_pred = obj_pred[0]       # [H*W*A, 1]
    cls_pred = cls_pred[0]       # [H*W*A, NC]
    reg_pred = reg_pred[0]       # [H*W*A, 4]

    # post process
    bboxes, scores, labels = self.postprocess(
        obj_pred, cls_pred, reg_pred, anchors)

    return bboxes, scores, labels
```

由于YOLOv2使用了先验框机制，因此，解算边界框坐标的代码与先前的YOLOv1略有不同，如代码6-8所示。

代码6-8　YOLOv2的计算边界框坐标

```
# YOLO_Tutorial/models/yolov2/yolov2.py
# --------------------------------------------------------
...

def decode_boxes(self, anchors, reg_pred):
    """
        将txtytwth转换为常用的x1y1x2y2形式
    """
    # 计算预测边界框的中心点坐标和宽高
    pred_ctr = (torch.sigmoid(reg_pred[..., :2]) + anchors[..., :2]) * self.stride
    pred_wh = torch.exp(reg_pred[..., 2:]) * anchors[..., 2:]

    # 将所有bbox的中心点坐标和宽高换算成x1y1、x2y2形式
    pred_x1y1 = pred_ctr - pred_wh * 0.5
    pred_x2y2 = pred_ctr + pred_wh * 0.5
    pred_box = torch.cat([pred_x1y1, pred_x2y2], dim=-1)

    return pred_box
```

在代码6-8中，计算边界框的中心点坐标与先前的YOLOv1是相同的，不同点仅仅在于解算边界框的宽高上，由于YOLOv2引入了先验框，且我们的先验框的尺寸的设定是相对于输入图像的，因此无须乘以网络的最大输出步长*stride*。

最后，我们再讲一下后处理。当我们计算出了所有的预测边界框坐标后，就可以去执行后处理，包括阈值筛选和NMS两个关键步骤。需要注意的一点是，YOLOv2最终将输出845（13×13×5）个边界框，但这些边界框不都是高质量的，这也是要做一次阈值筛选和NMS的原因。不过，在做这两个操作之前，先做一次前*k*项（topk）操作，即依据得分从高到低的顺序选取前*k*个边界框。通常，对于COCO数据集来说，单张图像中的目标数量不会超过100个，所以，一般情况下，我们就选得分最高的前100个边界框，剩余的就不要了。然后，再对这100个边界框做阈值筛选和NMS。不过，就作者的经验而言，当我们测试mAP的时候，可以保留更多的边界框，比如前300个或者前1000个边界框，这或多或少能提升mAP。而在实际场景测试中，就没必要保留这么多边界框了。这是一个小细节，在后续的代码实现环节中，我们也会用到这些细节。代码6-9展示了后处理环节的部分代码。

代码6-9　YOLOv2的后处理

```
# YOLO_Tutorial/models/yolov2/yolov2.py
# --------------------------------------------------------
...

def postprocess(self, obj_pred, cls_pred, reg_pred, anchors):
    """
    Input:
        obj_pred: (Tensor) [HWA, 1]
```

```
        cls_pred:  (Tensor) [HWA, C]
        reg_pred:  (Tensor) [HWA, 4]
    """
    # [HWA, C] -> [HWAC]
    scores = torch.sqrt(obj_pred.sigmoid() * cls_pred.sigmoid()).flatten()
    # 保留topk个预测结果
    num_topk = min(self.topk, reg_pred.size(0))
    predicted_prob, topk_idxs = scores.sort(descending=True)
    topk_scores = predicted_prob[:num_topk]
    topk_idxs = topk_idxs[:num_topk]

    # 阈值筛选
    keep_idxs = topk_scores > self.conf_thresh
    scores = topk_scores[keep_idxs]
    topk_idxs = topk_idxs[keep_idxs]

    anchor_idxs = torch.div(topk_idxs, self.num_classes, rounding_mode='floor')
    labels = topk_idxs % self.num_classes

    reg_pred = reg_pred[anchor_idxs]
    anchors = anchors[anchor_idxs]

    # 解算边界框，并归一化边界框：[H*W*A, 4]
    bboxes = self.decode_boxes(anchors, reg_pred)

    # to cpu & numpy
    scores = scores.cpu().numpy()
    labels = labels.cpu().numpy()
    bboxes = bboxes.cpu().numpy()

    # 非极大值抑制
    scores, labels, bboxes = multiclass_nms(
        scores, labels, bboxes, self.nms_thresh, self.num_classes, False)

    return bboxes, scores, labels
```

6.3 基于 *k* 均值聚类算法的先验框聚类

在讲解YOLOv2时，我们介绍过YOLOv2的先验框是由*k*均值聚类算法来获得的，相关的数学原理也做了讲解。因此，在本次的代码实现环节中，我们也需要为自己的YOLOv2聚类5个先验框，以便开展后续的工作。

从发展的眼光来看，如今的先验框已经属于“落后”的技术产物了，而拥有更少超参数的anchor-free架构则成为了当下的主流技术路线，因此，对于先验框的聚类算法，本节不做过多的要求，在往后的代码实现中，我们会采用YOLO官方已经提供好的先验框尺寸，并随着学习的深入而渐渐地脱离先验框机制。

这里，我们建议在COCO数据集上聚类先验框，COCO数据集包含更多的数据，且目标形式更加丰富、场景更具有挑战性，因此，从COCO数据集中聚类出的先验框具备更好的泛化性和通用性。在本项目的utils/kmeans_anchor.py文件中，我们实现了基于k均值聚类的算法来获取指定数据集上的先验框。通过运行下面的命令即可开始在COCO数据集上聚类先验框：

```
python kmeans_anchor.py -d coco --root path/to/dataset -na 5 -size 416
```

其中，`--root`是数据集存放的路径，`-na`是聚类的边界框数量，`-size`是输入图像的尺寸。倘若读者只想使用VOC数据集，那么只需将上述命令中的`-d coco`改为`-d voc`，然后再次运行。

在完成了聚类后，我们即可获得5个先验框尺寸：（17，25）、（55，75）、（92，206）、（202，21）和（289，311）。注意，这里的尺寸都是取整后的结果，且都是相对于输入图像的尺度，而不是网格的尺度。而对于VOC数据集，我们聚类出的先验框尺寸为：（38，64）、（89，147）、（145，285）、（258，169）和（330，340）。

6.4 基于先验框机制的正样本制作方法

事实上，官方的YOLOv2的检测机制和YOLOv1是一样的，仍要输出所有边界框的坐标，然后计算与目标框的IoU，只有IoU最大的边界框会被标记为正样本，以计算置信度损失、类别损失以及边界框位置的回归损失，而其他预测的边界框则被标记为负样本，只计算置信度损失，不计算类别损失和位置损失。换言之，具有边界框先验尺寸信息的先验框并没有为正样本匹配带来直接的影响，而仅被用于解算边界框的坐标。既然先验框有先验尺度信息，那么它应该也可以直接参与正样本匹配。这里，我们不沿用官方YOLOv2的做法，而是采用当下更加常用的策略来发挥先验框在标签匹配中的作用。接下来，具体来介绍一下我们所采用的基于先验框的标签匹配策略。

6.4.1 基于先验框的正样本匹配策略

在我们实现的YOLOv1中，每个网格只输出一个边界框，但在YOLOv2中，每个网格处有5个先验框，也就意味着会输出5个预测框，那么就需要确定哪几个预测框是正样本，哪几个是负样本。官方的YOLOv2是在预测框的层面去做这件事，不过既然我们已经有了具有边界框先验尺寸信息的先验框，不妨从先验框的层面来做这件事。

具体来说，首先计算5个先验框与目标框的IoU，分别记作IoU_{P_1}、IoU_{P_2}、IoU_{P_3}、IoU_{P_4}和IoU_{P_5}，然后设定一个IoU的阈值θ。接下来，我们会遇到三种情况。

- **情况1：** 所有的IoU_P都低于阈值θ。此时，为了不丢失这个训练样本，我们选择其中IoU值最大的先验框，不失一般性的，我们假设其为P_1，则这个先验框P_1对应的预测框B_1标记为正样本，去参与到置信度、类别以及边界框三个损失的计算中。也就是说，哪些预测框会参与何种损失的计算完全由它所对应的先验框来决定。这种做法也常见于其他的一些anchor-based工作，如SSD[16]和RetinaNet[17]。

- **情况2**：仅有一个IoU_P高于阈值θ。毫无疑问，此时，这个先验框所对应的预测框就是正样本，会参与所有的损失计算。
- **情况3**：有多个IoU_P高于阈值θ。不失一般性的，我们假设IoU_{P_1}、IoU_{P_2}和IoU_{P_3}都高于阈值θ，那么先验框P_1、P_2和P_3所对应的预测框被标记为正样本。由此可见，在这种情况下，一个目标将会被匹配上多个正样本。

处理完上述三种情况后，我们会发现，每个目标都会被至少匹配上一个正样本，保证不会有标签被落下。但是，稍加思考，又不难发现这当中存在一个潜在的隐患：**倘若有两个目标的中心点都落在同一个网格，原本分配给目标A的先验框可能后来又被分配给了目标B，不再属于目标A的正样本**。这种问题有时被称为**"语义歧义"**（semantic ambiguity）。事实上，这一问题在YOLOv1中也是存在的，当两个目标都落在同一个网格中，网络就只能学习其中一个，而不得不忽略另一个，如图6-9所示。

图6-9 语义歧义问题

虽然YOLOv2在一个网格处会输出多个边界框，但在制作正样本时，我们刚才所说的情况是完全可能出现的，会导致一些目标框的正样本被"夺走"，最终使得该目标不会被匹配上正样本，其信息也就不会被网络学习到。关于该问题，YOLOv2暂时没有去处理，我们也暂且不做处理。

6.4.2 正样本匹配的代码

在项目的models/yolov2/matcher.py文件中，我们实现了`Yolov2Matcher`类，其代码结构与YOLOv1的`YoloMatcher`类基本是一致的，区别仅是添加了基于先验框的一些处理，如代码6-10所示。

代码6-10 计算目标框的中心点所在的网格坐标

```
# YOLO_Tutorial/models/yolov2/matcher.py
# --------------------------------------------------------
...

class Yolov2Matcher(object):
    def __init__(self, num_classes):
        self.num_classes = num_classes
        self.iou_thresh = iou_thresh
        # 先验框的参数
        self.num_anchors = len(anchor_size)
        self.anchor_size = anchor_size
        self.anchor_boxes = np.array(
            [[0., 0., anchor[0], anchor[1]]
            for anchor in anchor_size]
            )  # [KA, 4]

    def compute_iou(self, anchor_boxes, gt_box):
    ...

    @torch.no_grad()
    def __call__(self, fmp_size, stride, targets):
        # prepare
        bs = len(targets)
        fmp_h, fmp_w = fmp_size
        gt_objectness = np.zeros([bs, fmp_h, fmp_w, 1])
        gt_classes = np.zeros([bs, fmp_h, fmp_w, self.num_classes])
        gt_bboxes = np.zeros([bs, fmp_h, fmp_w, 4])

        for batch_index in range(bs):
            targets_per_image = targets[batch_index]
            # [N,]
            tgt_cls = targets_per_image["labels"].numpy()
            # [N, 4]
            tgt_box = targets_per_image['boxes'].numpy()

            for gt_box, gt_label in zip(tgt_box, tgt_cls):
                x1, y1, x2, y2 = gt_box
                # xyxy -> cxcywh
                xc, yc = (x2 + x1) * 0.5, (y2 + y1) * 0.5
                bw, bh = x2 - x1, y2 - y1
                gt_box = [0, 0, bw, bh]

                # 检查数据的有效性
                if bw < 1. or bh < 1.:
                    continue

                # 计算目标框与先验框的IoU
                iou = self.compute_iou(self.anchor_boxes, gt_box)
```

```
        # 使用阈值筛选正样本
        iou_mask = (iou > self.iou_thresh)
        ...
```

首先，计算目标框与5个先验框的IoU，这部分的功能在compute_iou类方法中实现，如代码6-11所示。

代码6-11 计算目标框与先验框的IoU

```
# YOLO_Tutorial/models/yolov2/matcher.py
# ---------------------------------------------------------
...

def compute_iou(self, anchor_boxes, gt_box):
    """
        anchor_boxes : ndarray -> [A, 4]
        gt_box : ndarray -> [1, 4]
    """
    # anchors: [A, 4]
    anchors = np.zeros_like(anchor_boxes)
    anchors[..., :2] = anchor_boxes[..., :2] - anchor_boxes[..., 2:] * 0.5  # x1y1
    anchors[..., 2:] = anchor_boxes[..., :2] + anchor_boxes[..., 2:] * 0.5  # x2y2
    anchors_area = anchor_boxes[..., 2] * anchor_boxes[..., 3]

    # gt_box: [1, 4] -> [A, 4]
    gt_box = np.array(gt_box).reshape(-1, 4)
    gt_box = np.repeat(gt_box, anchors.shape[0], axis=0)
    gt_box_ = np.zeros_like(gt_box)
    gt_box_[..., :2] = gt_box[..., :2] - gt_box[..., 2:] * 0.5  # x1y1
    gt_box_[..., 2:] = gt_box[..., :2] + gt_box[..., 2:] * 0.5  # x2y2
    gt_box_area = np.prod(gt_box[..., 2:] - gt_box[..., :2], axis=1)

    # 交集面积
    inter_w = np.minimum(anchors[:, 2], gt_box_[:, 2]) - \
                np.maximum(anchors[:, 0], gt_box_[:, 0])
    inter_h = np.minimum(anchors[:, 3], gt_box_[:, 3]) - \
                np.maximum(anchors[:, 1], gt_box_[:, 1])
    inter_area = inter_w * inter_h

    # 并集面积
    union_area = anchors_area + gt_box_area - inter_area

    # iou
    iou = inter_area / union_area
    iou = np.clip(iou, a_min=1e-10, a_max=1.0)

    return iou
        ...
```

经过计算后，compute_iou类方法最终返回一个名为iou的变量，其类型是NumPy库的ndarray类型，iou[i]就表示该目标框与第i个先验框的IoU值。NumPy库的ndarray类型可以被直观理解为“矩阵”，变量iou的维度是$[A,]$，是个一维矩阵，也就是向量，其中的A就是每个网格的先验框的数量k。

在计算完IoU后，我们使用变量iou_thresh去做一次正样本筛选，只有IoU大于该阈值的先验框才会被标记为正样本。那么，接下来就会遇到先前我们所提到过的三种情况，体现在代码6-12中。

代码6-12　正样本筛选的三种情况

```
# YOLO_Tutorial/models/yolov2/matcher.py
# --------------------------------------------------------------
...

class Yolov2Matcher(object):
    def __init__(self, num_classes):
    ...

    @torch.no_grad()
    def __call__(self, fmp_size, stride, targets):
        # prepare
        bs = len(targets)
        fmp_h, fmp_w = fmp_size
        gt_objectness = np.zeros([bs, fmp_h, fmp_w, 1])
        gt_classes = np.zeros([bs, fmp_h, fmp_w, self.num_classes])
        gt_bboxes = np.zeros([bs, fmp_h, fmp_w, 4])

        for batch_index in range(bs):
            ...

            for gt_box, gt_label in zip(tgt_box, tgt_cls):
                ...

                # 使用阈值筛选正样本
                iou_mask = (iou > self.iou_thresh)
                ...

                label_assignment_results = []
                # 情况1：所有的IoU均低于阈值
                if iou_mask.sum() == 0:
                    # We assign the anchor box with the highest IoU score.
                    iou_ind = np.argmax(iou)
                    anchor_idx = iou_ind
                    # compute the grid cell
                    xc_s = xc / stride
                    yc_s = yc / stride
                    grid_x = int(xc_s)
                    grid_y = int(yc_s)
```

```
                label_assignment_results.append([grid_x, grid_y, anchor_idx])
            # 情况2和3：有至少一个IoU值高于阈值
            else:
                for iou_ind, iou_m in enumerate(iou_mask):
                    if iou_m:
                        anchor_idx = iou_ind
                        # compute the gride cell
                        xc_s = xc / stride
                        yc_s = yc / stride
                        grid_x = int(xc_s)
                        grid_y = int(yc_s)
                        label_assignment_results.append([grid_x, grid_y, anchor_
                                                        idx])
            ...
```

在完成了上述操作后，变量中就包含了正样本标记。那么接下来，我们就可以为被标记为正样本的先验框所对应的预测框制作学习标签，如代码6-13所示。

代码6-13 制作学习标签

```
# YOLO_Tutorial/models/yolov2/matcher.py
# ----------------------------------------------------------
...

class Yolov2Matcher(object):
    def __init__(self, num_classes):
    ...

    @torch.no_grad()
    def __call__(self, fmp_size, stride, targets):
        # prepare
        bs = len(targets)
        fmp_h, fmp_w = fmp_size
        gt_objectness = np.zeros([bs, fmp_h, fmp_w, 1])
        gt_classes = np.zeros([bs, fmp_h, fmp_w, self.num_classes])
        gt_bboxes = np.zeros([bs, fmp_h, fmp_w, 4])

        for batch_index in range(bs):
            ...

            for gt_box, gt_label in zip(tgt_box, tgt_cls):
                ...

                label_assignment_results = []
                # 情况1：所有的IoU均低于阈值
                ...
                # 情况2和3：有至少一个IoU值高于阈值
                ...
                # 学习标签
                for result in label_assignment_results:
```

```
                grid_x, grid_y, anchor_idx = result
                if grid_x < fmp_w and grid_y < fmp_h:
                    # 置信度的学习标签
                    gt_objectness[batch_index, grid_y, grid_x, anchor_idx] = 1.0
                    # 类别学习标签
                    cls_ont_hot = np.zeros(self.num_classes)
                    cls_ont_hot[int(gt_label)] = 1.0
                    gt_classes[batch_index, grid_y, grid_x, anchor_idx] = cls_ont_
                        hot
                    # 边界框学习标签
                    gt_bboxes[batch_index, grid_y, grid_x, anchor_idx] = np.
                        array([x1, y1, x2, y2])
    # [B, H, W, A, C] -> [B, HWA, C]
    gt_objectness = gt_objectness.reshape(bs, -1, 1)
    gt_classes = gt_classes.reshape(bs, -1, self.num_classes)
    gt_bboxes = gt_bboxes.reshape(bs, -1, 4)

    # to tensor
    gt_objectness = torch.from_numpy(gt_objectness).float()
    gt_classes = torch.from_numpy(gt_classes).float()
    gt_bboxes = torch.from_numpy(gt_bboxes).float()

    return gt_objectness, gt_classes, gt_bboxes
```

最终，这段代码返回三个Tensor类型的变量：`gt_objectness`、`gt_classes`以及`gt_bboxes`，其中，`gt_objectness`包含一系列的1和0，标记了哪些预测框是正样本，哪些是负样本；`gt_classes`和我们在YOLOv1中所实现的是一样的，也是包含了一系列的one-hot格式的类别标签；`gt_bboxes`包含的就是正样本所要学习的边界框位置参数。至此，我们的YOLOv2的标签匹配环节就完成了。

不过，在进入下一环节之前，我们不妨进行一点额外的思考。不论是先前所讲述的匹配原理，还是当前的代码实现，我们都不难注意到，一个目标框在做匹配时，仅考虑它的中心点所在的网格中的5个先验框，而周围的网格都不会予以考虑。正因如此，我们在计算IoU时，目标框的中心点坐标和先验框的中心点坐标都被预设成了0，如此一来，不难想到，IoU的计算只和两个边界框的形状参数有关，而和位置无关了，这正是因为我们只考虑了一个网格。

然而，在同期的Faster R-CNN和SSD工作中，每一个目标框都是和全局的先验框去计算IoU，在这种情况下，就必须将目标框自身的中心点坐标和每一个先验框的中心点坐标都考虑进来，于是，我们就会发现，在这些工作中，每一个目标框被匹配上的先验框可能不仅来自其中心点所在的网格，也会来自周围的网格。这是YOLO和其他工作的一个细节上的重要差别。但两种做法孰优孰劣，作者尚不能给出定论，我们暂且也不用关心这一点，但显而易见的是，YOLO这种只考虑中心点的做法，处理起来会更简便、更易理解，也更易学习。

总体上，和YOLOv1的正样本制作代码比起来，我们的YOLOv2主要是多了一个目标框和先验框的IoU计算以及考虑不同情况下的正样本制作方法，代码的整体框架和设计思路并没有太大的变化。有了先前的YOLOv1的基础，这一环节的学习难度也就大大降低了。

6.5 损失函数

在完成了正样本匹配的代码后，本节我们就可以着手编写损失函数的代码了。我们的YOLOv2的损失函数与YOLOv1是一样的，这里就不再重复了，直接开始编写相关的代码。

在本项目的models/yolov2/loss.py文件中，我们同样实现了一个名为Criterion的类，其框架与实现的细节与先前实现YOLOv1的损失是一样的。正如前面所说的，我们实现的YOLOv2与先前的YOLOv1的差别仅在于多了先验框以及由此给正样本匹配所带来的一些细节上的影响，除此之外，代码几乎是相同的，因此，YOLOv2的损失函数实现起来就会变得非常容易。代码6-14展示了相关代码。

代码6-14 YOLOv2的损失计算

```
# YOLO_Tutorial/models/yolov2/loss.py
# ----------------------------------------------------------
...

class Criterion(object):
    def __init__(self, cfg, device, num_classes=80):
        self.cfg = cfg
        self.device = device
        self.num_classes = num_classes
        # loss weight
        self.loss_obj_weight = cfg['loss_obj_weight']
        self.loss_cls_weight = cfg['loss_cls_weight']
        self.loss_box_weight = cfg['loss_box_weight']
        # matcher
        self.matcher = Yolov2Matcher(cfg['iou_thresh'], num_classes, cfg['anchor_
                                     size'])

    def loss_objectness(self, pred_obj, gt_obj):
        loss_obj = F.binary_cross_entropy_with_logits(pred_obj, gt_obj,
            reduction='none')
        return loss_obj

    def loss_classes(self, pred_cls, gt_label):
        loss_cls = F.binary_cross_entropy_with_logits(pred_cls, gt_label,
            reduction='none')
        return loss_cls

    def loss_bboxes(self, pred_box, gt_box):
        # regression loss
        ious = get_ious(pred_box, gt_box, box_mode="xyxy", iou_type='giou')
        loss_box = 1.0 - ious
```

```
        return loss_box, ious

    def __call__(self, outputs, targets):
        device = outputs['pred_cls'].device
        stride = outputs['stride']
        fmp_size = outputs['fmp_size']
        (
            gt_objectness,
            gt_classes,
            gt_bboxes,
            ) = self.matcher(fmp_size=fmp_size,
                             stride=stride,
                             targets=targets)
        # List[B, M, C] -> [B, M, C] -> [BM, C]
        pred_obj = outputs['pred_obj'].view(-1)                            # [BM,]
        pred_cls = outputs['pred_cls'].view(-1, self.num_classes)          # [BM, C]
        pred_box = outputs['pred_box'].view(-1, 4)                         # [BM, 4]

        gt_objectness = gt_objectness.view(-1).to(device).float()             # [BM,]
        gt_classes = gt_classes.view(-1, self.num_classes).to(device).float() # [BM, C]
        gt_bboxes = gt_bboxes.view(-1, 4).to(device).float()                  # [BM, 4]

        pos_masks = (gt_objectness > 0)
        num_fgs = pos_masks.sum()

        if is_dist_avail_and_initialized():
            torch.distributed.all_reduce(num_fgs)
        num_fgs = (num_fgs / get_world_size()).clamp(1.0)

        # box loss
        pred_box_pos = pred_box[pos_masks]
        gt_bboxes_pos = gt_bboxes[pos_masks]
        loss_box, ious = self.loss_bboxes(pred_box_pos, gt_bboxes_pos)
        loss_box = loss_box.sum() / num_fgs

        # cls loss
        pred_cls_pos = pred_cls[pos_masks]
        gt_classes_pos = gt_classes[pos_masks] * ious.unsqueeze(-1).clamp(0.)
        loss_cls = self.loss_classes(pred_cls_pos, gt_classes_pos)
        loss_cls = loss_cls.sum() / num_fgs

        # obj loss
        loss_obj = self.loss_objectness(pred_obj, gt_objectness)
        loss_obj = loss_obj.sum() / num_fgs

        # total loss
        losses = self.loss_obj_weight * loss_obj + \
                 self.loss_cls_weight * loss_cls + \
                 self.loss_box_weight * loss_box
```

```
    loss_dict = dict(
            loss_obj = loss_obj,
            loss_cls = loss_cls,
            loss_box = loss_box,
            losses = losses
    )

    return loss_dict
```

不难发现，代码6-14所展示的内容与我们先前所实现的YOLOv1的损失函数的代码几乎是一模一样的，因此，不再赘述。

6.6 训练YOLOv2网络

在完成了模型、标签匹配以及损失函数的三部分代码后，训练一个目标检测模型所必备的条件就已经都具备了。至于数据读取和数据预处理等，我们采用和YOLOv1同样的操作，这里也不再赘述。

那么，万事俱备，接下来就可以开始训练我们所构建的YOLOv2网络了。由于YOLOv1和YOLOv2都是在同一个项目代码中，数据代码、训练代码以及测试代码等都是共用的，因此，我们不再介绍有关训练代码的文件。在有了先前的YOLOv1代码实现的基础后，我们只需要将本项目的train_single_gpu.sh文件中的参数`-m yolov1`修改为`-m yolov2`，其他参数保持不变。然后，我们在终端运行该训练文件：

```
nohup sh train_single_gpu.sh 1>YOLOv2-VOC.txt 2>error.txt &
```

6.7 可视化检测结果与计算mAP

在训练过程中，已训练的模型文件都被保存在了weights/voc/yolov2/文件夹下，当然，作者也提供了已训练好的模型权重文件的链接，以供读者使用。读者可以在项目的README文件中找到相关的下载链接。

假设训练好的权重文件为yolov2_voc.pth，我们在终端输入如下一行命令来运行项目中的test.py文件：

```
 python test.py --cuda -d voc --root path/to/voc -m yolov2 --weight path/to/
yolov2_voc.pth -size 416 -vt 0.3 --show
```

这里的命令格式和YOLOv1的是一样的，读者需要根据自己的设备情况来修改其中的指向权重文件的路径：`path/to/yolov2_voc.pth`。在运行此代码后，即可看到我们的YOLOv2在VOC2007测试集上的检测结果的可视化图像，如图6-10所示，这里，我们只展示得分高于0.3的检测结果。

最后，使用eval.py文件去测试我们的YOLOv2在VOC2007测试集上的mAP指标。表6-2展示了我们实现的YOLOv2与官方的YOLOv2（用YOLOv2*来加以区别）的性能对比结果。

图6-10 YOLOv2在VOC2007测试集上的可视化结果

表6-2 YOLOv2在VOC2007测试集上的mAP测试结果
（YOLOv2*为官方实现的YOLOv2）

模型	输入尺寸	mAP/%
YOLOv2*	416×416	76.8
YOLOv2*	480×480	77.8
YOLOv2*	544×544	78.6
YOLOv2	416×416	76.8
YOLOv2	480×480	78.4
YOLOv2	544×544	79.6
YOLOv2	640×640	79.8

从表6-2中可以看到，我们实现的YOLOv2完全达到了官方的YOLOv2的性能，甚至还略强一点。不过，仅凭这一点微不足道的优势还不能说明我们所实现的YOLOv2的优越性，毕竟VOC是一个较为简单、干净的数据集，没有太复杂的场景变化，也没有太具挑战性的物体尺度的变化。因此，下面我们将尝试使用更大的COCO数据集来做进一步的验证。

6.8 使用COCO数据集（选读）

本节依旧是选读章节，不过，既然我们通过YOLOv1和YOLOv2两次代码实现，对PASCAL VOC数据集已经有了充分的了解，而COCO数据集又是当前目标检测领域中最主流的数据集之一，读者不妨准备好COCO数据集，跟着本节做进一步的实践，同时，也为日后的学习工作做好准备。

不过，考虑到COCO数据集本身的规模，训练一个模型是很耗时的，所以，作者在项目的models/yolov2/README.md文件中也提供了相关的下载链接，省去了训练模型的时间。当然，如果具备相关的计算资源和条件，可以将项目的train_single_gpu.sh文件中的参数`-d voc`修改为`-d coco`，同时将指向VOC数据集的路径修改为指向COCO数据集的路径，然后，就可以在终端运行该文件来训练YOLOv2了。

在测试阶段，假设训练好的权重文件为yolov2_coco.pth，我们在终端输入如下命令即可在COCO验证集上进行测试：

```
python test.py -d coco -m yolov2 --weight path/to/yolov2_coco.pth --show -size 416 -vt 0.3
```

图6-11展示了YOLOv2在COCO验证集上的检测结果的可视化图像。从图中可以看到，我们所实现的YOLOv2的检测效果还是很可观的。但是，对于一些较小的物体，YOLOv2却没有将它们检测出来，也就是出现了漏检的现象，这其实也是YOLOv1和YOLOv2这一类的“单级”或“单尺度”检测框架的缺陷，毕竟，最终用于检测的特征图C_5经过了太多的降采样，过于粗糙，丢失了较多的细节信息，这对于检测小物体是不友好的。

图6-11 YOLOv2在COCO验证集上的可视化结果

为了能够定性地评价我们的YOLOv2，我们使用下述命令去测试模型在COCO验证集上的AP指标：

```
python eval.py -d coco -val -m yolov2 --weight path/to/yolov2_coco.pth -size 输入图像尺寸
```

表6-3汇总了相关的测试结果。注意，我们仅在COCO验证集上测试我们的YOLOv2，并报告相关的AP指标，而官方的YOLOv2报告的指标则是在COCO test-dev数据集上测试得到的。尽管COCO的验证集和test-dev测试集是COCO数据集的两个不同的划分，但得益于官方的合理划分，一个模型在这两个数据集上的AP指标的差距通常不会表现得过于悬殊，因此，为了便于读者去复现这一结果，我们只使用COCO验证集，其AP结果也具备较高的说服力。

表6-3 YOLOv2在COCO验证集上的测试结果（YOLOv2*为官方实现的YOLOv2）

模型	输入尺寸	AP /%	AP_{50} /%	AP_{75} /%	AP_S /%	AP_M /%	AP_L /%
YOLOv2*	416×416	21.6	44.0	19.2	5.0	22.4	35.5
YOLOv2	320×320	24.2	38.2	25.4	1.8	24.0	48.9
YOLOv2	416×416	28.8	44.2	29.6	4.4	31.7	51.8
YOLOv2	512×512	30.7	47.6	32.4	8.9	35.9	51.6
YOLOv2	640×640	32.7	50.9	34.4	14.7	38.4	50.3

整体上来看，我们所实现的YOLOv2表现出更佳的性能，在同等的输入尺寸下，我们的YOLOv2的综合性能指标AP明显高于官方的YOLOv2，这表明我们所作的改进和优化是有效的。不过，我们也注意到，不论是官方的YOLOv2还是我们实现的YOLOv2，在衡量小物体检测性能的指标AP_S上都表现得不理想。这一不理想之处其实也为后续YOLOv3的提出埋下了伏笔。

在这里，可以做个简单的分析，我们都知道，不论是此前实现的YOLOv1还是这次实现的YOLOv2，最终的检测都发生在经过32倍降采样的特征图，而这样的特征图正因为经过了太多的降采样操作的处理，虽然语义信息在不断加深，但是许多物体的细节信息都丢失了，这尤其会严重损害小目标的检测性能。另外，13×13的网格还是过于粗糙，对于信息较密集的场景很不友好。

从表6-3中我们也能够观察到，随着输入尺寸的增大，YOLOv2的性能，尤其是小目标的检测性能指标APs在显著地提升，这是显而易见的，因为输入图像的尺寸越大，其包含的像素信息就越多，在经过同样的32倍降采样后，保留下来的细节信息也就越多，从而对小目标的检测就更加有利。但我们也应该意识到，输入尺寸的增大意味着推理时间会变得更长，计算量更大，同时，更大尺寸的输入图像也需要网络具备更大的感受野，否则不能较好地去检测大目标，这一点可以从YOLOv2的大目标检测指标AP_L随着输入尺寸的增大降低而看出。这是一个矛盾点，任何事物，只要抓住了其中的矛盾点，量变到质变的飞跃之路也就清晰了。

6.9 小结

至此，我们已经学习了YOLOv1和YOLOv2这两个经典的目标检测网络，并且动手搭建了一套新的YOLOv1网络和YOLOv2网络，不仅系统学习了理论知识，还通过动手实践强化了对理论知识的理解和认识，充分了解了一个目标检测项目的关键组成部分：读取数据、搭建模型、标签匹配、损失函数以及训练与测试。不论从哪个角度来说，这都是两次极有价值的实践学习。可以说，在本章结束之际，本书所预设的“入门”目标几乎达成了，我们已经知道了什么是目标检测，了解了如何编写代码去完成这一任务。

但我们的入门之旅仍未结束。

在本章结束之际，我们提到了YOLOv2在检测小目标上捉襟见肘的性能，正因如此，才有了随后的YOLOv3，它不仅弥补了这一不足，同时也为业界提供了一款更加强大且仍旧可实时运行的目标检测网络。因此，在第7章，让我们一起“更上一层楼”，去见识一下第三代YOLO检测器的“庐山真面目”吧。

第7章

YOLOv3

在第7章的最后，我们提到了不论是YOLOv1还是YOLOv2，都有一个共同的缺陷：**小目标检测的性能差**。而导致这一缺陷的原因则是**只使用了最后一个经过32倍降采样的特征图**。尽管YOLOv2使用了passthrough技术将16倍降采样的特征图里的信息融合到了32倍降采样的特征图中，但最终的检测仍是在13×13这样一个粗糙的网格上进行的，实际上并没有真正地解决这一问题。

然而，时隔两年，**第三代YOLO检测器YOLOv3横空出世**。尽管这一次的YOLO检测器的论文并没有被发表到任何国际顶级会议或期刊上，但其早已在圈子中声名鹊起，甚至在目标检测领域之外的研究学者也对其有所耳闻，在某种程度上可以说，YOLO几乎代表了目标检测，以至于作者团队仅仅是将论文的预印版挂在arXiv上就立马获得了极高的关注。另外，由于作者团队本就不打算将论文发表在会议或期刊上，因此行文风格也较为口语化，甚至夹带着一点点西方的“幽默”色彩，成为了日后一些走“技术报告”路线的学者们的写作模板。

这个新一代YOLO检测器的最大亮点是引入了当时流行的多级检测结构以及常常与多级检测结构相配合的特征金字塔结构。在完成了这样的改进之后，YOLO检测器的小目标检测性能得到了极大的提升。同时，YOLO作者团队也一如既往地为新一代的YOLO检测器设计了全新的主干网络：DarkNet-53。顾名思义，这一新的主干网络中共包含53层卷积。那么，在本章，我们一起来领略一下YOLOv3的强大风采吧。

7.1 YOLOv3解读

由于YOLOv3的论文在行文风格上不太正式，因此更像是作者团队的一次“无心插柳”。事实上，YOLOv3绝非凭空出现的，而是该领域在此前已经提出了诸多优秀的工作，积累了深厚的技术底蕴，为YOLOv3的提出提供了相当充足的技术基础。而当YOLO作者团队决心要设计新一代的YOLO检测器、改进和优化YOLOv2中的问题，以及解决其中的矛盾时，足够的量变积累就引发了质变的飞跃。下面我们详细介绍YOLOv3所做出的诸多改进。

7.1.1 更好的主干网络：DarkNet-53

YOLOv3的第一处改进便是更换了更好的主干网络：DarkNet-53。相较于DarkNet-19，新的网络使用了更多层的卷积——53层卷积，每一层卷积依旧是先前所提到的“卷积三件套”：线性卷积、BN层以及LeakyReLU激活函数。同时，DarkNet-53还借鉴了当时已经是主流的由ResNet提出的残差连接结构。图7-1展示了DarkNet-53的网络结构。

	类型	卷积核数量	卷积核大小	输出尺寸
	卷积层	32	3×3	256×256
	卷积层	64	3×3 /2	128×128
1×	卷积层	32	1×1	
	卷积层	64	3×3	
	残差连接			128×128
	卷积层	128	3×3 /2	64×64
2×	卷积层	64	1×1	
	卷积层	128	3×3	
	残差连接			64×64
	卷积层	256	3×3 /2	32×32
8×	卷积层	128	1×1	
	卷积层	256	3×3	
	残差连接			32×32
	卷积层	512	3×3 /2	16×16
8×	卷积层	256	1×1	
	卷积层	512	3×3	
	残差连接			16×16
	卷积层	1024	3×3 /2	8×8
4×	卷积层	512	1×1	
	卷积层	1024	3×3	
	残差连接			8×8
	平均池化		全局	
	全连接		1000	
	预测层			

图7-1 DarkNet-53的网络结构

不同于DarkNet-19所采用的最大池化层，DarkNet-53采用步长为2（stride=2）的卷积层来实现空间降采样操作。图7-1中用黑色矩形框所框选的部分就是DarkNet-53网络的核心模块，即由一层1×1卷积层和一层3×3卷积层串联构成的残差模块，如图7-2c所示，图7-2a和7-2b分别展示了在ResNet-18和ResNet-50中所使用的两种常见的残差模块。

从结构上来看，DarkNet-53的残差模块十分简单，而DarkNet-53的整体架构正是重复堆叠这些模块所构成，依据每个模块所输出的通道数，DarkNet-53共可以被划分为五大部分，每个部分所堆叠的残差模块的数量分别为：1、2、8、8和4。这种“12884”的堆叠数量配置也成为后续诸多YOLO框架的范式之一。

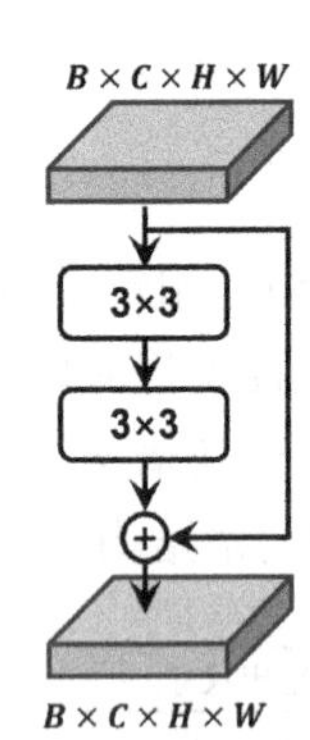
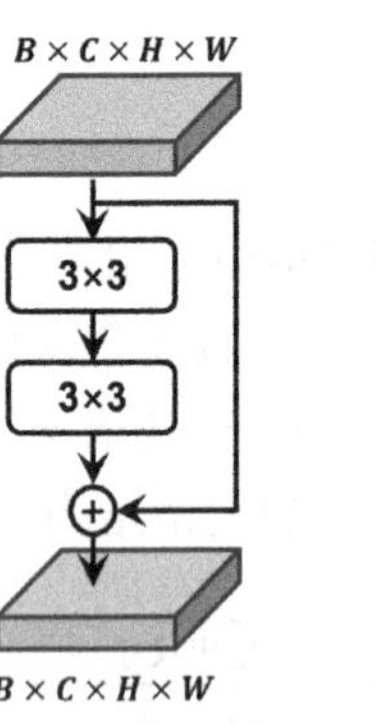

（a）ResNet-18的残差模块

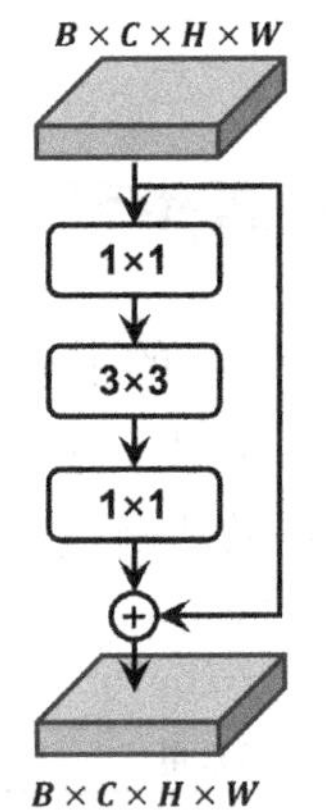

（b）ResNet-50的残差模块

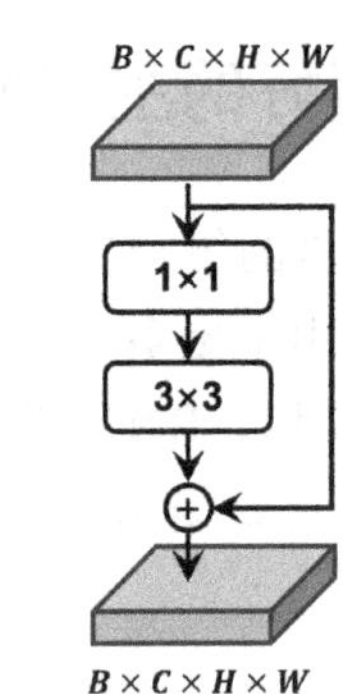

（c）DarkNet-53的残差模块

图7-2　常见的3种残差模块

为了验证DarkNet-53的性能，YOLO作者团队使用ImageNet数据集对其进行预训练，并与当时流行的ResNet网络进行对比，如表7-1所示。从表中可以看出，DarkNet以更少的卷积层数、更快的检测速度实现了可以与ResNet-101和ResNet-152相媲美的性能。因此，相较于所对比的两个ResNet网络，DarkNet-53在速度和精度上具有更高的性价比。

表7-1　DarkNet-53网络与其他网络的性能对比

模型	Acc-1/%	Acc-5/%	Bn Ops	BFLOP/s	FPS
DarkNet-19	74.1	91.8	7.29	1246	171
ResNet-101	77.1	93.7	19.7	1039	53
ResNet-152	77.6	93.8	29.4	1090	37
DarkNet-53	77.2	93.8	18.7	1457	78

7.1.2　多级检测与特征金字塔

SSD网络[16]大概是第一个为通用目标检测任务提出“多级检测”架构的工作，虽然它在VOC数据集上的性能被同年出现的YOLOv2所超越，但是在难度更大的COCO数据集上，SSD的性能更优，尤其是在小目标检测上，SSD略胜一筹。这主要得益于“多级检测”的架构，即使用不同尺度的特征（具有不同大小的空间尺寸）去共同检测图像中的物体。

随后，在2017年，融合不同尺度的特征的“**特征金字塔**”网络（feature pyramid network，FPN）[19]被提出，作者团队进一步思考了“多级检测”框架，并提出了“自顶向下的特征金字塔融合”结构来对其进行优化。该团队认为，对于一个卷积神经网络，随着层数的加深和降采样操作的增多，网络的不同深度所输出的特征图理应包含了不同程度的空间信息（有利于定位）和语义信息（有利于分类）。对于那些较浅的卷积层所输出的特征图，由于未被较多的卷积层处理，理应具有**较浅的语义信息**，但也因未被过多地降采样而具备**较多的位置信息**；而深层的特征图则恰恰相反，经过了足够多的卷积层处理后，其语义信息被大大加强，而位置信息则因经过太多的降采样处理而丢失了，目标的细节信息被破坏，致使对小目标的检测表现较差，同时，随着层数变多，网络的感受野逐渐增大，网络对大目标的识别越来越充分，检测大目标的性能自然更好。图7-3直观地展示了这一蕴含在当前主流的CNN层次化结构中的主要矛盾。

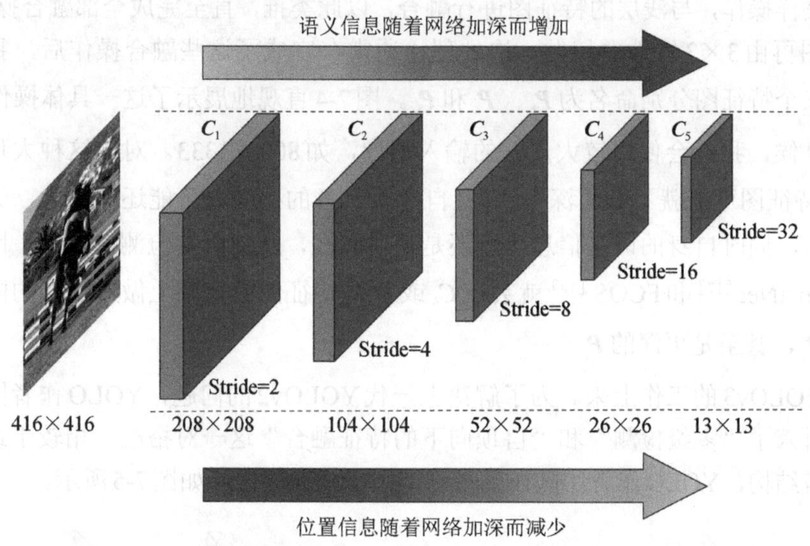

图7-3 卷积神经网络中的语义信息和位置信息与网络深度的关系

在清晰地认识到了这样的矛盾之后，一个简单的解决方案便应运而生：**浅层特征负责检测较小的目标，深层特征负责检测较大的目标**。采取这一技术路线的便是SSD网络。但是，SSD只关注了信息数量的问题，而没有关注语义深浅的问题，也就是说，浅层特征虽然保留了足够多的位置信息，但是其自身语义信息的层次较浅，可能对目标的认识和理解不够充分。因此，FPN作者团队就在基础上又引入了“**自顶向下**”（top-down）的特征融合结构，利用空间上采样的操作不断地将深层特征的较高级语义信息融合到浅层特征中，如图7-4所示。

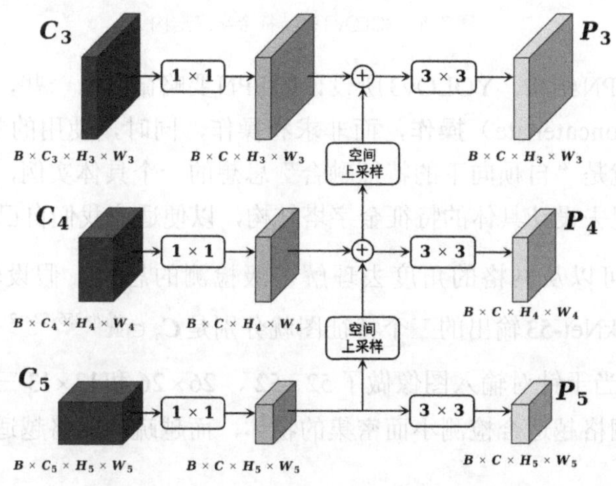

图7-4 FPN的特征融合结构实例

一般情况下，出于性能和算力之间的平衡的考虑，我们只会使用到主干网络输出的三个尺度的特征图：$\boldsymbol{C}_3 \in \mathbb{R}^{B\times C_3\times H_3\times W_3}$、$\boldsymbol{C}_4 \in \mathbb{R}^{B\times C_4\times H_4\times W_4}$和$\boldsymbol{C}_5 \in \mathbb{R}^{B\times C_5\times H_5\times W_5}$，输出步长（或降采样倍数）分别为8、16和32。对于这三个尺度的特征图，FPN首先使用3个1×1线性卷积将每个特征图的通道数都压缩到256，以便后续的融合操作。接着，FPN对深层的特征图做空间上采样操作，与浅层的特征图进行融合，以此类推，直至完成全部融合操作。最后，每个特征图再由3×3线性卷积做一次处理。通常在完成了这些融合操作后，我们将融合后输出的三个特征图分别命名为$\boldsymbol{P}_3$、$\boldsymbol{P}_4$和$\boldsymbol{P}_5$。图7-4直观地展示了这一具体操作的过程。

有些时候，我们会使用较大尺寸的输入图像，如800×1333。对于这种大尺寸的输入图像，$\boldsymbol{C}_5$特征图可能就不够“深”，并且自身所具备的感受野可能还不够大，无法覆盖到一些大目标，同时自身的语义信息可能还是相对较浅，从而影响检测的性能。因此，一些工作如RetinaNet[17]和FCOS[18]就会在$\boldsymbol{C}_5$或者$\boldsymbol{P}_5$特征图的基础上做进一步的降采样，得到特征图$\boldsymbol{P}_6$，甚至是更深的$\boldsymbol{P}_7$。

回到YOLOv3的工作上来。为了解决上一代YOLOv2的问题，YOLO作者团队在这一次改进中引入了“多级检测”和“自顶向下的特征融合”这一对搭配。相较于最初提出的特征金字塔结构，YOLO作者团队在此基础上做了些许改进，如图7-5所示。

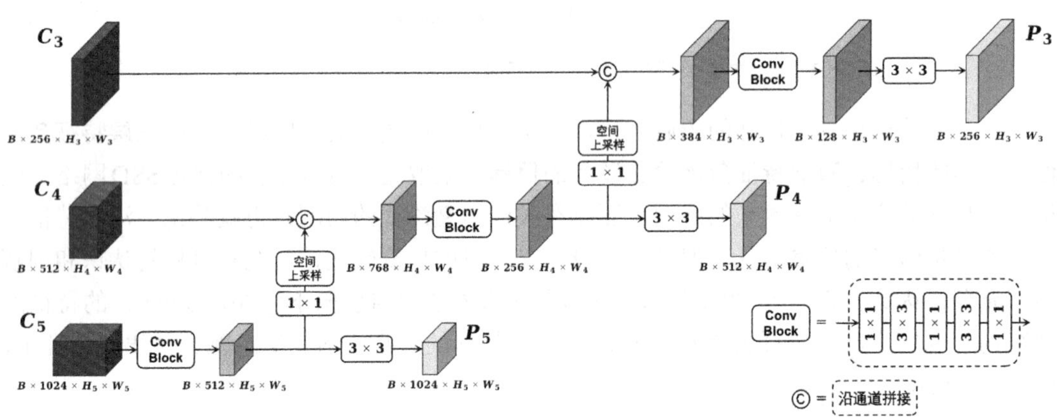

图7-5 YOLOv3的特征金字塔结构

相较于原版的FPN结构，YOLOv3所设计的FPN要略微复杂一些，比如特征融合时采用的是**通道拼接**（concatenate）**操作**，而非求和操作，同时，使用的卷积层也更多一些。事实上，FPN原本就是“自顶向下的特征融合”思想的一个具体实例，在实际任务中，我们可以根据具体情况去设计具体的特征金字塔结构，以便适应我们自己的任务。

另外，我们也可以从网格的角度去理解多级检测的思想。假设输入图像的尺寸是416×416，那么DarkNet-53输出的三个特征图就分别是$\boldsymbol{C}_3 \in \mathbb{R}^{B\times256\times52\times52}$、$\boldsymbol{C}_4 \in \mathbb{R}^{B\times512\times26\times26}$和$\boldsymbol{C}_5 \in \mathbb{R}^{B\times1024\times13\times13}$，相当于针对输入图像做了$52\times52$、$26\times26$和$13\times13$三种不同疏密度的网格，显然，越密的网格越适合检测小而密集的物体，而越疏的网格越适合检测大而稀疏的物体。

在这样的多级检测框架下，YOLOv3在每个网格处放置3个先验框。由于YOLOv3共使用三个尺度的特征图，因此需要使用k均值聚类方法来得到9个先验框的尺寸，依照论文给出的参数，这9个先验框的尺寸分别是$(10,13)$、$(16,30)$、$(33,23)$、$(30,61)$、$(62,45)$、$(59,119)$、$(116,90)$、$(156,198)$以及$(373,326)$。YOLOv3将这9个先验框均分到3个尺度的特征图上：

- 对于$\boldsymbol{C}_3$特征图，每个网格处放置$(10,13)$、$(16,30)$和$(33,23)$ 3个先验框，用于检测较小的物体，如图7-6a所示；
- 对于$\boldsymbol{C}_4$特征图，每个网格处放置$(30,61)$、$(62,45)$和$(59,119)$ 3个先验框，如图7-6b所示，用于检测中等大小的物体；
- 对于$\boldsymbol{C}_5$特征图，每个网格处放置$(116,90)$、$(156,198)$和$(373,326)$ 3个先验框，用于检测较大的物体，如图7-6c所示。

（a）小尺度

（b）中尺度

（c）大尺度

图7-6 YOLOv3中的多尺度先验框的布置

在确定了多级检测结构以及先验框的布置后，我们也就不难推理出YOLOv3的预测张量的维度。以输入尺寸416×416为例，YOLOv3最终会输出$\boldsymbol{Y}_1 \in \mathbb{R}^{B\times3(1+N_C+4)\times52\times52}$、$\boldsymbol{Y}_2 \in \mathbb{R}^{B\times3(1+N_C+4)\times26\times26}$和$\boldsymbol{Y}_3 \in \mathbb{R}^{B\times3(1+N_C+4)\times13\times13}$。

至此，我们基本清楚了YOLOv3的网络结构，为了加深理解，我们模仿知名的MMYOLO开源框架的制图风格，绘制了YOLOv3的完整网络结构，如图7-7所示。为了便于展示，我们对一些细节做了简化。

当然，依据YOLOv3的论文，作者团队也汇报了一些没有成功的尝试，比如使用类似RetinaNet的双阈值筛选正样本和Focal loss。二者均没有给YOLOv3带来性能上的提升，尤其是Focal loss，一个本该能很好地缓解one-stage框架中天然存在的正负样本比例严重失衡问题的损失函数，却并没有在YOLOv3上起到促进作用，在后来的YOLOv4、YOLOv5以及YOLOv7等中，我们都没有看到Focal loss的身影。作者团队也对此表示奇怪，并认为可能是自己的操作有误，使得Focal loss没有发挥出应有的功效。对于这些问题，感兴趣的读者可以自行去查阅和思考这当中可能的原因。

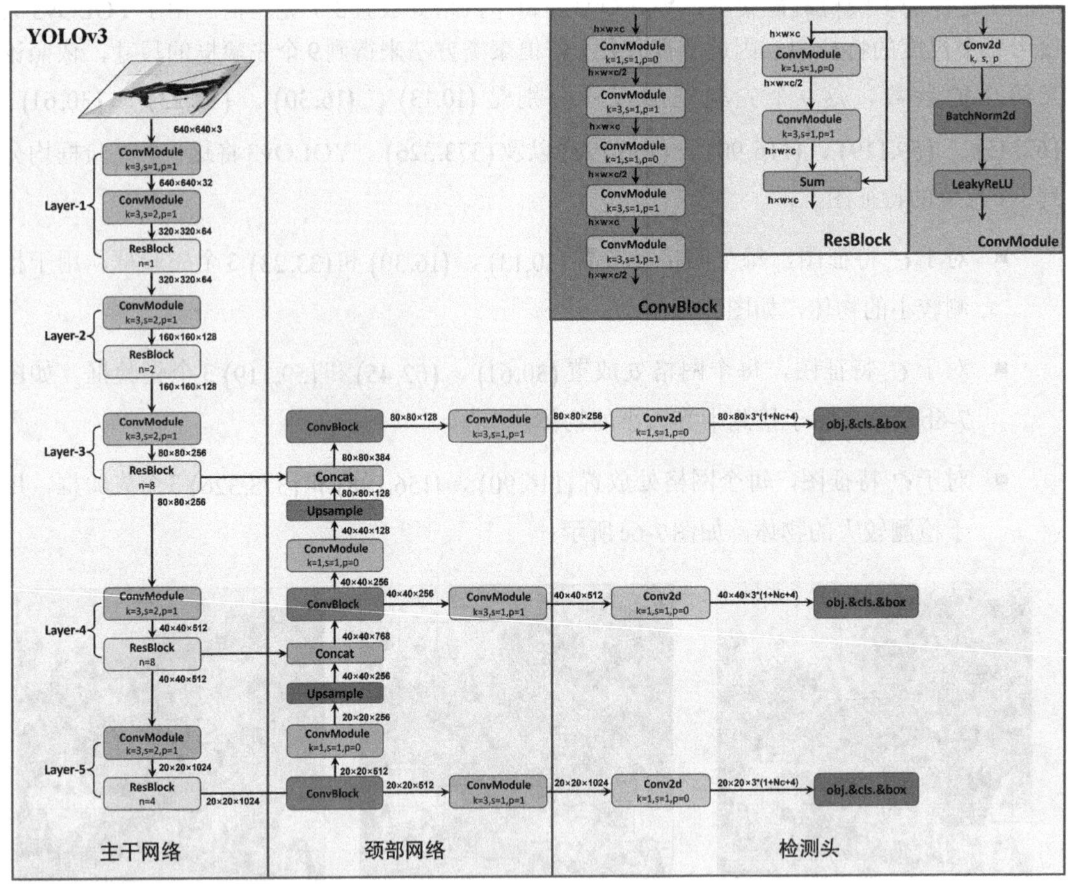

图7-7 YOLOv3的网络结构

7.1.3 修改损失函数

在完成了网络结构的改进后，YOLO作者团队又对损失函数做了一次改进。整体上并没有大的改动，没有使得损失函数变得更晦涩难懂。接下来，我们详细来介绍对每一部分损失函数的修改。

- **边界框的置信度损失。**不同于先前的YOLOv1和YOLOv2所采用的MSE损失函数，在这次的改进中，YOLOv3采用了**二元交叉熵**（binary cross entropy，BCE）函数来计算边界框的置信度损失。关于这一点，我们在代码实现环节中已经阐述了，不再赘述。同时，YOLOv3也不再为正负样本设置不同的平衡系数，尽管负样本的数量还是显著多于正样本，但二者的损失权重均为1。对于这一点，可能是因为YOLOv3的作者团队已经做过相关的验证实验，发现这一问题并不会给YOLOv3的性能带来严重的影响。另外，YOLOv3也不再使用预测框与目标框的IoU作为置信度的学习标签，而是采用了0/1离散值，就像我们在YOLOv1的代码实现中所做过的那样。不过，在后来的YOLO开源项目中，比如火爆的YOLOv5，我们会发现这一技巧又被添加回来了，因此，YOLOv3的这一点改进可能不是最优的。

- **类别损失**。不同于先前使用MSE来计算每个类别的损失，在这一次改进中，YOLOv3使用Sigmoid函数先将每个类别的置信度映射到0～1，再使用BCE函数去计算每个类别的损失，正如我们在先前的YOLOv1代码实现中所做的那样。当然，从论文的细节中，我们也注意到YOLOv3考虑过使用Softmax函数来处理类别的置信度，但Softmax函数会保证所有类别的置信度的总和为1，且类别之间是互斥的关系，这样就无法泛化到多类别的场景中去（即一个目标可能会有多个类别的情况）。因此，从更好泛化的角度来考虑，YOLOv3选择了Sigmoid函数。
- **边界框损失**。对于边界框的回归损失，YOLOv3不再使用预测的偏移量来解算出边界框的坐标，然后去计算相关的损失，而是直接计算偏移量t_x、t_y、t_w和t_h的损失。对于中心点偏移量t_x和t_y，由于它们的值域范围是0～1，因此YOLOv3使用Sigmoid函数来处理它们，并理所当然地使用BCE函数来计算中心点偏移量的损失。而对于宽高的偏移量t_w和t_h，YOLOv3采用普通的MSE函数来计算损失。

综上所述，不难看出，相较于YOLOv2，YOLOv3在结构上的改进主要集中在多级检测和特征金字塔两方面，在预测和损失函数上主要采用了更加合理的计算策略。在完成了这些改进后，YOLOv3汇报了在COCO数据集上与当时的先进工作的性能对比结果，如图7-8所示。

首先，我们关注YOLOv3的小目标检测的性能指标。可以看到，相较于YOLOv2的AP_S指标5.0，YOLOv3实现了更高的AP_S指标18.3，大幅度地超越了上一代的YOLO检测器，这充分说明YOLOv3在结构上的改进是十分有效的，在很大程度上弥补了YOLO检测器的小目标检测性能不足的缺陷。同时，YOLOv3的AP_S指标也超过了SSD。

	backbone	AP	AP_{50}	AP_{75}	AP_S	AP_M	AP_L
Two-stage methods							
Faster R-CNN+++ [5]	ResNet-101-C4	34.9	55.7	37.4	15.6	38.7	50.9
Faster R-CNN w FPN [8]	ResNet-101-FPN	36.2	59.1	39.0	18.2	39.0	48.2
Faster R-CNN by G-RMI [6]	Inception-ResNet-v2 [21]	34.7	55.5	36.7	13.5	38.1	52.0
Faster R-CNN w TDM [20]	Inception-ResNet-v2-TDM	36.8	57.7	39.2	16.2	39.8	52.1
One-stage methods							
YOLOv2 [15]	DarkNet-19 [15]	21.6	44.0	19.2	5.0	22.4	35.5
SSD513 [11, 3]	ResNet-101-SSD	31.2	50.4	33.3	10.2	34.5	49.8
DSSD513 [3]	ResNet-101-DSSD	33.2	53.3	35.2	13.0	35.4	51.1
RetinaNet [9]	ResNet-101-FPN	39.1	59.1	42.3	21.8	42.7	50.2
RetinaNet [9]	ResNeXt-101-FPN	40.8	61.1	44.1	24.1	44.2	51.2
YOLOv3 608 × 608	DarkNet-53	33.0	57.9	34.4	18.3	35.4	41.9

图7-8 YOLOv3在COCO test-dev数据集上的性能表现（摘自YOLOv3论文[3]）

其次，与当时先进的Faster R-CNN网络和RetinaNet网络对比，YOLOv3在性能上是存在明显不足的，YOLOv3作者团队在论文中也坦然承认，没有回避这一点。但是，在更常用的AP_{50}指标上，YOLOv3的性能并没有表现出明显的劣势，且YOLOv3能够在当时的TITAN XP型号的GPU上实时运行，这一点是当时的Faster R-CNN和RetinaNet无法实现的。因此，虽然YOLOv3的性能相对较弱，但是它凭借着在实时检测上的优势，在性能和速度之间取得了良好的平衡，受到很多研究者，尤其是业界工程师们的青睐，被广泛地应用到诸多实际场景中。

毕竟，在YOLOv3被提出的那个年代，虽然Faster R-CNN和RetinaNet都实现了很高的性能，但是它们难以满足业界实时检测的需求，而YOLOv3填补了这当中的空白。由此可见，在做研究时，一味地追求性能上的极致可能并不是最好的研究选择，有些时候，算法的速度也是一个不容忽视的指标。

关于YOLOv3的讲解到此就结束了，接下来，我们进入代码实现的章节。

7.2 搭建 YOLOv3 网络

在本节，我们将开始YOLOv3的代码实现，实现一款我们自己的YOLOv3检测器。同样，我们还是从四个方面来展开：网络搭建、标签匹配、损失函数以及数据预处理。在往后的代码实现章节中，我们都将会沿着这一条技术路线来展开实践工作。

7.2.1 搭建 DarkNet-53 网络

在本节中，我们搭建DarkNet-53网络。依据图7-1中的网络结构，我们照葫芦画瓢地编写出DarkNet-53的代码。在这点上，我们已经有了搭建DarkNet-19的经验，所以，搭建DarkNet-53对我们来说没有什么难度。首先，我们搭建DarkNet-53网络的残差模块，如代码7-1所示。

代码7-1 DarkNet-53的残差模块

```
# YOLO_Tutorial/models/yolov3/yolov3_basic.py
# --------------------------------------------------------
...

# BottleNeck
class Bottleneck(nn.Module):
    def __init__(self, in_dim, out_dim, expand_ratio=0.5, shortcut=False,
                 depthwise=False, act_type='silu', norm_type='BN'):
        super(Bottleneck, self).__init__()
        inter_dim = int(out_dim * expand_ratio)  # hidden channels
        self.cv1 = Conv(in_dim, inter_dim, k=1, norm_type=norm_type, act_type=act_
            type)
        self.cv2 = Conv(inter_dim, out_dim, k=3, p=1,
                        norm_type=norm_type, act_type=act_type,
                        depthwise=depthwise)
        self.shortcut = shortcut and in_dim == out_dim

    def forward(self, x):
```

```
        h = self.cv2(self.cv1(x))

        return x + h if self.shortcut else h


# ResBlock
class ResBlock(nn.Module):
    def __init__(self, in_dim, out_dim, nblocks=1,
                 act_type='silu', norm_type='BN'):
        super(ResBlock, self).__init__()
        assert in_dim == out_dim
        self.m = nn.Sequential(*[
            Bottleneck(in_dim, out_dim, expand_ratio=0.5, shortcut=True,
                       norm_type=norm_type, act_type=act_type)
                       for _ in range(nblocks)
                       ])

    def forward(self, x):
        return self.m(x)
```

在代码7-1中，我们首先搭建了包含一层1×1卷积层和一层3×3卷积层的Bottleneck模块，其中，shortcut参数用于决定是否使用残差连接。然后，在该模块的基础上，我们构建了ResBlock类，在该类中，我们通过调整nblocks参数来决定要使用多少个Bottleneck模块。

在完成了上述代码后，我们即可构建完整的DarkNet-53网络，如代码7-2所示。

代码7-2 DarkNet-53网络

```
# YOLO_Tutorial/models/yolov3/yolov3_backbone.py
# ------------------------------------------------------------
...

class DarkNet53(nn.Module):
    def __init__(self, act_type='silu', norm_type='BN'):
        super(DarkNet53, self).__init__()
        self.feat_dims = [256, 512, 1024]

        # P1
        self.layer_1 = nn.Sequential(
            Conv(3, 32, k=3, p=1, act_type=act_type, norm_type=norm_type),
            Conv(32, 64, k=3, p=1, s=2, act_type=act_type, norm_type=norm_type),
            ResBlock(64, 64, nblocks=1, act_type=act_type, norm_type=norm_type)
        )
        # P2
        self.layer_2 = nn.Sequential(
            Conv(64, 128, k=3, p=1, s=2, act_type=act_type, norm_type=norm_type),
            ResBlock(128, 128, nblocks=2, act_type=act_type, norm_type=norm_type)
        )
        # P3
```

```
        self.layer_3 = nn.Sequential(
            Conv(128, 256, k=3, p=1, s=2, act_type=act_type, norm_type=norm_type),
            ResBlock(256, 256, nblocks=8, act_type=act_type, norm_type=norm_type)
        )
        # P4
        self.layer_4 = nn.Sequential(
            Conv(256, 512, k=3, p=1, s=2, act_type=act_type, norm_type=norm_type),
            ResBlock(512, 512, nblocks=8, act_type=act_type, norm_type=norm_type)
        )
        # P5
        self.layer_5 = nn.Sequential(
            Conv(512, 1024, k=3, p=1, s=2, act_type=act_type, norm_type=norm_type),
            ResBlock(1024, 1024, nblocks=4, act_type=act_type, norm_type=norm_type)
        )


    def forward(self, x):
        c1 = self.layer_1(x)
        c2 = self.layer_2(c1)
        c3 = self.layer_3(c2)
        c4 = self.layer_4(c3)
        c5 = self.layer_5(c4)

        outputs = [c3, c4, c5]

        return outputs
```

最后，DarkNet-53网络会返回三个尺度的特征图：$\boldsymbol{C}_3$、$\boldsymbol{C}_4$和$\boldsymbol{C}_5$，这一点和我们先前所讲的是对应的，目的是为后续的特征金字塔融合和多级检测做准备。完整的代码可以在本项目的models/yolov3/yolov3_backbone.py文件中找到。

同样，我们也用ImageNet数据集先对搭建好的DarkNet-53进行一次预训练，相关权重的下载链接已经在代码文件中提供了，在需要使用到预训练权重时，代码会自动下载作者提供的预训练权重。倘若因网络原因导致下载失败，读者也可以使用提供的链接到浏览器中手动下载。

在完成了这部分工作后，我们即可在YOLOv3的代码文件中调用DarkNet-53作为主干网络。在本项目的models/yolov3/yolov3.py文件中，我们实现了YOLOv3的代码，其结构与先前的YOLOv2是相似的，仅仅是多了特征金字塔结构以及相应的额外处理，所以一些相似的细节就不展示了。代码7-3展示了构建主干网络的代码。

代码7-3　构建YOLOv3的主干网络

```
# YOLO_Tutorial/models/yolov3/yolov3.py
# --------------------------------------------------------
...

# YOLOv3
```

```
class YOLOv3(nn.Module):
    def __init__(...):
        super(YOLOv3, self).__init__()
        ...


        # ------------------- Network Structure --------------------
        ## 主干网络
        self.backbone, feats_dim = build_backbone(
            cfg['backbone'], trainable&cfg['pretrained'])
```

7.2.2 搭建颈部网络

在最初的YOLOv3网络中，颈部网络只有特征金字塔，但在后来的发展中，颈部网络除了特征金字塔外，还额外添加了SPP模块，这一细节在随后的YOLOv4、YOLOv5以及YOLOX等工作中都能找到。因此，为了尽可能契合主流的做法，我们在搭建特征金字塔之前，也添加一个SPP模块。有关SPP模块的代码实现已经在先前的YOLOv1和YOLOv2的代码实现内容中讲解了，这里不再赘述，相关的代码在本项目的models/yolov3/yolov3_neck.py文件中。代码7-4展示了构建颈部网络中SPP模块。

代码7-4 构建YOLOv3的颈部网络

```
# YOLO_Tutorial/models/yolov3/yolov3.py
# ---------------------------------------------------------
...

# YOLOv3
class YOLOv3(nn.Module):
    def __init__(...):
        super(YOLOv3, self).__init__()
        ...

        # ------------------- Network Structure --------------------
        ...

        ## 颈部网络：SPP模块
        self.neck = build_neck(cfg, in_dim=feats_dim[-1], out_dim=feats_dim[-1])
        feats_dim[-1] = self.neck.out_dim
```

对于添加的SPP模块，它只用于处理主干网络输出的C_5特征图，能够进一步提升网络的感受野，而对于另外的两个特征图C_3和C_4，则不会被SPP模块处理。

随后，我们再来搭建特征金字塔。我们可以参考图7-5或者图7-7所展示的特征金字塔结构来编写相应的代码。在本项目的models/yolov3/yolov3_fpn.py文件中，我们实现了YOLOv3的特征金字塔结构的代码，如代码7-5所示。

代码 7-5 YOLOv3 的特征金字塔

```
# YOLO_Tutorial/models/yolov3/yolov3_fpn.py
# ------------------------------------------------------------
...

# YoloFPN
class YoloFPN(nn.Module):
    def __init__(self, in_dims=[256, 512, 1024], width=1.0, depth=1.0, out_dim=None,
                 act_type='silu', norm_type='BN'):
        super(YoloFPN, self).__init__()
        self.in_dims = in_dims
        self.out_dim = out_dim
        c3, c4, c5 = in_dims

        # P5 -> P4
        self.top_down_layer_1 = ConvBlocks(
        c5, int(512*width), act_type=act_type, norm_type=norm_type)
        self.reduce_layer_1 = Conv(
            int(512*width), int(256*width), k=1,
                act_type=act_type, norm_type=norm_type)

        # P4 -> P3
        self.top_down_layer_2 = ConvBlocks(
            c4 + int(256*width), int(256*width),
                act_type=act_type, norm_type=norm_type)
        self.reduce_layer_2 = Conv(
            int(256*width), int(128*width), k=1,
                act_type=act_type, norm_type=norm_type)

        # P3
        self.top_down_layer_3 = ConvBlocks(
            c3 + int(128*width), int(128*width),
                act_type=act_type, norm_type=norm_type)

        # output proj layers
        if out_dim is not None:
            # output proj layers
            self.out_layers = nn.ModuleList([
                Conv(in_dim, out_dim, k=1,
                     norm_type=norm_type, act_type=act_type)
                     for in_dim in [int(128 * width), int(256 * width),
                     int(512 * width)]
                       ])
            self.out_dim = [out_dim] * 3

        else:
            self.out_layers = None
            self.out_dim = [int(128 * width), int(256 * width), int(512 * width)]

    def forward(self, features):
```

```
c3, c4, c5 = features

# p5/32
p5 = self.top_down_layer_1(c5)

# p4/16
p5_up = F.interpolate(self.reduce_layer_1(p5), scale_factor=2.0)
p4 = self.top_down_layer_2(torch.cat([c4, p5_up], dim=1))

# P3/8
p4_up = F.interpolate(self.reduce_layer_2(p4), scale_factor=2.0)
p3 = self.top_down_layer_3(torch.cat([c3, p4_up], dim=1))

out_feats = [p3, p4, p5]

# output proj layers
if self.out_layers is not None:
    # output proj layers
    out_feats_proj = []
    for feat, layer in zip(out_feats, self.out_layers):
        out_feats_proj.append(layer(feat))
    return out_feats_proj

return out_feats
```

在代码7-5中，我们在YOLOv3的特征金字塔结构的基础上做了一点改进。具体来说，我们移除了YOLOv3的特征金字塔的最后3层单独的3×3卷积，并替换为3层1×1卷积，将每个尺度的通道数调整为256，以便我们后续使用解耦检测头来完成后续的检测。图7-9展示了我们所设计的特征金字塔结构。

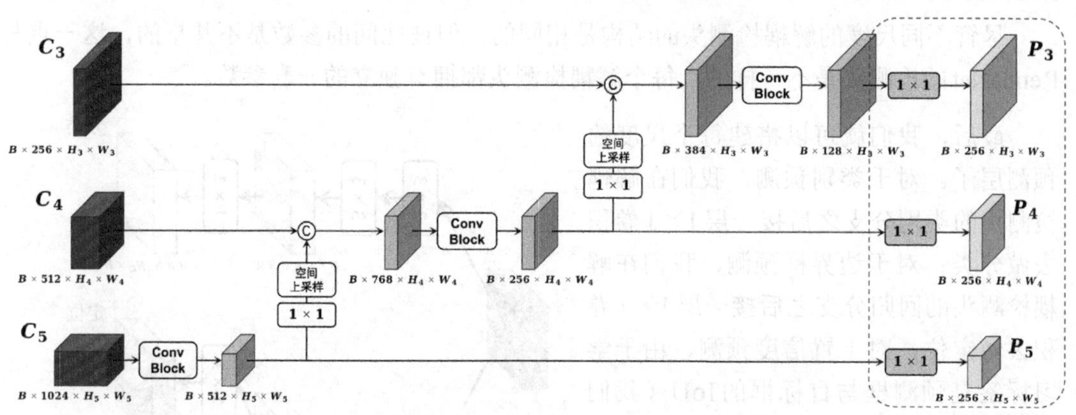

图7-9 修改后的特征金字塔结构

7.2.3 搭建解耦检测头

在官方的YOLOv3中，其检测头结构是耦合的，也就是将置信度、类别以及边界框三个预测由一层1×1卷积在一个特征图上同时预测出来。如今，在YOLOX被提出之后，YOLO也逐渐开始采用解耦检测头结构，使用两条并行的分支去同时完成分类和定位。因此，我们沿着这条主流路线，也采用解耦检测头来构建我们的YOLOv3的检测头。

在本项目的models/yolov3/yolov3_head.py文件中，我们实现了解耦检测头，其结构与先前在YOLOv1和YOLOv2中所使用的检测头结构是一样的，不再展示解耦检测头的代码。在YOLOv3的代码中，我们通过如代码7-6的方式来调用解耦检测头，为每一个尺度都搭建一个解耦检测头。

代码7-6　构建YOLOv3的检测头

```
# YOLO_Tutorial/models/yolov3/yolov3.py
# --------------------------------------------------------
...

# YOLOv3
class YOLOv3(nn.Module):
    def __init__(...):
        super(YOLOv3, self).__init__()
        ...

        # ------------------ Network Structure ------------------
        ...

        ## 检测头
        self.non_shared_heads = nn.ModuleList(
            [build_head(cfg, head_dim, head_dim, num_classes)
            for head_dim in self.head_dim
            ])
```

尽管不同尺度的解耦检测头的结构是相同的，但彼此间的参数是不共享的，这一点与RetinaNet的检测头是不一样的。每个解耦检测头都拥有独立的一套参数。

最后，我们就可以搭建每个尺度的预测层了。对于类别预测，我们在解耦检测头的类别分支之后接一层1×1卷积去做分类；对于边界框预测，我们在解耦检测头的回归分支之后接一层1×1卷积去做定位；对于置信度预测，由于学习标签是预测框与目标框的IoU（我们会在后续的章节中介绍到这一点），因此，我们在回归分支之后接一层1×1卷积去预测边界框的置信度。图7-10展示了解耦检测头和预测层的结构。

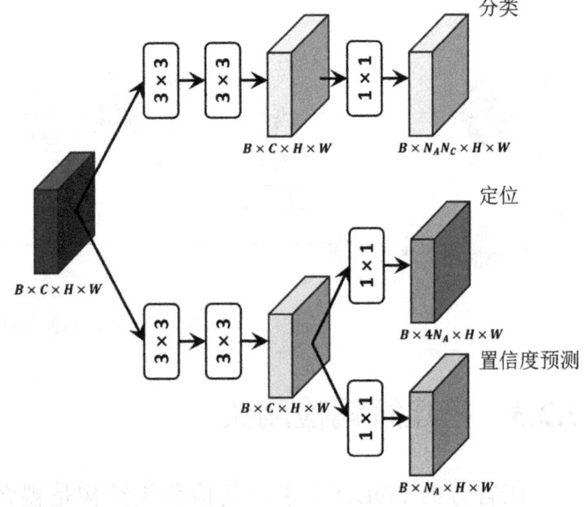

图7-10　解耦检测头和预测层

至此，我们搭建完成了YOLOv3的网络结构，为了能够直观地理解我们所作的改进以及最终搭建起来的网络结构，我们绘制了如图7-11所示的MMYOLO绘制风格的网络结构。

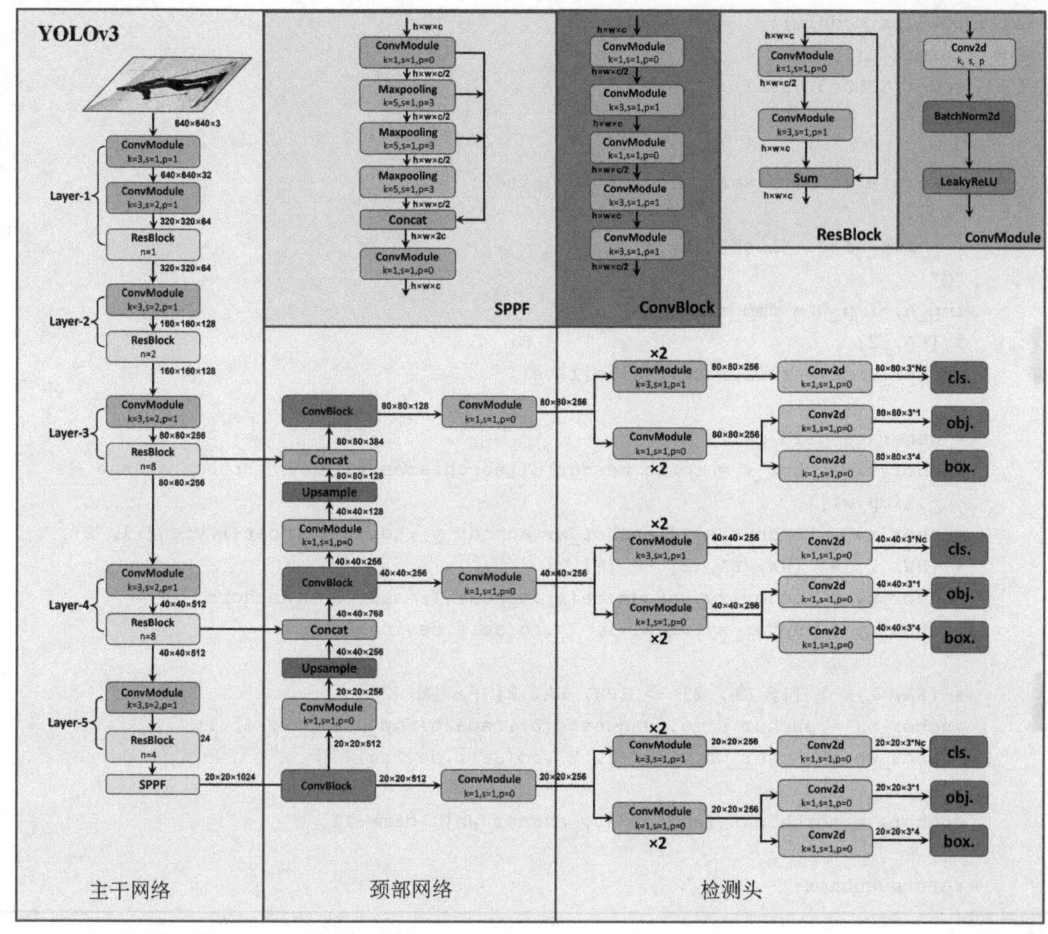

图7-11 我们所搭建的YOLOv3的网络结构

7.2.4 多尺度的先验框

由于YOLOv3也属于anchor-based方法，即采用了先验框，因此，在搭建完了网络结构之后，我们还需要编写和先验框有关的代码。对于这一点，我们在先前的YOLOv2的代码实现环节中已经学习过了。从架构上来看，YOLOv3比YOLOv2多了一个“多级检测”的结构，从制作先验框的角度来看，YOLOv3使用了更多的先验框，并没有改变这一问题的实质。因此，在清楚了这一点之后，我们就可以很容易地编写出相关的代码。代码7-7展示了YOLOv3制作先验框的代码。

代码 7-7 YOLOv3制作先验框

```
# YOLO_Tutorial/models/yolov3/yolov3.py
# --------------------------------------------------------------
```

```
...

# YOLOv3
class YOLOv3(nn.Module):
    def __init__(...):
        super(YOLOv3, self).__init__()
        ...

    def generate_anchors(self, level, fmp_size):
        """
            fmp_size: (List) [H, W]
        """
        fmp_h, fmp_w = fmp_size
        # [KA, 2]
        anchor_size = self.anchor_size[level]

        # generate grid cells
        anchor_y, anchor_x = torch.meshgrid([torch.arange(fmp_h), torch.arange
            (fmp_w)])
        anchor_xy = torch.stack([anchor_x, anchor_y], dim=-1).float().view(-1, 2)
        # [HW, 2] -> [HW, KA, 2] -> [M, 2]
        anchor_xy = anchor_xy.unsqueeze(1).repeat(1, self.num_anchors, 1)
        anchor_xy = anchor_xy.view(-1, 2).to(self.device)

        # [KA, 2] -> [1, KA, 2] -> [HW, KA, 2] -> [M, 2]
        anchor_wh = anchor_size.unsqueeze(0).repeat(fmp_h*fmp_w, 1, 1)
        anchor_wh = anchor_wh.view(-1, 2).to(self.device)

        anchors = torch.cat([anchor_xy, anchor_wh], dim=-1)

        return anchors
```

不难看出，代码的逻辑和YOLOv2的一样，仅仅是多了一个`level`参数，用于标记是三个尺度当中的哪一个，不同的尺度，其输出步长stride参数也不同，因为网格的数量也是不同的。相应地，我们也需要适当修改从回归预测当中解算边界框坐标的代码，如代码7-8所示。

代码7-8　YOLOv3解算先验框

```
# YOLO_Tutorial/models/yolov3/yolov3.py
# ----------------------------------------------------------
...

# YOLOv3
class YOLOv3(nn.Module):
    def __init__(...):
        super(YOLOv3, self).__init__()
        ...
```

```
    def decode_boxes(self, level, anchors, reg_pred):
        # 计算预测框的中心点坐标和宽高
        pred_ctr = (torch.sigmoid(reg_pred[..., :2]) + anchors[..., :2]) * self.
            stride[level]
        pred_wh = torch.exp(reg_pred[..., 2:]) * anchors[..., 2:]

        # 将所有bbox的中心点坐标和宽高换算成x1y1、x2y2形式
        pred_x1y1 = pred_ctr - pred_wh * 0.5
        pred_x2y2 = pred_ctr + pred_wh * 0.5
        pred_box = torch.cat([pred_x1y1, pred_x2y2], dim=-1)

        return pred_box
```

7.2.5 YOLOv3的前向推理

在编写好了YOLOv3网络的代码以及和先验框有关的代码后，我们即可动手编写前向推理的代码。我们参考图7-10中的YOLOv3的网络结构，然后照葫芦画瓢即可编写出相应的代码。代码7-9展示了前向推理的代码。

代码7-9 YOLOv3的前向推理

```
# YOLO_Tutorial/models/yolov3/yolov3.py
# --------------------------------------------------------
...

# YOLOv3
class YOLOv3(nn.Module):
    def __init__(...):
        super(YOLOv3, self).__init__()
        ...

    @torch.no_grad()
    def inference(self, x):
        # 主干网络
        pyramid_feats = self.backbone(x)

        # 颈部网络
        pyramid_feats[-1] = self.neck(pyramid_feats[-1])

        # 特征金字塔
        pyramid_feats = self.fpn(pyramid_feats)

        # 检测头
        all_anchors = []
        all_obj_preds = []
        all_cls_preds = []
        all_reg_preds = []
```

```
        for level, (feat, head) in enumerate(zip(pyramid_feats, self.non_shared_
            heads)):
            cls_feat, reg_feat = head(feat)

            # [1, C, H, W]
            obj_pred = self.obj_preds[level](reg_feat)
            cls_pred = self.cls_preds[level](cls_feat)
            reg_pred = self.reg_preds[level](reg_feat)

            # anchors: [M, 2]
            fmp_size = cls_pred.shape[-2:]
            anchors = self.generate_anchors(level, fmp_size)

            # [1, AC, H, W] -> [H, W, AC] -> [M, C]
            obj_pred = obj_pred[0].permute(1, 2, 0).contiguous().view(-1, 1)
            cls_pred = cls_pred[0].permute(1, 2, 0).contiguous().view(-1, self.num_
                classes)
            reg_pred = reg_pred[0].permute(1, 2, 0).contiguous().view(-1, 4)

            all_obj_preds.append(obj_pred)
            all_cls_preds.append(cls_pred)
            all_reg_preds.append(reg_pred)
            all_anchors.append(anchors)

        # 后处理
        bboxes, scores, labels = self.post_process(
            all_obj_preds, all_cls_preds, all_reg_preds, all_anchors)

        return bboxes, scores, labels
```

从代码逻辑上来看，基本流程和先前所实现的YOLOv2的前向推理代码是一样的，仅仅是多了多级检测部分的代码。在收集了所有尺度的预测后，将其交给后处理部分。代码7-10展示了后处理的代码，同样，也只是比YOLOv2的后处理代码多了一个遍历每个尺度的预测结果的for循环，核心操作都是一样的。

代码7-10　YOLOv3的后处理

```
# YOLO_Tutorial/models/yolov3/yolov3.py
# --------------------------------------------------------
...

# YOLOv3
class YOLOv3(nn.Module):
    def __init__(...):
        super(YOLOv3, self).__init__()
        ...

    def post_process(self, obj_preds, cls_preds, reg_preds, anchors):
        all_scores = []
```

```
    all_labels = []
    all_bboxes = []

    for level, (obj_pred_i, cls_pred_i, reg_pred_i, anchor_i) \
            in enumerate(zip(obj_preds, cls_preds, reg_preds, anchors)):
        # [HWA, C] -> [HWAC,]
        scores_i = (torch.sqrt(obj_pred_i.sigmoid() * cls_pred_i.sigmoid())).
            flatten()

        # 保留前k个预测
        num_topk = min(self.topk, reg_pred_i.size(0))
        predicted_prob, topk_idxs = scores_i.sort(descending=True)
        topk_scores = predicted_prob[:num_topk]
        topk_idxs = topk_idxs[:num_topk]

        # 阈值筛选
        keep_idxs = topk_scores > self.conf_thresh
        scores = topk_scores[keep_idxs]
        topk_idxs = topk_idxs[keep_idxs]

        anchor_idxs = torch.div(topk_idxs, self.num_classes, rounding_mode=
                                'floor')
        labels = topk_idxs % self.num_classes

        reg_pred_i = reg_pred_i[anchor_idxs]
        anchor_i = anchor_i[anchor_idxs]

        # 解算边界框坐标
        bboxes = self.decode_boxes(level, anchor_i, reg_pred_i)

        all_scores.append(scores)
        all_labels.append(labels)
        all_bboxes.append(bboxes)

    scores = torch.cat(all_scores)
    labels = torch.cat(all_labels)
    bboxes = torch.cat(all_bboxes)

    # to cpu & numpy
    scores = scores.cpu().numpy()
    labels = labels.cpu().numpy()
    bboxes = bboxes.cpu().numpy()

    # 非极大值抑制
    scores, labels, bboxes = multiclass_nms(
        scores, labels, bboxes, self.nms_thresh, self.num_classes, False)

    return bboxes, scores, labels
```

在实现了后处理的代码后，如何去编写模型的forward函数也就清晰明了了。由于二者的代码几乎相同，因此，我们就不做相关阐述了。

7.3 正样本匹配策略

在7.2节中，我们已经搭建了YOLOv3的网络，相关的代码都已准备就绪。那么接下来，我们就可以着手训练网络了。经过前面几章的学习后，我们已经知道训练模型的最重要环节之一就是正样本匹配。那么，在本节，我们来讲解YOLOv3的正样本匹配的代码。

正样本匹配

我们默认采用官方提供的先验框尺寸：$(10,13)$、$(16,30)$、$(33,23)$、$(30,61)$、$(62,45)$、$(59,119)$、$(116,90)$、$(156,198)$和$(373,326)$。当然，我们也可以用本项目提供的代码文件对先验框的尺寸进行聚类，相关操作已在YOLOv2的代码实现环节中介绍了，这里不再赘述。

官方的YOLOv3的正样本匹配策略和YOLOv2不同。我们已经知道，YOLOv2和YOLOv1的正样本匹配的思路是一致的，都是依据预测框与目标框的IoU来确定中心点所在网格中的哪一个预测框是正样本。大体上，YOLOv3也沿用了这一思路，但是在后续的处理细节上会有一些变化。

在匹配阶段，官方的YOLOv3同样会遇到我们之前说到的三种情况。对于前两种情况，也就是IoU或者都小于阈值，或者只有一个IoU大于阈值，此时只会有一个正样本。而在情况三中，会有多个预测框与目标框的IoU大于阈值，对于这种情况，我们之前的做法是将这些IoU大于阈值的样本都标记为正样本，但官方的YOLOv3则仍是选择其中IoU最大的那一个作为正样本，而对于剩下的样本，尽管它们的IoU大于阈值，但不是最大的，因此不会被标记为正样本。不过，考虑到这些预测框与目标框的IoU已经超过了阈值，也就意味着和目标框比较接近，可以认为是较好的预测，若将它们设置为负样本，显然是不合理的，所以，对于这些预测，YOLOv3将其忽略，不参与任何损失计算，也就不会传播梯度。因此，在YOLOv3中是存在忽略样本的，这些忽略样本因其预测质量较高，不适宜作为负样本，但又不能被选择为正样本，所以只好被忽略。

不同于官方的做法，我们沿用先前实现YOLOv2的匹配规则，依旧只关注先验框和目标框的IoU，同时对于情况三，我们不采取“忽略样本”的方式，仍旧采取“多多益善”的方式，只要大于阈值，该预测框就被作为正样本。

在本项目的models/yolov3/matcher.py文件中，我们实现了YOLOv3的正样本匹配的代码，代码7-11展示了相关的代码框架。

代码 7-11 YOLOv3正样本匹配

```
# YOLO_Tutorial/models/yolov3/matcher.py
# --------------------------------------------------------
...

class Yolov3Matcher(object):
    def __init__(self, num_classes, num_anchors, anchor_size, iou_thresh):
        ...

    def compute_iou(self, anchor_boxes, gt_box):
        ...

    @torch.no_grad()
    def __call__(self, fmp_sizes, fpn_strides, targets):
        assert len(fmp_sizes) == len(fpn_strides)
        # prepare
        bs = len(targets)
        gt_objectness = [
            torch.zeros([bs, fmp_h, fmp_w, self.num_anchors, 1])
            for (fmp_h, fmp_w) in fmp_sizes
            ]
        gt_classes = [
            torch.zeros([bs, fmp_h, fmp_w, self.num_anchors, self.num_classes])
            for (fmp_h, fmp_w) in fmp_sizes
            ]
        gt_bboxes = [
            torch.zeros([bs, fmp_h, fmp_w, self.num_anchors, 4])
            for (fmp_h, fmp_w) in fmp_sizes
            ]

        for batch_index in range(bs):
            targets_per_image = targets[batch_index]
            # [N,]
            tgt_cls = targets_per_image["labels"].numpy()
            # [N, 4]
            tgt_box = targets_per_image['boxes'].numpy()

            for gt_box, gt_label in zip(tgt_box, tgt_cls):
                # get a bbox coords
                x1, y1, x2, y2 = gt_box.tolist()
                # xyxy -> cxcywh
                xc, yc = (x2 + x1) * 0.5, (y2 + y1) * 0.5
                bw, bh = x2 - x1, y2 - y1
                gt_box = [0, 0, bw, bh]

                ...
```

整体上看，YOLOv3的正样本匹配代码的框架与我们先前实现的YOLOv2的正样本匹配代码的框架是一样的。不过，由于YOLOv3多了“多级检测”这一结构，因此，部分细节的实现有所差异。接下来，我们详细介绍这当中的“差异”。

首先，对于一个目标框，我们首先计算它和9个先验框的IoU。然后用阈值去做筛选。接下来，我们就会遇到在实现YOLOv2时所提到的三种情况，处理方法是一样的，这里不做过多的解释。当我们确定了哪个先验框被标记为正样本后，就要确定这个先验框来自哪个尺度，如代码7-12所示。

代码7-12 计算正样本所在的金字塔尺度

```
# YOLO_Tutorial/models/yolov3/matcher.py
# ----------------------------------------------------------
...

level = iou_ind // self.num_anchors                 # 金字塔等级
anchor_idx = iou_ind - level * self.num_anchors    # 先验框的序号

# 获得所在尺度的输出步长
stride = fpn_strides[level]

# 计算所在尺度的网格坐标
xc_s = xc / stride
yc_s = yc / stride
grid_x = int(xc_s)
grid_y = int(yc_s)
```

注意，我们是通过计算先验框和目标框的IoU来完成匹配的。也就是说，将一个目标框分配到什么样的尺度上去，完全取决于它和先验框的IoU。比如，一个很小的目标框和较小的先验框的IoU理应大一些，也就更倾向于被分配到网格较密集的$\boldsymbol{C}_3$尺度上，而不是$\boldsymbol{C}_5$尺度，因为后者所放置的先验框很大。反之，大的目标框更容易和大的先验框计算出更大的IoU，也就更倾向于被分配到$\boldsymbol{C}_5$尺度上去。对于那些中等大小的目标框，则更适合于$\boldsymbol{C}_4$尺度。由此可见，在使用多级检测框架时，先验框自身的尺度在标签匹配环节中起着至关重要的作用。

自然而然，其中就会有一个问题：**没有先验框，能否做多级检测**？没有先验框，首当其冲的就是多尺度之间的标签分配，因为在技术框架下，没有了先验框，就难以决定某个目标框应该被来自哪个尺度的预测框学习。在后来的anchor-free工作中，对这一问题的解决成为重中之重，一些工作如FCOS对此采用了一种比较直观的做法，那就是为每一个尺度设定一个范围，目标框根据自身的大小来查看落在哪个范围内，也就确定了它所在的尺度。但就其本质而言，这和使用先验框并无本质差别，先验框需要人工设计，或者依赖数据集，而这个“尺度”范围同样也依赖人工设计，属于“换汤不换药”的做法。后来，为了提出一种更加泛化的匹配策略，摆脱这种依赖人工先验的超参，旷视科技公司提出了全新的基于最优运输问题的动态标签匹配策略——**最优运输分配**（optimal transportation assignment，OTA）[36]。随后，他们在OTA算法的基础上，又设计了更简化的SimOTA，将其应用到YOLO工作中，构建了第一个anchor-free版本的YOLO模型：YOLOX[9]，将

YOLO系列推向了一个新的技术顶峰……当然，这些都是后话了。我们回到YOLOv3的工作上来。

7.4 损失函数

对于损失函数的实现，我们不沿用官方YOLOv3的实现，而是继续采用和先前实现YOLOv2的同样的损失函数，即使用BCE函数去计算置信度损失和类别损失、使用GIoU损失函数去计算边界框的回归损失。对此，我们不再赘述，完整的代码可见本项目的models/yolov3/loss.py文件。

7.5 数据预处理

接下来从YOLOv3开始，我们就要换一套数据预处理方法了，不再是先前的SSD风格的预处理手段。时至今日，YOLOv5已经成为YOLO系列中最火热的开源项目，其中的很多操作都被后续的YOLO检测器所借鉴，比如马赛克增强和混合增强等。为了便于读者在学完本书之后，可以尽快将所学到的知识泛化到其他的YOLO项目上，我们借鉴YOLOv5项目的数据预处理方法来训练我们的YOLOv3。新的数据预处理方法在本项目的dataset/data_augment/yolov5_augment.py文件中，读者可以自行打开查阅。那么，接下来，详细介绍我们的YOLOv3所使用的数据预处理方法。

7.5.1 保留长宽比的resize操作

在这一次实现中，我们采用选择主流的resize操作，在调整图像尺寸的同时，保留原始的长宽比。在本项目的dataset/data_augment/yolov5_augment.py文件中，我们实现了名为`YOLOv5Augmentation`的类，该类会在训练阶段预处理输入图像。代码7-13展示了其中与resize操作相关的部分代码。

代码7-13　保留原始图像长宽比的resize操作

```
# YOLO_Tutorial/dataset/data_augment/yolov5_augment.py
# ------------------------------------------------------------
...

# YOLOv5-style TrainTransform
class YOLOv5Augmentation(object):
    def __init__(self, trans_config=None, img_size=640, min_box_size=8):
        self.trans_config = trans_config
        self.img_size = img_size
        self.min_box_size = min_box_size
```

```
    def __call__(self, image, target, mosaic=False):
        # resize
        img_h0, img_w0 = image.shape[:2]

        r = self.img_size / max(img_h0, img_w0)
        if r != 1:
            interp = cv2.INTER_LINEAR
            new_shape = (int(round(img_w0 * r)), int(round(img_h0 * r)))
            img = cv2.resize(image, new_shape, interpolation=interp)
        else:
            img = image
        img_h, img_w = img.shape[:2]
        ...
```

该resize操作的原理十分简单。对于给定的一张图像，我们首先将其最长的边调整成指定的尺寸，如640，随后，再将短边做同等比例的变换，如此一来，图像的原始长宽比就被保留了，然后对边界框的尺寸做相应比例的变换即可。

但是，这当中也存在一个问题，那就是不同图像的长宽比通常是不一样的，即便长边都被调整成了一样的尺寸，短边的长度往往也会不一样。因此，我们还需要做补零的操作，将短边的尺寸也补成和长边一样长，如代码7-14所示。

代码7-14 补零操作

```
# YOLO_Tutorial/dataset/data_augment/yolov5_augment.py
# --------------------------------------------------------
...

# YOLOv5-style TrainTransform
class YOLOv5Augmentation(object):
    def __init__(self, trans_config=None, img_size=640, min_box_size=8):
        self.trans_config = trans_config
        self.img_size = img_size
        self.min_box_size = min_box_size

    def __call__(self, image, target, mosaic=False):
        ...

        # 转换成PyTorch的Tensor类型
        img_tensor = torch.from_numpy(img).permute(2, 0, 1).contiguous().float()

        if target is not None:
            target["boxes"] = torch.as_tensor(target["boxes"]).float()
            target["labels"] = torch.as_tensor(target["labels"]).long()

        # 填充图像
        img_h0, img_w0 = img_tensor.shape[1:]
        assert max(img_h0, img_w0) <= self.img_size
```

```
    pad_image = torch.ones([img_tensor.size(0), self.img_size, self.img_size]).
        float() * 114.
    pad_image[:, :img_h0, :img_w0] = img_tensor
    dh = self.img_size - img_h0
    dw = self.img_size - img_w0
    ...
```

经过这两次操作后，就能保证最终得到的图像和其他图像拥有相同的尺寸，同时没有破坏原始的图像长宽比。图7-12展示了这两个操作的实例。

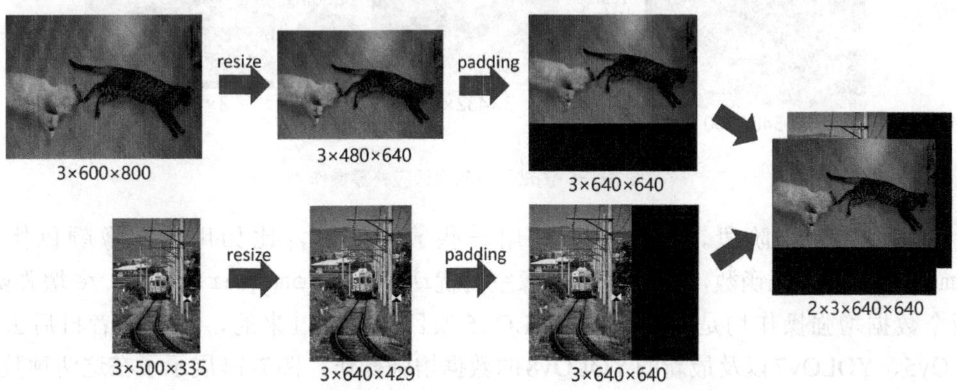

图7-12 保留原始图像的长宽比的resize操作和补零操作

但是，在测试阶段，补过多的零显然也会增加推理的耗时。所以，我们在实现的另一个名YOLOv5BaseTransform的类中，对补零操作做了一种自适应的调整。具体来说，最长边调整完毕后，最短边只需补最少的零，使其为32的整数倍即可，如代码7-15所示。同时，图7-13展示了该操作的一个实例。

代码7-15 补零操作的一个实例

```
# YOLO_Tutorial/dataset/data_augment/yolov5_augment.py
# ----------------------------------------------------------
...

# YOLOv5-style TrainTransform
class YOLOv5BaseTransform(object):
    def __init__(self, trans_config=None, img_size=640):
        ...

    def __call__(self, image, target=None, mosaic=False):
        ...
        # pad image
        img_h0, img_w0 = img_tensor.shape[1:]
        dh = img_h0 % self.max_stride
        dw = img_w0 % self.max_stride
        dh = dh if dh == 0 else self.max_stride - dh
```

```
    dw = dw if dw == 0 else self.max_stride - dw

    pad_img_h = img_h0 + dh
    pad_img_w = img_w0 + dw
    pad_image = torch.ones([img_tensor.size(0), pad_img_h,
        pad_img_w]).float() * 114.
    pad_image[:, :img_h0, :img_w0] = img_tensor
    ...
```

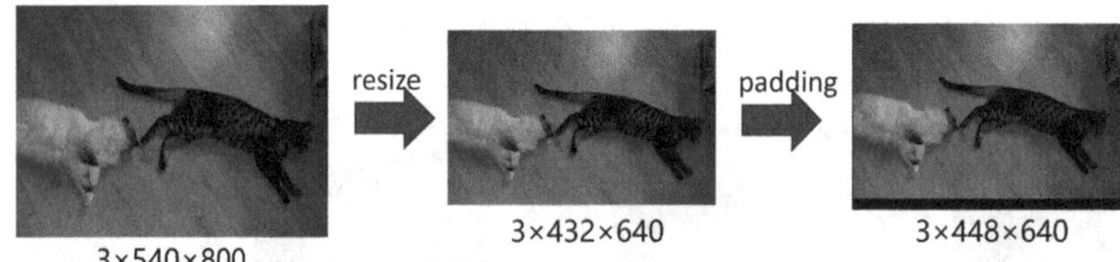

图7-13　测试阶段的自适应补零操作

另外，在训练阶段，我们还会使用一些数据增强，比如用于图像颜色扰动的augment_hsv增强函数，以及用于图像空间扰动的random_perspective增强函数，这两个数据增强操作均是从知名的YOLOv5项目中借鉴过来的，以便读者日后去了解YOLOv5、YOLOv7以及最新的YOLOv8的数据增强操作。图7-14展示了在这两种数据增强处理下的实例。

图7-14　颜色扰动和空间扰动

7.5.2　马赛克增强

马赛克增强（mosaic augmentation）是当下十分强大的数据增强之一，可以显著提升图像中的目标实例的丰富度、图像自身的检测难度，这对于提升模型的性能起到了极大的积极作用。对于YOLO系列，最早使用马赛克增强的是由知名的ultralytics团队实现的YOLOv3，随后在官方的YOLOv4中，马赛克增强也被使用。尽管有关马赛克增强的知识在第8章才会学习，但不妨现在就把这个已经成为训练YOLO检测器的基准配置之一的强大数据增强用到我们实现的YOLOv3项目中来。

在本项目的dataset/data_augment/yolov5_augment.py文件中，我们参考YOLOv5开源项目，实现了马赛克增强。代码7-16展示了YOLOv5风格的马赛克增强代码的关键部分。

代码7-16 YOLOv5风格的马赛克增强

```
# YOLO_Tutorial/dataset/data_augment/yolov5_augment.py
# ------------------------------------------------------------
...

def yolov5_mosaic_augment(image_list, target_list, img_size, affine_params=None,
    is_train=False):
    assert len(image_list) == 4
...
    mosaic_bboxes = []
    mosaic_labels = []
    for i in range(4):
        img_i, target_i = image_list[i], target_list[i]
        bboxes_i = target_i["boxes"]
        labels_i = target_i["labels"]
        ...
        # place img in img4
        if i == 0:  # 左上角的图像
            x1a, y1a, x2a, y2a = max(xc - w, 0), max(yc - h, 0), xc, yc
            x1b, y1b, x2b, y2b = w - (x2a - x1a), h - (y2a - y1a), w, h
        elif i == 1:  # 右上角的图像
            x1a, y1a, x2a, y2a = xc, max(yc - h, 0), min(xc + w, img_size * 2), yc
            x1b, y1b, x2b, y2b = 0, h - (y2a - y1a), min(w, x2a - x1a), h
        elif i == 2:  # 左下角的图像
            x1a, y1a, x2a, y2a = max(xc - w, 0), yc, xc, min(img_size * 2, yc + h)
            x1b, y1b, x2b, y2b = w - (x2a - x1a), 0, w, min(y2a - y1a, h)
        elif i == 3:  # 右下角的图像
            x1a, y1a, x2a, y2a = xc, yc, min(xc + w, img_size * 2), min(img_
                size * 2, yc + h)
            x1b, y1b, x2b, y2b = 0, 0, min(w, x2a - x1a), min(y2a - y1a, h)
    ...
    # random perspective
    mosaic_targets = np.concatenate([mosaic_labels[..., None],
    mosaic_bboxes], axis=-1)
    mosaic_img, mosaic_targets = random_perspective(
        mosaic_img,
        mosaic_targets,
        affine_params['degrees'],
        translate=affine_params['translate'],
        scale=affine_params['scale'],
        shear=affine_params['shear'],
        perspective=affine_params['perspective'],
        border=[-img_size//2, -img_size//2]
        )
    ...
```

马赛克增强的核心思想十分简单，就是将四张不同的图像拼接在一起，这一点在代码7-16中得以体现。在完成了拼接后，对每张图像的标签做相应的处理。最后，我们就得到了一张融合了四张图像的马赛克图像以及相应的标签数据。之后，我们再对这张马赛克图像做常规的颜色扰动和空间扰动。

考虑到篇幅，我们没有把完整的代码展示出来，只展示了能体现出马赛克增强思想的部分代码，请读者自行阅读完整的马赛克增强代码。图7-15展示了部分经过马赛克增强处理后的VOC数据集的图像，读者可以自行调试dataset/voc.py文件中的相关参数，然后运行代码文件即可看到类似的可视化结果。

图7-15　马赛克增强的实例

7.5.3　混合增强

混合增强最早是使用在图像分类任务中，但后来也被用在了目标检测任务中，例如由ultralytics团队一手打造的YOLOv3、YOLOv5以及后续由其他团队跟进的YOLOv7等工作，都采用了混合增强。因此，我们也尝试使用混合增强。同7.5.2节的马赛克增强的代码实现方式一样，对于混合增强，我们还是借鉴YOLOv5官方实现的混合增强。代码7-17展示了混合增强的代码。

代码7-17　YOLOv5风格的混合增强

```
# YOLO_Tutorial/dataset/data_augment/yolov5_augment.py
# ---------------------------------------------------------
...

def yolov5_mixup_augment(origin_image, origin_target, new_image, new_target):
    if origin_image.shape[:2] != new_image.shape[:2]:
        img_size = max(new_image.shape[:2])
        # origin_image is not a mosaic image
        orig_h, orig_w = origin_image.shape[:2]
        scale_ratio = img_size / max(orig_h, orig_w)
        if scale_ratio != 1:
```

```
        interp = cv2.INTER_LINEAR if scale_ratio > 1 else cv2.INTER_AREA
        resize_size = (int(orig_w * scale_ratio), int(orig_h * scale_ratio))
                origin_image = cv2.resize(origin_image, resize_
size, interpolation=interp)

    # pad new image
    pad_origin_image = np.ones([
        img_size, img_size, origin_image.shape[2]], dtype=np.uint8) * 114
    pad_origin_image[:resize_size[1], :resize_size[0]] = origin_image
    origin_image = pad_origin_image.copy()
    del pad_origin_image

# MixUp
r = np.random.beta(32.0, 32.0)  # mixup ratio, alpha=beta=32.0
mixup_image = r * origin_image.astype(np.float32) + \
        (1.0 - r)* new_image.astype(np.float32)
mixup_image = mixup_image.astype(np.uint8)

cls_labels = new_target["labels"].copy()
box_labels = new_target["boxes"].copy()

mixup_bboxes = np.concatenate([origin_target["boxes"], box_labels], axis=0)
mixup_labels = np.concatenate([origin_target["labels"], cls_labels], axis=0)

mixup_target = {
    "boxes": mixup_bboxes,
    "labels": mixup_labels,
    'orig_size': mixup_image.shape[:2]
}

return mixup_image, mixup_target
```

在YOLOv5项目中，混合增强通常发生在两张马赛克图像之间，也就是说，混合增强只会混合两张马赛克图像，而马赛克图像的尺寸都是一样的，因此可以直接混合。但在我们的实现中，我们希望混合增强的目标范围能更宽泛些，除了混合两张马赛克图像，我们也希望能混合一张普通的图像和一张马赛克图像，以及两张普通的图像。因此，在代码7-17中所展示的混合增强的代码中，我们先实现了一段检查图像尺寸的代码，倘若两张图像的尺寸不同，就先将它们的尺寸调整成相同的，以便后续做混合操作。

至此，我们所要实现的YOLOv3的数据预处理便讲完了，最后我们可以看一下YOLOv3的配置文件，如代码7-18所示，这里，我们只展示部分配置参数。

代码7-18 YOLOv3的配置文件

```
# YOLO_Tutorial/config/model_config/yolov3_config.py
# ---------------------------------------------------------
...
```

```
yolov3_cfg = {
    # input
    'trans_type': 'yolov5',
    'multi_scale': [0.5, 1.0],
    ...
```

在代码7-18中，trans_type被设置为yolov5，即我们使用YOLOv5风格的数据预处理方法。在本项目的config/data_config/transform_config.py文件中，我们编写了YOLOv5风格的数据预处理所需的配置参数。另外，multi_scale被设置为[0.5, 1.0]，而不是先前的YOLOv1和YOLOv2所使用的[0.5, 1.5]，这是因为YOLOv3的模型较大，消耗的显存更多，所以我们不得不对输入图像做适当的限制，以免这里所使用的显卡容量不够。倘若读者拥有更好的配置，不妨将其修改为[0.5, 1.5]，以进一步提升模型的性能。

7.6 训练 YOLOv3

现在，我们完成了网络模型、标签匹配、损失函数以及数据预处理等前置工作，接下来，就可以准备训练了。对于YOLOv3网络，我们对训练的epoch参数做一些必要的调整。当我们使用VOC数据集时，仍旧只训练150 epoch，和先前的YOLOv1与YOLOv2是一样的。但当我们使用COCO数据集时，将150 epoch提升至250 epoch，使得模型能收敛得更充分，性能更好。

当然，250 epoch的训练时长也就意味着我们要在训练上耗费更多的时间，对于RTX 3090型号的显卡，这是尚且能接受的，但对于容量更小的显卡，不论是在算力还是时间成本上，都是难以接受的，因此，对于没有足够算力条件的读者，可以暂不使用COCO数据集，或者调低epoch参数。倘若读者拥有更多的计算资源，不妨将250 epoch调高至300 epoch，甚至是500 epoch，然后使用分布式训练，但这不作为本书的要求，请读者自行定夺。

同样，我们可以对本项目提供的train.sh文件中的参数作必要的修改后，去训练我们的YOLOv3，相关命令和之前是一样的，不再赘述。

7.7 测试 YOLOv3

训练完毕后，假设训练好的权重文件为yolov3_voc.pth，可以运行下面的命令去测试我们的YOLOv3在VOC数据集上的性能。一些检测结果的可视化图像展示在了图7-16中。

```
python test.py --cuda -d voc -m yolov3 --weight path/to/yolov3_voc.pth --show
-vt 0.4
```

图7-16 YOLOv3在VOC测试集上的检测结果的可视化图像

随后，我们计算YOLOv3在VOC测试集上的mAP指标。由于官方YOLOv3并没有汇报在VOC数据集上的mAP指标，我们只和先前实现的YOLOv1与YOLOv2做比较，结果如表7-2所示，可以看到，YOLOv3的性能要显著高于前两个单级检测器。

表 7-2 YOLOv3 在 VOC2007 测试集上的 mAP 测试结果

模型	输入尺寸	mAP/%
YOLOv1	640×640	76.7
YOLOv2	640×640	79.8
YOLOv3	640×640	82.0

为了更好地凸显出YOLOv3的优势，我们也在COCO数据集上进行测试。图7-17展示了一些在COCO验证集上的检测结果的可视化图像。可以看到，我们的YOLOv3对很多小目标的检测性能都很好，较为准确地检测出了图像中的小目标。

图7-17 YOLOv3在COCO验证集上的检测结果的可视化图像

随后，我们计算COCO验证集上的AP指标，并与先前实现的YOLOv1和YOLOv2进行比较。表7-3汇总了比较结果。

表 7-3 YOLOv3 在 COCO 验证集上的测试结果

模型	输入尺寸	AP /%	AP_{50} /%	AP_{75} /%	AP_S /%	AP_M /%	AP_L /%
YOLOv1	640×640	27.9	47.5	28.1	11.8	30.3	41.6
YOLOv2	640×640	32.7	50.9	34.4	14.7	38.4	50.3
YOLOv3	640×640	42.9	63.5	46.6	28.5	47.3	53.4

从表中可以看出，对于相同尺寸的输入图像，我们实现的YOLOv3实现了更高的性能，这不仅是由于YOLOv3所采用的主干网络更强、数据增强手段更强，也是因为YOLOv3采用了“多级检测”结构以及“特征金字塔”结构。另外，我们重点关注小目标的检测性能指标 AP_S，可以看到，YOLOv3的小目标检测性能大幅高于我们实现的YOLOv1和YOLOv2，充分证明了“多级检测”结构以及“特征金字塔”结构的优越性。

7.8 小结

至此，YOLOv3的学习就结束了，相信读者已经充分掌握了入门目标检测所需的基础知识和基本技巧。我们可以看到，从YOLOv1发展至YOLOv3的每一次改进都很小但很关键，几乎都针对上一代版本的致命缺陷。在完成了YOLOv3工作后，YOLO官方在很长一段时间里都没有再做更新，不久后，YOLO作者宣布退出了计算机视觉领域，引起圈内一片唏嘘。但是，尽管官方退出了，YOLO这个系列却一直在发展中。在YOLOv3之后的很多YOLO模型更像是目标检测领域中的集大成者，将好用的先进技术融入进来，进一步提升YOLO系列的性能上限。在后续的章节里，我们将带领读者去领略那些后YOLOv3时代的新YOLO工作。

第8章

YOLOv4

YOLO系列发展至YOLOv3时，这一框架基本上就达到了一个技术顶峰。当然，这里所说的“顶峰”并非指性能上，而是架构上的，即便后续几代YOLO检测器的性能都大幅超越了YOLOv3，但就其架构而言，仍延续了YOLOv3的设计理念：主干网络、特征金字塔以及基于网格的检测头（包括anchor box based和anchor box free两大类）。倘若从架构上来评价的话，YOLO系列的架构创新几乎停留在YOLOv3时代，而此后一代又一代的YOLO仅仅是将较新的模块加入进来，替换掉原来的旧模块，但整体架构并没有变化。相较于那些一味追求所谓的“创新性”的工作，YOLO系列则更像是一个该领域的“集大成者”，始终秉持“取其精华、去其糟粕”的原则来看待每一个新工作，充分吸收其中的先进经验。在当前十分重视实用性的业界，YOLO系列可以说是最受欢迎的目标检测工作了。

除YOLO之外，这一领域还有很多其他的优秀工作，比如较早一点的SSD[16]和RetinaNet[17]。前者大概是第一个提出了具有里程碑意义的“多级检测”架构的工作，后者则为学术界提供了一个清爽简洁的基线模型。这些工作同样深受学者们的青睐，比如后来的RFB-Net[20]就是在SSD的基础上被提出的。论性能，RetinaNet不逊于YOLOv3，这一点我们从YOLOv3的论文中也能看到。但从实用性的角度而言，YOLOv3则具有更明显的优势，这一优势也在后续的改进和优化中始终被传承着。

事实上，在YOLOv3之后，除了在此基础上在颈部网络部分添加了SPP模块以构建YOLOv3-SPP模型，官方作者团队几乎没有再做新的改进，YOLO的发展就此出现了一段“空窗期”。由于那个时候目标检测领域还没有太多花哨的东西被提出来，因此从整体来看，YOLOv3不论是模型结构还是训练技巧，都是很朴素的，所以它的优化空间很大。或许正是注意到了这一点，ultralytics团队一手打造了更强更快的YOLOv3检测器，改进和优化了除模型结构之外的大量能改进的配置，比如优化器的超参数、数据预处理、损失函数以及后处理等。经过该团队的改造后，YOLOv3的性能获得了大幅提升。即便如此，YOLO的发展仍处在空窗期。

按照YOLO一直以来的进化特点，理应会在YOLOv3提出后的若干年里，继承更多新的结构和新的技巧的第四代YOLO检测器会被提出来。但是，就在大家翘首企盼之际，YOLO作者于2020年宣布退出计算机视觉领域，引起一片唏嘘。

然而，在2020年，一位名为Alexey Bochkovskiy的学者在YOLOv3项目的基础上，开源了万众期待的YOLOv4，一时甚嚣尘上，种种声音出现在网络平台上，直到YOLO原作者做出了对YOLOv4的认可声明后，YOLOv4正式作为第四代YOLO检测器，得到了研究者们的广泛支持。

那么，在本章，我们一起来认识和了解第四代YOLO检测器，进一步丰富和加深我们对于YOLO框架的认识。

8.1 YOLOv4解读

和YOLOv3类似，YOLOv4的论文也只是被公开在了Arxiv学术网站上，并没有被发表在某个期刊或会议上，其行文风格依旧偏向于技术报告。不过，凭借着YOLO在这些年所积累的名望，大家似乎也不在意论文是否发表在某个期刊或会议，只想尽快一睹新一代YOLO的风采。本节，我们将依据YOLOv4的论文[8]来介绍新一代YOLO检测器的诸多改进。

8.1.1 新的主干网络：CSPDarkNet-53网络

迄今为止，YOLO框架的每一次改进和升级都少不了一个新的主干网络，如YOLOv2的DarkNet-19网络和YOLOv3的DarkNet-53网络，这一次也不例外，在DarkNet-53网络的架构上，YOLOv4作者团队借鉴了Cross Stage Partial Network（CSPNet）[37]的设计理念，构建了全新的高效且强大的主干网络：**CSPDarkNet-53网络**。

CSPNet的核心思想通常是将输入特征拆分成两部分，一部分交给诸如残差模块等常见的模块去做主要的处理，另一部分则保持不变，或者说只做恒等映射，再将两部分的输出结果沿着通道维度进行拼接。图8-1展示了基于CSP结构改进普通残差块的实例，其中图8-1a是标准的残差块，仅包含一个计算分支；图8-1b是基于CSP结构改进的残差结构，共包含两条并行的计算分支，左边的分支仅作恒等映射，右边的分支由普通的残差模块来做特征处理。

CSP结构的合理性在于卷积神经网络中的特征往往具有很大的冗余，不同通道的特征图包含的信息可能是相似的，这一观点在GhostNet[38]中也被充分说明了。因此，CSPNet的作者团队认为没有必要去处理全部的通道，而只需处理其中的一部分，另一部分保持不变即可。如此操作可以保证在不损失模型性能的前提下，有效地削减模型的计算量以及模型结构的参数量。于是，YOLOv4作者团队便将这一结构引入DarkNet-53中，改进了DarkNet-53中的残差模块，如图8-2所示。两层1×1卷积得到了两个特征图，分别进入两条并行的计算分支，其中一条只做恒等映射，另一条则由DarkNet-53的残差模块作特征处理，最后两条分支的分支沿通道合并在一起，再由最后一层1×1卷积做处理，然后输出。

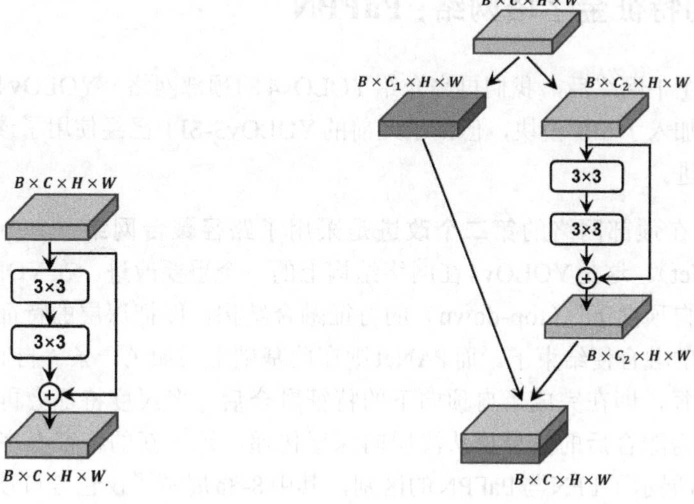

（a）标准的残差模块　　（b）基于CSP结构改进的残差模块

图8-1　将CSPNet应用到ResNet网络中

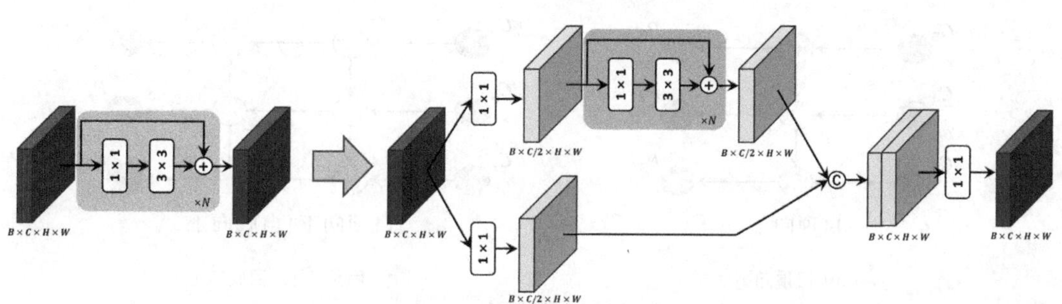

图8-2　CSPDarkNet-53中的核心模块：CSPResBlock

新的主干网络就此被命名为CSPDarkNet-53。在此之前，DarkNet中数字的含义是包含多少层卷积层，但从图8-2中不难看出，原先YOLOv3中的残差模块被替换成基于CSP结构的CSPResBlock模块后，卷积层的数量明显增加了。不过，由于是在DarkNet-53的基础上修改的，因此“53”这个数字还是被保留了下来。YOLOv4的CSPDarkNet-53网络不妨看作是对DarkNet-53的一次致敬。

另外，原先构成卷积层的“卷积三件套”中的LeakyReLU激活函数也被替换成性能更强的Mish[39]激活函数，其数学公式如下：

$$y = x \times \tanh\left[x \times \ln\left(1 + e^x\right)\right] \tag{8-1}$$

尽管Mish激活函数的数学形式较为复杂，远不如ReLU函数那般清晰明了，且会显著增加模型的显存占用量，其中的指数函数运算也会给计算速度带来一些影响，但由于Mish函数能够有效提升模型的性能，因此，YOLOv4作者团队还是采用了这一新的非线性激活函数。

8.1.2　新的特征金字塔网络：PaFPN

介绍完了主干网络后，我们再来介绍YOLOv4的颈部网络。YOLOv4在颈部网络的**第一个改进**就是加入了SPP模块，但由于此前的YOLOv3-SPP已经使用了该模块，这一点算不得较大的改进。

YOLOv4在颈部网络的**第二个改进**是采用了**路径聚合网络**[40]（path aggregation network，PANet）。这是YOLOv4在网络结构上的一个重要改进。在YOLOv3中，特征金字塔仅包含“自顶向下”（top-down）的特征融合结构，即把深层的特征做一次从深层特征到浅层特征的融合便结束了。而PANet则在此基础上又加了一条“自底向上”（bottom-up）的融合路径，即在完成了自顶向下的特征融合后，多尺度特征会再进行一次自底向上的融合，使得融合后的信息再从浅层向深层传递。这一新的特征金字塔结构被命名为PaFPN，图8-3展示了FPN与PaFPN的区别，其中8-3a展示了仅包含自顶向下的特征融合过程的FPN结构，图8-3b展示了包含自顶向下和自底向上的两次特征融合过程的PaFPN结构。

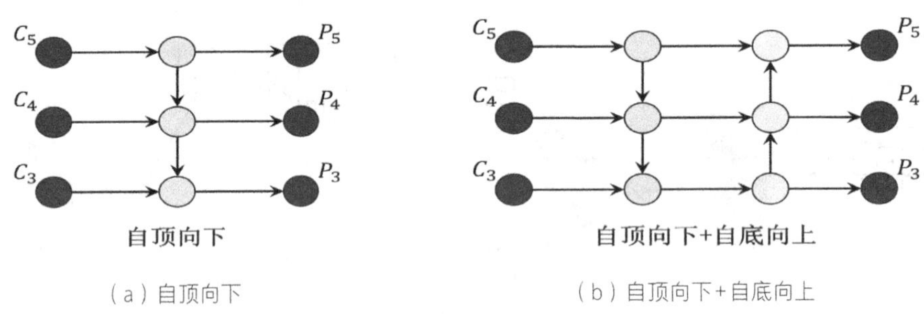

（a）自顶向下　　（b）自顶向下+自底向上

图8-3　FPN与PaFPN的区别

直观上，将多尺度特征进行两次上下融合后，不同尺度的信息得到充分的交互，理应会提升模型的性能。但是，这种操作也必然会增加模型的计算量和耗时，毕竟每次特征融合后，都要使用包含五层卷积的模块去做处理，融合的次数多了，那么包含五层卷积的模块也就多了，自然增加了模型的参数量和计算量。不过，由于主干网络被替换成计算量更小、参数更少的CSPDarkNet-53网络，因此，特征融合这一部分的计算量增加的效应也就被抵消了。

但是，既然DarkNet-53中的残差模块可以被CSP化，那么很自然地就会想到这个包含五层卷积的模块是否也能够被CSP化呢？在最初被提出来的YOLOv4中，这一问题暂时没有被考虑，其PaFPN结构仅仅是在YOLOv3的FPN结构添加了自底向上的融合结构。不过，在后来的Scaled-YOLOv4中，这一问题得到了解决，使用了如图8-4所示的模块取代了先前YOLOv3所使用的模块，以进一步改善YOLOv4中的PaFPN结构。在某种意义上，Scaled-YOLOv4对YOLOv4[41]做了很多结构上的优化，性能和速度都有了显著的提升，因此可以认为Scaled-YOLOv4是更加完整的YOLOv4，在后续的代码实现环节中，我们会充分借鉴这一工作。

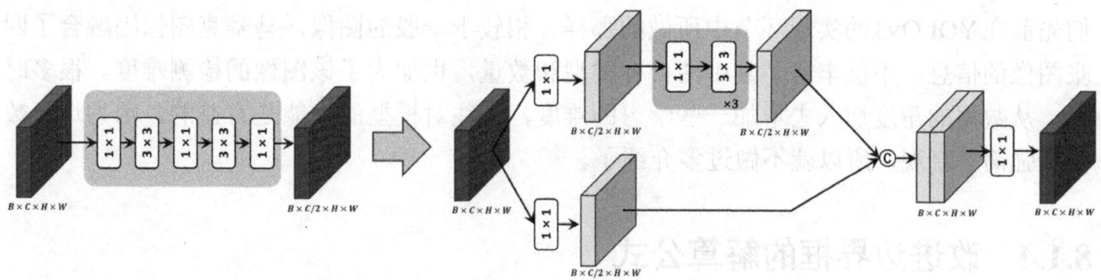

图8-4 基于CSP模块的PaFPN的核心结构，取代YOLOv3中的包含五层卷积的卷积块

至于YOLOv4的检测头，其结构和YOLOv3是一样的，仍旧使用一层1×1卷积去同时完成置信度、类别以及边界框位置的三部分预测，对此，我们就不赘述了。

8.1.3 新的数据增强：马赛克增强

在这一次的改进后，一处重要的改进就是引入了**马赛克增强**（mosaic augmentation）的数据与处理手段。在先前的YOLOv3的代码实现中，我们已经使用了马赛克增强，借鉴了YOLOv5的开源代码实现了马赛克增强的代码。在本节，我们再详细地阐述马赛克增强的思想。

马赛克增强的思想十分简单，就是随机将4张不同的图像拼接在一起，组合成一张新的图像，不妨将此图像称为“马赛克图像”，如图8-5所示。

图8-5 马赛克增强的实例

为了更好地理解这一强大的增强技术，我们举一个例子，假定输入图像的尺寸是640×640，首先，准备一个1280×1280的空白图像，依次将四张图像的最长边缩放到640，短边做相应比例的变换；其次，随机选一个中心点，依次将四张图像拼接上去；最后，使用空间扰动增强随机从这张1280×1280的马赛克图像截取出640×640的图像来，正如我

们先前在YOLOv3的实现环节中所做的那样。相较于一般的图像，马赛克图像因融合了四张图像的信息，不仅丰富了其中的目标类型和数量，也加大了该图像的检测难度。很多时候，从数据的角度切入去增加一些学习的难度，往往对模型的性能是有益的。因为这一数据增强简单直观，所以就不做过多介绍了。

8.1.4　改进边界框的解算公式

在YOLOv3中，边界框的中心点坐标的计算公式如下：

$$\begin{aligned} c_x &= grid_x + \sigma\left(t_x\right) \\ c_y &= grid_y + \sigma\left(t_y\right) \end{aligned} \tag{8-2}$$

这里，我们暂时省略了网络的输出步长 $stride$。尽管计算公式简洁明了，但是这里存在一个隐患，那就是当目标的中心点恰好落在网格的右边界时，需要 $\sigma(\cdot)$ 函数的输出值为1，但是，Sigmoid函数当且仅当输入为正无穷时才会输出1，显然，让网络输出一个正无穷或者极其大的数值是不合理的。同样，当目标的中心点恰好落在网格的左边界时，需要 $\sigma(\cdot)$ 函数的输出值为0，而Sigmoid函数只有在输入为负无穷时才会输出0，这显然也是不合理的。这一问题被称作“grid sensitive”问题，问题的核心就在于目标的中心点可能会落在网格的边界上。为了解决这一问题，YOLOv4在Sigmoid 函数前面乘以一个大于1的系数 a：

$$\begin{aligned} c_x &= grid_x + a\times\sigma\left(t_x\right) \\ c_y &= grid_y + a\times\sigma\left(t_y\right) \end{aligned} \tag{8-3}$$

当中心点落在右边界的时候，$a\times\sigma(\cdot)$ 输出为1，那么仅需 $\sigma(\cdot)$ 输出为 $\frac{1}{a}$（<1），从而避免网络输出正无穷的麻烦。但是，这种做法并不会解决 $\sigma(\cdot)$ 输出值为0的问题，仍旧有网络输出负无穷的风险。当然，我们可以巧妙地把“中心点落在左边界”的情况视作“中心点落在该网格左边的邻近网格的右边界”，但是，对于恰好落在图像的左边界的情况，这种“巧妙”就失效了。对此，百度公司提出的PP-YOLO[42]给出了一种简洁的解决方案，如公式（8-4）所示：

$$\begin{aligned} c_x &= grid_y + a\times\sigma\left(t_x\right) + \frac{(a-1)}{2} \\ c_y &= grid_y + a\times\sigma\left(t_y\right) + \frac{(a-1)}{2} \end{aligned} \tag{8-4}$$

其中，$a=1.05$。不难看出，上面的公式同时避免了 $\sigma(\cdot)$ 的输出值为0和1的两个无穷问题。不过，尽管这个“grid sensitive”问题是客观存在的，但就作者个人经验而言，这一问题的影响并不严重，甚至可以忽略，在后续的YOLO检测器中，也没有针对这一问题做出相应的改进，因此，这里我们只需要了解这一客观存在的但不严重的问题。

8.1.5 multi anchor策略

YOLOv4的一个很重要的改进是采用了“multi anchor”策略。所谓的multi anchor是指在正负样本匹配的阶段中，为每一个目标框尽可能匹配多个正样本。在YOLOv4之前的三代YOLO检测器中，官方所采用的策略都是只为每个目标框匹配一个正样本，其他的要么是负样本，要么是忽略样本。随着目标检测技术的不断发展，研究者们渐渐发现正样本的数量对于检测器的性能有着很直接的影响。如今，大多数标签匹配策略可以大致分为两类：**“一对一”**（one-to-one）匹配和**“一对多”**（one-to-many）匹配，前者是指为每一个目标框只匹配一个正样本，典型的工作如YOLOv1～YOLOv3、CenterNet [57] 以及DETR [6] 等；后者是指为每一个目标框尽可能匹配多个正样本，如SSD [16]、RetinaNet [17] 以及FCOS [18] 等。一个被广泛认可的经验是目标框被分配上越多的正样本，模型学习目标的信息就会变得越容易，模型的性能也会收敛得越快。

因此，在这一次改进中，YOLOv4的作者团队也尝试去改进YOLOv3的这一问题。相较于YOLOv3所采用的“忽略样本”策略，YOLOv4将这些“忽略样本”也全部标记为正样本，换言之，**只要目标框中心点所在的网格内的预测框与目标框的IoU大于给定的阈值，该预测框就会被标记为该目标框的正样本**。这一做法与我们实现的YOLOv3所采取的策略是相似的，只不过我们看的是先验框与目标框的IoU，而官方的YOLOv4仍是看预测框和目标框的IoU。

不过，YOLOv4的这种multi anchor策略仍有较大的局限性：正样本仍旧仅来自目标框中心点所在的网格。事实上，不难想象，除了目标框中心点所在的网格，其邻近的网格往往也会包含该目标的信息，如图8-6所示，也能够提供一些较高质量的样本，这些样本可能也适合去预测同一个目标，这一思想也是当前目标检测领域中一种主流的技巧：**中心采样**（center sampling），已被广泛应用在诸如FCOS [18] 和OTA [36] 等多个工作中。因此，可以合理地认为，YOLOv4进一步采用“中心采样”技巧也许会带来性能上的更大提升。

图8-6　多个网格包含同一个目标的信息

8.1.6 改进边界框的回归损失函数

对于损失函数，相较于YOLOv3，YOLOv4并没有做太大的改动，仍旧使用BCE函数去计算边界框的置信度损失和类别损失。不过，对于边界框回归损失，YOLOv4做了一些增量式的改进。

我们知道，在YOLOv3中，边界框的回归损失一共分为两个部分，一部分是中心点偏移量的损失，另一部分则是边界框尺寸的损失。这两部分损失之间完全解耦，相互没有关联。在YOLOv3到YOLOv4的这段空窗期，许多工作提出了用于更好地回归边界框坐标的各种新式损失函数，如GIoU [43]、DIoU [44] 和CIoU [44] 等，这些已经是当前耳熟能详的边界框损失函数了。这些损失函数的共同点是基于IoU的数学概念将边界框的坐标耦合起来共同优化，其性能往往优于诸如基于MSE、SmoothL1等的损失函数。因此，YOLOv4在尝试了一系列先进的边界框回归损失函数后，最终选定CIoU损失函数作为YOLOv4的边界框损失函数。

此前，在实现YOLOv1～YOLOv3时，我们采用的是GIoU损失函数去学习边界框坐标，相较于GIoU，CIoU在GIoU概念的基础上，进一步考虑进来一些位置距离上的偏移量信息，实现起来并不复杂，因此，我们不再介绍CIoU，感兴趣的读者不妨阅读CIoU的论文，了解相关的技术细节。

至此，我们讲解完了YOLOv4的主要改进，当然，这当中还涉及一些细枝末节的技术点，但只要了解和掌握了本章所讲述的几个点就足以建立起对YOLOv4的认知体系了。接下来，我们还是一如既往地去尝试实现一版YOLOv4，在尊重 YOLOv4技术框架的核心思想的前提下做一些合理的改进。

8.2　搭建 YOLOv4 网络

在本节，我们将基于前面所学的有关YOLOv4的改进去构建我们自己的YOLOv4检测器。在此前，我们已经实现了YOLOv1～YOLOv3三款YOLO检测器，它们均表现出了出色的性能，每一处细节都是由我们自己来实现的。在这些工作的基础上，实现YOLOv4也就变得容易了。

在开始实现工作之前，可以先查看我们要实现的YOLOv4检测器的配置文件。在本项目的config/model_config/yolov4_config.py文件中，我们编写了用于构建YOLOv4的配置参数，大体上和先前的YOLOv3是相同的，区别仅体现在网络结构上，不再赘述。代码8-1展示了部分配置参数。

代码8-1　YOLOv4的配置文件

```
# YOLO_Tutorial/config/model_config/yolov4_config.py
# --------------------------------------------------------
...

yolov4_cfg = {
    # input
    'trans_type': 'yolov5',
    'multi_scale': [0.5, 1.0],
    # backbone
```

```
    'backbone': 'cspdarknet53',
    'pretrained': True,
    'stride': [8, 16, 32],  # P3, P4, P5
    'width': 1.0,
    'depth': 1.0,
    ...
```

我们依旧采用先前在实现YOLOv3时所使用的YOLOv5风格的数据增强，并且为了节省显存，避免出现OOM（out of memory）的问题，我们还是将多尺度范围设置为0.5～1.0，这一点与YOLOv3保持一致。倘若读者拥有充足的计算资源，不妨尝试更大范围的多尺度，以及进一步提升模型的性能。

整体来说，相较于先前实现的YOLOv3，我们所要实现的YOLOv4的区别主要集中在模型结构和标签匹配，至于损失函数，我们还是采用和YOLOv3相同的损失函数。因此，接下来，我们将从模型结构和标签匹配两方面来讲解YOLOv4的代码实现。

8.2.1 搭建 CSPDarkNet-53 网络

首先，我们来搭建YOLOv4的主干网络：**CSPDarkNet-53网络**。在有了先前DarkNet-53的代码实践经验后，搭建新的主干网络也会变得容易许多，我们只需要将其中的残差模块替换为基于CSP结构的残差模块，其他部分保持不变。在本项目的models/yolov4/yolov4_basic.py文件中，我们实现了这一模块，如代码8-2所示。

代码8-2 基于CSP结构的残差模块

```
# YOLO_Tutorial/yolov4/yolov4_basic.py
# ---------------------------------------------------------
...

# CSP-stage block
class CSPBlock(nn.Module):
    def __init__(self,
                 in_dim,
                 out_dim,
                 expand_ratio=0.5,
                 nblocks=1,
                 shortcut=False,
                 depthwise=False,
                 act_type='silu',
                 norm_type='BN'):
        super(CSPBlock, self).__init__()
        inter_dim = int(out_dim * expand_ratio)
        self.cv1 = Conv(in_dim, inter_dim, k=1, norm_type=norm_type, act_type=
            act_type)
        self.cv2 = Conv(in_dim, inter_dim, k=1, norm_type=norm_type, act_type=
            act_type)
```

```
        self.cv3 = Conv(2 * inter_dim, out_dim, k=1, norm_type=norm_type, act_type=
            act_type)
        self.m = nn.Sequential(*[
            Bottleneck(inter_dim, inter_dim, expand_ratio=1.0, shortcut=shortcut,
                       norm_type=norm_type, act_type=act_type, depthwise=depthwise)
                       for _ in range(nblocks)
                       ])

    def forward(self, x):
        x1 = self.cv1(x)
        x2 = self.cv2(x)
        x3 = self.m(x1)
        out = self.cv3(torch.cat([x3, x2], dim=1))

        return out
```

代码8-2中的CSPBlock类所使用的Bottleneck类和先前的YOLOv3的残差模块所使用的Bottleneck类的代码同样，读者不妨回看此前的工作来确认这一点。注意，我们使用后来被广泛应用在YOLO模型中的SiLU激活函数来替换官方YOLOv4所使用的Mish激活函数，从而避免前文提到的Mish激活函数的一些缺陷。整体看来，相关的代码实现并不复杂，学到这里的读者已经充分具备了所需的代码能力。

随后，我们将YOLOv3的残差模块全部替换为CSPBlock类，堆叠数量的配置仍旧保持"12884"的设定。代码8-3展示了我们所要搭建的CSPDarkNet-53主干网络的代码。

代码8-3 CSPDarkNet-53主干网络

```
# YOLO_Tutorial/yolov4/yolov4_backbone.py
# --------------------------------------------------------
...

# --------------------- CSPDarkNet-53 ----------------------
class CSPDarkNet53(nn.Module):
    def __init__(self, act_type='silu', norm_type='BN'):
        super(CSPDarkNet53, self).__init__()
        self.feat_dims = [256, 512, 1024]

        # P1
        self.layer_1 = nn.Sequential(
            Conv(3, 32, k=3, p=1, act_type=act_type, norm_type=norm_type),
            Conv(32, 64, k=3, p=1, s=2, act_type=act_type, norm_type=norm_type),
            CSPBlock(64, 64, expand_ratio=0.5, nblocks=1, shortcut=True,
                     act_type=act_type, norm_type=norm_type)
        )
        # P2
        self.layer_2 = nn.Sequential(
            Conv(64, 128, k=3, p=1, s=2, act_type=act_type, norm_type=norm_type),
            CSPBlock(128, 128, expand_ratio=0.5, nblocks=2, shortcut=True,
                     act_type=act_type, norm_type=norm_type)
```

```
        )
        # P3
        self.layer_3 = nn.Sequential(
            Conv(128, 256, k=3, p=1, s=2, act_type=act_type, norm_type=norm_type),
            CSPBlock(256, 256, expand_ratio=0.5, nblocks=8, shortcut=True,
                     act_type=act_type, norm_type=norm_type)
        )
        # P4
        self.layer_4 = nn.Sequential(
            Conv(256, 512, k=3, p=1, s=2, act_type=act_type, norm_type=norm_type),
            CSPBlock(512, 512, expand_ratio=0.5, nblocks=8, shortcut=True,
                     act_type=act_type, norm_type=norm_type)
        )
        # P5
        self.layer_5 = nn.Sequential(
            Conv(512, 1024, k=3, p=1, s=2, act_type=act_type, norm_type=norm_type),
            CSPBlock(1024, 1024, expand_ratio=0.5, nblocks=4, shortcut=True,
                     act_type=act_type, norm_type=norm_type)
        )

    def forward(self, x):
        c1 = self.layer_1(x)
        c2 = self.layer_2(c1)
        c3 = self.layer_3(c2)
        c4 = self.layer_4(c3)
        c5 = self.layer_5(c4)

        outputs = [c3, c4, c5]

        return outputs
```

搭建完主干网络之后，我们就可以在YOLOv4模型的代码中去调用该主干网络，对于这一操作，相信读者在有了先前的实践基础后都已经熟悉了，这里不再赘述，也不展示对应的代码。

8.2.2 搭建基于CSP结构的SPP模块

对于SPP模块，我们已经很熟悉了，不论是此前的YOLOv1、YOLOv2还是YOLOv3，我们都用了这一模块去扩展模型的感受野。在官方的YOLOv4中，SPP模块也同样起着这一作用。不过，在本节，我们不再一如既往地直接部署SPP模块作为检测器的颈部网络之一，而是借鉴Scaled-YOLOv4，对SPP模块做一次基于CSP结构的改进。在有了对于CSP结构的认识后，改进也是很容易的，相关代码如代码8-4所示，并不难理解，这里就不做过多介绍了。

代码8-4　基于CSP结构的SPP模块

```
# YOLO_Tutorial/yolov4/yolov4_neck.py
```

```
# --------------------------------------------------------
...

# SPPF block with CSP module
class SPPFBlockCSP(nn.Module):
    """
        CSP Spatial Pyramid Pooling Block
    """
    def __init__(self,
                 in_dim,
                 out_dim,
                 expand_ratio=0.5,
                 pooling_size=5,
                 act_type='lrelu',
                 norm_type='BN',
                 depthwise=False
                 ):
        super(SPPFBlockCSP, self).__init__()
        inter_dim = int(in_dim * expand_ratio)
        self.out_dim = out_dim
        self.cv1 = Conv(in_dim, inter_dim, k=1, act_type=act_type, norm_type=
            norm_type)
        self.cv2 = Conv(in_dim, inter_dim, k=1, act_type=act_type, norm_type=
            norm_type)
        self.m = nn.Sequential(
            Conv(inter_dim, inter_dim, k=3, p=1,
                 act_type=act_type, norm_type=norm_type,
                 depthwise=depthwise),
            SPPF(inter_dim,
                 inter_dim,
                 expand_ratio=1.0,
                 pooling_size=pooling_size,
                 act_type=act_type,
                 norm_type=norm_type),
            Conv(inter_dim, inter_dim, k=3, p=1,
                 act_type=act_type, norm_type=norm_type,
                 depthwise=depthwise)
        )
        self.cv3 = Conv(inter_dim * 2, self.out_dim, k=1,
                        act_type=act_type, norm_type=norm_type)


    def forward(self, x):
        x1 = self.cv1(x)
        x2 = self.cv2(x)
        x3 = self.m(x2)
        y = self.cv3(torch.cat([x1, x3], dim=1))

        return y
```

8.2.3 搭建 PaFPN 结构

然后，我们继续搭建YOLOv4的PaFPN结构。同样，对于这一部分的实现，我们还是借鉴出色的Scaled-YOLOv4工作，将YOLOv4中的包含五层卷积的卷积块替换为基于CSP结构的卷积块，这一新的结构和CSPDarkNet-53的核心模块共享同一份代码，只不过，在PaFPN中，我们不会使用残差连接，即代码8-2中所展示的基于CSP结构的残差模块的shortcut参数被设置为False。最终，基于CSP结构的PaFPN结构的代码如代码8-5所示。

代码8-5 基于CSP结构的PaFPN结构

```
# YOLO_Tutorial/yolov4/yolov4_fpn.py
# --------------------------------------------------------
...

# PaFPN-CSP
class YoloPaFPN(nn.Module):
    def __init__(self, in_dims, out_dim, width=1.0, depth=1.0, act_type='silu',
                 norm_type='BN', depthwise=False):
        super(YoloPaFPN, self).__init__()
        self.in_dims = in_dims
        self.out_dim = out_dim
        c3, c4, c5 = in_dims

        # top down
        ## P5 -> P4
        self.reduce_layer_1 = Conv(
                 c5, int(512*width), k=1, norm_type=norm_type, act_type=act_type)
        self.top_down_layer_1 = CSPBlock(
                  in_dim = c4 + int(512*width), out_dim = int(512*width), expand_
                  ratio = 0.5,
                  nblocks = int(3*depth), shortcut = False, depthwise = depthwise,
                  norm_type = norm_type, act_type = act_type)

        ## P4 -> P3
        self.reduce_layer_2 = Conv(
                 c4, int(256*width), k=1, norm_type=norm_type, act_type=act_type)
        self.top_down_layer_2 = CSPBlock(
                 in_dim = c3 + int(256*width), out_dim = int(256*width),
                 expand_ratio = 0.5,
                 nblocks = int(3*depth), shortcut = False, depthwise = depthwise,
                 norm_type = norm_type, act_type=act_type)

        # bottom up
        ## P3 -> P4
        self.reduce_layer_3 = Conv(int(256*width), int(256*width), k=3, p=1, s=2,
                     depthwise=depthwise, norm_type=norm_type, act_type=act_type)
        self.bottom_up_layer_1 = CSPBlock(
                  in_dim = int(256*width) + int(256*width), out_dim = int(512*width),
                  expand_ratio = 0.5, nblocks = int(3*depth), shortcut = False,
```

```
            depthwise = depthwise, norm_type = norm_type, act_type=act_type)

    ## P4 -> P5
    self.reduce_layer_4 = Conv(int(512*width), int(512*width), k=3, p=1, s=2,
                     depthwise=depthwise, norm_type=norm_type, act_type=act_type)
    self.bottom_up_layer_2 = CSPBlock(
            in_dim = int(512*width)+ int(512*width), out_dim = int(1024*width),
            expand_ratio = 0.5, nblocks = int(3*depth), shortcut = False,
            depthwise = depthwise, norm_type = norm_type, act_type=act_type)

    # output proj layers
    if out_dim is not None:
        # output proj layers
        self.out_layers = nn.ModuleList([
            Conv(in_dim, out_dim, k=1,
                 norm_type=norm_type, act_type=act_type)
                 for in_dim in [int(256 * width), int(512 * width),
                 int(1024 * width)]
                 ])
        self.out_dim = [out_dim] * 3

    else:
        self.out_layers = None
        self.out_dim = [int(256 * width), int(512 * width), int(1024 * width)]

def forward(self, features):
    c3, c4, c5 = features

    c6 = self.reduce_layer_1(c5)
    c7 = F.interpolate(c6, scale_factor=2.0)   # s32->s16
    c8 = torch.cat([c7, c4], dim=1)
    c9 = self.top_down_layer_1(c8)
    # P3/8
    c10 = self.reduce_layer_2(c9)
    c11 = F.interpolate(c10, scale_factor=2.0)   # s16->s8
    c12 = torch.cat([c11, c3], dim=1)
    c13 = self.top_down_layer_2(c12)  # to det
    # p4/16
    c14 = self.reduce_layer_3(c13)
    c15 = torch.cat([c14, c10], dim=1)
    c16 = self.bottom_up_layer_1(c15)  # to det
    # p5/32
    c17 = self.reduce_layer_4(c16)
    c18 = torch.cat([c17, c6], dim=1)
    c19 = self.bottom_up_layer_2(c18)  # to det

    out_feats = [c13, c16, c19] # [P3, P4, P5]

    # output proj layers
    if self.out_layers is not None:
```

```
        # output proj layers
        out_feats_proj = []
        for feat, layer in zip(out_feats, self.out_layers):
            out_feats_proj.append(layer(feat))
        return out_feats_proj

    return out_feats
```

代码8-5中的尺度缩放因子width和depth暂时忽略，对于YOLOv4而言，它们均默认为1.0，在后续的章节里，我们会讲到这两个尺度缩放因子。

从代码8-5中可以看出，我们依旧使用解耦检测头，因此，我们才会在代码的最后部分添加了若干层1×1卷积，以将每个尺度的特征图的通道数调整至256。在完成了SPP和PaFPN两部分的工作后，我们可以在模型代码中去调用相关的函数来使用这两部分，去处理主干网络输出的多尺度特征。

按照网络结构的顺序，接下来应该讲解检测头和预测层的代码实现。对于这两部分，采用的是和YOLOv3相同的解耦检测头和预测层，因此，我们跳过这两部分，不再展开讲解。

至此，构建YOLOv4所需的模块都已经搭建完毕，将它们组合在一起即可构成我们所要搭建的YOLOv4检测器。YOLOv4模型的代码框架和先前的YOLOv3是一模一样的，仅存在一些细节上的差异。因此，我们不占用篇幅去展示YOLOv4的代码了，请读者打开项目的models/yolov4/yolov4.py文件自行查阅完整的模型代码。

另外，我们搭建的YOLOv4所采用的数据预处理手段和先前的YOLOv3也是相同的，都采用YOLOv5风格的数据增强等在内的数据预处理方法，如马赛克增强、混合增强以及颜色和空间的扰动，这里不再赘述。

8.3 制作训练正样本

在8.1.5节中，我们介绍了YOLOv4的multi anchor策略，即每个目标框都会被匹配多个正样本，不过，我们也提到过，即便做了这样的改进，YOLOv4中的正样本来源还是仅局限在目标框中心点所在的网格内，没有利用邻近网格中的一些潜在的高质量样本。因此，我们不完全遵循YOLOv4的做法，而是在此基础上做一些适当的改进。接下来，详细讲解我们所要采用的标签匹配策略。

正样本匹配规则

在之前实现的YOLOv3中，我们已经使用了YOLOv4的multi anchor策略，在本节，我们做进一步的改进。具体来说，除了目标框中心点所在的网格，我们也会考虑该网络的

3×3邻域，即正样本将会来源于中心点所在网格的3×3邻域，而不再只是中心点所在的单独网格了，如图8-7所示。

（a）正样本仅来自中心网格

（b）正样本来自中心邻域

图8-7　更多的正样本候选区域

首先，我们还是只考虑中心点所在的网格，筛选出那些与目标框的IoU大于阈值的先验框，标记为正样本。随后，为了进一步丰富正样本的数量，对于每一个被标记为正样本的先验框，我们将周围的3×3邻域的每个网格中的这一先验框都标记为该目标框的正样本。如此一来，对于每一个目标框，其正样本数量几乎被扩充了9倍，如此之多的正样本数量将会有助于提升模型的性能。

在本项目的models/yolov4/matcher.py文件中，我们实现了Yolov4Matcher类，其代码的实现逻辑与先前的YOLOv3的Yolov3Matcher类是一样的，依旧是先确定目标框的中心点所在的网格坐标，随后依据基于形状的IoU来筛选出大于阈值的正样本，这一部分与YOLOv3的操作是一样的，区别仅是在此基础上又添加了“中心采样”的操作，即将3×3邻域的先验框也一并考虑进来，如代码8-6所示。

代码8-6　3×3邻域中心采样

```
# YOLO_Tutorial/yolov4/matcher.py
# --------------------------------------------------------
...

# label assignment
for result in label_assignment_results:
    grid_x, grid_y, level, anchor_idx = result
    stride = fpn_strides[level]
    x1s, y1s = x1 / stride, y1 / stride
    x2s, y2s = x2 / stride, y2 / stride
    fmp_h, fmp_w = fmp_sizes[level]

    # 3x3 center sampling
```

```
for j in range(grid_y - 1, grid_y + 2):
    for i in range(grid_x - 1, grid_x + 2):
        is_in_box = (j >= y1s and j < y2s) and (i >= x1s and i < x2s)
        is_valid = (j >= 0 and j < fmp_h) and (i >= 0 and i < fmp_w)

        if is_in_box and is_valid:
            # obj
            gt_objectness[level][batch_index, j, i, anchor_idx] = 1.0
            # cls
            cls_ont_hot = torch.zeros(self.num_classes)
            cls_ont_hot[int(gt_label)] = 1.0
            gt_classes[level][batch_index, j, i, anchor_idx] = cls_ont_hot
            # box
            gt_bboxes[level][batch_index, j, i, anchor_idx] = torch.as_tensor([
                                                    x1, y1, x2, y2])
```

不过，必须承认的一点是，代码8-6所展示的“中心采样”做法并不高效，因为for循环的操作较多，会增加标签匹配的耗时。此外，这一操作也过于简单粗暴，所得到的大量正样本中可能会存在一些低质量的样本。对于这些问题，我们暂且不做改进，感兴趣的读者可以尝试做些适当的优化和改进，消除其中的潜在的隐患。

在完成了标签匹配的工作后，我们就可以着手编写损失函数的代码。对此，我们沿用YOLOv3的损失函数，使用BCE函数去计算置信度和类别的损失，以及GIoU损失函数去计算边界框的回归损失。相关的技术内容和代码就不展示了。

8.4 测试 YOLOv4

在完成了对YOLOv4的训练后，假设训练好的权重文件为yolov4_voc.pth，我们在VOC数据集上去测试模型的性能。相关操作和先前是一样的，不再重复介绍。

首先，我们运行test.py文件来查看模型在VOC数据集上的检测结果的可视化图像。图8-8展示了部分检测结果的可视化图像，可以看到，我们设计的YOLOv4表现得还是比较可靠的。随后，我们再去计算mAP指标，如表8-1所示，可以看到，在使用了更好的主干网络和PaFPN后，在相同的训练策略下，YOLOv4的性能超过了先前实现的YOLOv3，这表明YOLOv4的改进是合理和有效的。

表 8-1 YOLOv4 在 VOC2007 测试集上的 mAP 测试结果

模型	输入尺寸	mAP/%
YOLOv1	640×640	76.7
YOLOv2	640×640	79.8
YOLOv3	640×640	82.0
YOLOv4	640×640	83.6

图8-8 YOLOv4在VOC测试集上的检测结果的可视化图像

随后，在COCO验证集上去训练并测试我们的YOLOv4。图8-9展示了我们的YOLOv4在COCO验证集上的部分检测结果的可视化图像，可以看到，我们的YOLOv4表现得还比较出色。

图8-9 YOLOv4在COCO验证集上的检测结果的可视化图像

为了定量地理解这一点，我们接着去测试YOLOv4在COCO 验证集上的AP指标，如表8-2所示。从表中可以看到，我们实现的YOLOv4在COCO验证集上依旧强于YOLOv3，再一次证明了CSPDarkNet-53和PaFPN两个网络结构的有效性。

表 8-2 YOLOv4 在 COCO 验证集上的测试结果

模型	输入尺寸	AP /%	AP_{50} /%	AP_{75} /%	AP_S /%	AP_M /%	AP_L /%
YOLOv1	640×640	27.9	47.5	28.1	11.8	30.3	41.6
YOLOv2	640×640	32.7	50.9	34.4	14.7	38.4	50.3
YOLOv3	640×640	42.9	63.5	46.6	28.5	47.3	53.4
YOLOv4	640×640	46.6	65.8	50.2	29.7	52.0	61.2

8.5 小结

本章在YOLOv3的基础上，我们改进了网络结构并优化了标签匹配规则，实现了我们自己的YOLOv4，其性能不仅远远优于先前的单级检测器YOLOv1和YOLOv2，同时，也显著优于我们自己实现的YOLOv3。这不仅再一次证明了“多级检测”架构是优于“单级检测”架构的，同时也证明了CSP结构和PaFPN结构的有效性。事实上，直到2023年，最新的YOLO检测器依旧没有推翻YOLOv4所奠定的架构——主干网络、颈部网络、特征金字塔以及检测头。大多数YOLO检测器都是在这些模块上做一些改进和优化，同时，也会为新一代的YOLO检测器提出更好更强的标签匹配规则和损失函数等。尽管从微观层面来讲，每一代YOLO检测器都会多出一些技巧性的细节，但从宏观层面来说，此后的YOLO框架几乎没有实质性的差别。因此，在学完本章后，除了新的技术点（如动态标签分配），读者已经积累了足够多的知识，可以去了解更新的YOLO检测器，因为要了解任何一代YOLO，乃至其他检测器，无非从3个方面出发：网络结构、标签匹配规则以及损失函数。因此，到这里，YOLO系列的大多数常用的技术都已经讲解完毕了，相信读到这里的每一位读者都已经对YOLO有了较为全面的认识。

不过，发展的脚步从来不会停止。时至今日，YOLO系列仍在发展中，虽然没有框架上的太大突破，但每一次新YOLO检测器的提出都还是能够激起研究者们的热情。若按照一直以来的节奏，那么毫无疑问，我们在第9章讲的应该就是YOLOv5，但相较于YOLOv4，YOLOv5依旧采用了基于CSP结构的CSPDarkNet网络、SPP模块以及PaFPN结构，区别仅是引入了一套模型缩放规则，设计了不同大小的YOLOv5，并精心调整了部分训练所需的超参数。从整体上来看，凭借着本章的YOLOv4实现经验，很快就可以摸清YOLOv5的模型架构，其标签匹配的规则依旧依赖于先验框，至于训练技巧中的马赛克增强和混合增强，我们都已经在实现章节中使用了，因此，我们不再单独安排一章去介绍YOLOv5。

注意，这种安排并不意味着否定YOLOv5的意义和价值，YOLOv5是个十分出色的工作，大大促进了相关技术在业界中的发展。我们之所以不选择介绍这一工作，仅仅是考虑到内容讲解的效率，因为我们不希望本书成为某开源项目的使用手册，而是仍旧希望引领读者去了解YOLO系列的发展之路上的那些具有“里程碑”意义甚至是“革新性”意义的工作和突破。当然，本项目源码也实现了一版YOLOv5，感兴趣的读者可以自行查阅相关的代码，会发现其网络结构和我们实现的YOLOv4大同小异。

秉持着我们一直以来的学习理念，在接下来的章节中，我们将会为读者去解读一些作者所认为的具有突破性的YOLO检测器，并一如既往地借鉴这些工作的长处去进一步优化我们自己的YOLO检测器。

第3部分

较新的YOLO框架

第9章 YOLOX

当YOLO检测器遇上anchor-free会发生什么？这是一个很有趣的问题，因为这一问题充满了这样一种诱惑：**没有了先验框的YOLO，能否还那么强大呢？**

从YOLOv2开始一直到YOLOv4，先验框始终是YOLO检测器的标配。即便是继YOLOv4之后的更强大的YOLOv5，虽然在YOLOv4工作的基础上，使用了一套后来被广泛使用的缩放策略来设计不同规模的YOLOv5检测器，为不同的任务场景和计算平台提供不同大小的实时检测器，在实时检测的范围内实现了最强的性能，但其架构中仍然保留了先验框。

我们已经知道，YOLO为了解决先验框的问题而采用聚类的方式来获取一个数据集中合适的先验框尺寸，避免了手工设计的弊端，但聚类出的先验框尺寸仍依赖数据集本身。尽管从项目的角度来说，针对具体的场景来调试一些"超参数"是有益的，但是从学术的角度来看，我们希望这样的超参越少越好，因为更少的超参有助于提升模型的泛化性。

但是，前面我们已经提到过，如果没有先验框，那么在多级检测这个架构下，首先面临的问题就是多尺度匹配，即在没有了先验框的尺寸先验后，我们难以确定每一个标签该由哪个尺度的预测框学习。这一点在先前学习YOLOv3和YOLOv4时读者一定是深有体会的。

于是，在2019年，发表在CVPR会议上的FCOS [18] 工作在指出这些问题后，提出了一套基于感兴趣尺度范围的多尺度匹配规则，通过设置几个尺度区间来决定哪些目标框分配到哪个尺度上。尽管FCOS的确不再使用先验框，然而，当我们深度思考这一规则后不难发现，所谓的感兴趣尺度范围其实起着和先验框同样的作用，因此具有同样的缺陷：**仍旧需要手工确定每个尺度所对应的尺度范围**。这一矛盾尽管得到了一定程度上的缓解，但问题的"根"却没有被触及。我们不禁要问：**能否有一种不再依赖诸如先验框或者感兴趣尺度范围的匹配规则来完成多尺度的正样本匹配呢？**这是一个很有研究价值的问题。

在2020年，旷视科技公司针对这一问题交出了一份漂亮的答卷：YOLOX [9]。为了完成YOLOX的设计，他们在此之前提出了一种新型的动态标签分配策略：**最优传输分配**（optimal transportation assignment，OTA）[36]，将目标检测的标签分配转换成最优传输问题，通过最小化预测框与目标框的代价——类别代价和位置代价——来获得全局最优解，以得到当前最优的正样本匹配方案。由于OTA直接寻找的是预测框和目标框之间的关联，因此无须再借助诸如先验框或感兴趣尺度范围等“中介信息”来确定正样本。图9-1展示了OTA的算法框架。

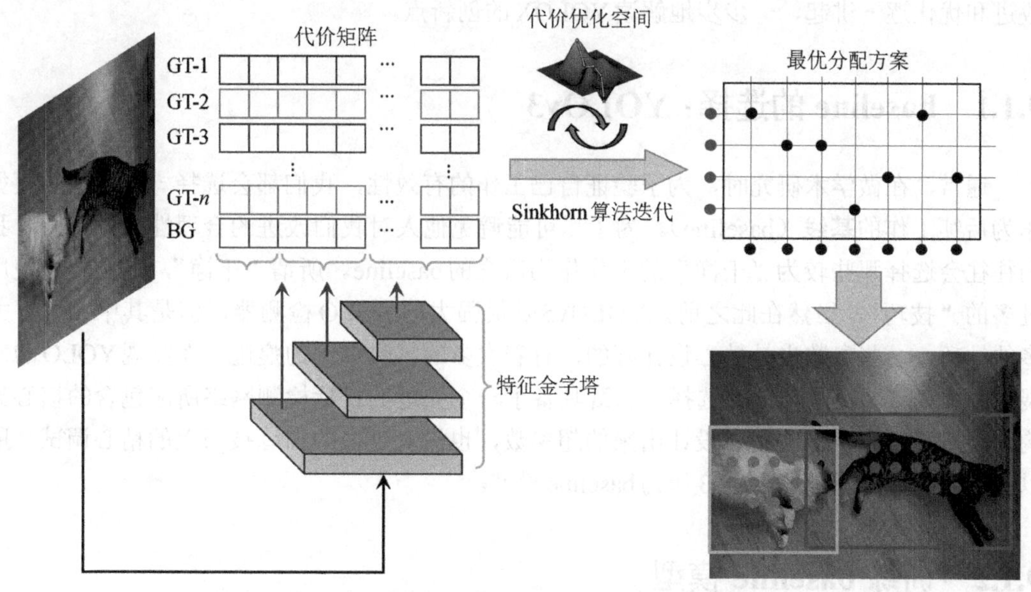

图9-1　基于最优传输分配的动态标签分配策略

在OTA之后，这一类**基于最小化预测框和目标框的代价的策略来寻找“最优”正样本**的方案统称为**动态标签分配**（dynamic label assignment）策略，而此前依赖先验框或感兴趣尺度范围的标签分配策略则被称为**固定标签分配**（fixed label assignment）策略。

由于OTA可以全局优化所有预测框与目标框的代价，得到最优的标签分配结果，因此，OTA在完成了无须先验信息的多尺度分配的同时，也解决了我们先前提到的语义歧义问题，即一个正样本应该分配给哪个目标框。不过，为了求解这一最优解，OTA借用了较为耗时的Sinkhorn迭代算法，使得训练时间多出了大约20%。对于只需训练12个epoch的工作（如RetinaNet和FCOS等）来说，增加20%的训练耗时是可以接受的，而对于YOLO这种动辄200～300个epoch，甚至500个epoch训练时长的工作来说，是难以接受的。

因此，为了将OTA技术应用到YOLO框架中，旷视团队在OTA架构的基础上设计了基于topk操作的SimOTA。相较于使用Sinkhorn迭代算法的OTA，使用topk操作的SimOTA能够更快地给出最优解。不过，SimOTA给出的最优解往往是局部最优的，而非全局最优，但从性价比上来看，SimOTA好于OTA，且在作者团队的测试下，使用OTA和SimOTA来分别训练YOLOX并不会造成性能上的差异。因此，一款基于SimOTA技术的第一版真正意义上的anchor-free版本的YOLO检测器：YOLOX就被设计出来了。那么，接下来，就让我们一起领略YOLOX的强大风采吧。

9.1 解读 YOLOX

和先前的YOLO工作一样，YOLOX也是以技术报告的形式出现在研究者们的视野中，尚未被发表在期刊或会议上。因此，我们仍延续先前的学习节奏，从YOLOX所作的种种改进和优化逐一讲起，一步步地解读YOLOX的创新点。

9.1.1 baseline 的选择：YOLOv3

通常，在做学术研究时，为了验证自己工作的有效性，我们都会选择一个合适的模型作为后续工作的**基线**（baseline）。为了尽可能避免他人对我们改进的合理性产生怀疑，我们往往会选择那些较为“干净”的工作作为研究的baseline。所谓“干净”，是指没有使用过多的“技巧”。虽然在此之前，YOLOv5是最强大的YOLO检测器，但是其中使用了太多的技巧，一些参数也是精心设计好的，有着太多的精雕细琢的痕迹，而纵观YOLO的发展，YOLOv3无疑是最佳的选择，它既具备了一个先进的目标检测网络所应包含的核心架构，同时又没有过多被精心设计出来的超参数，也没有过多的训练技巧上的精心调试，所以，作者团队选择了YOLOv3作为baseline模型。

9.1.2 训练 baseline 模型

在正式开始YOLOX的工作前，作者团队先对YOLOv3进行训练，作为后续工作的起点。在训练策略上，YOLOX作者团队没有采用太复杂的策略，一些参数也没有经过精心调试。详细的训练配置如下。

- 训练300个epoch，其中前5个epoch为warmup阶段。这一点继承了YOLO一直以来的大epoch训练策略，充分挖掘模型的性能。
- 采用随机梯度下降（SGD）优化器，其中的参数momentum为0.9，weight decay为0.0005。
- 训练的batch size为128，并使用8个GPU来做分布式训练。
- 使用多尺度训练，其尺度范围为448～832，均为32的整数倍。较以往的320～608，这一次的多尺度范围更大，有助于提升模型的性能。
- 使用GIoU损失作为边界框回归损失函数，而置信度损失和类别损失仍旧是Sigmoid函数与BCE函数的搭配。
- 使用模型指数滑动平均（EMA）技巧。
- 仅使用随机水平翻转和颜色扰动作为数据增强手段。

在上述的训练配置下，由YOLOX作者团队实现的YOLOv3在COCO验证集上实现了38.5%的AP性能，超过了官方实现的YOLOv3检测器。在此基础上，YOLOX团队开始了他们“步步为营”的改进和优化的策略，不断设计出新一代的YOLOX检测器。接下来，我们就开始介绍YOLOX所做出的改进。

9.1.3 改进一：解耦检测头

YOLOX所作的第一个改进就是替换YOLO一直以来所使用的耦合检测头（或称“YOLO head”）。在原始的YOLOv3中，检测头仅包含了一层3×3卷积和一层1×1卷积，一次性输出置信度、类别和位置三部分的预测。YOLOX作者团队认为由一个分支来完成三种不同性质的预测并不合理，因为这就要求检测头必须同时提取包含类别和位置两种不同的语义信息，这种差异可能会对模型的收敛速度与性能造成一些负面影响。于是，YOLOX作者团队参考RetinaNet和FCOS的检测头，设计了**解耦检测头**（decoupled head），其由两条并行的分支组成，分别去提取类别特征和位置特征，然后，将类别特征用于预测类别置信度 $\boldsymbol{Y}_{\text{cls}} \in \mathbb{R}^{H_o \times W_o \times N_A N_C}$ ，将位置特征用于预测边界框 $\boldsymbol{Y}_{\text{box}} \in \mathbb{R}^{H_o \times W_o \times 4N_A}$ 和置信度 $\boldsymbol{Y}_{\text{obj}} \in \mathbb{R}^{H_o \times W_o \times N_A}$ ，其中，N_A 是每个尺度的先验框数量。由于我们在此前的代码实现章节中已多次使用了解耦检测头，因此相关的技术内容就不做过多介绍了。图9-2展示了YOLOX的解耦检测头的结构。

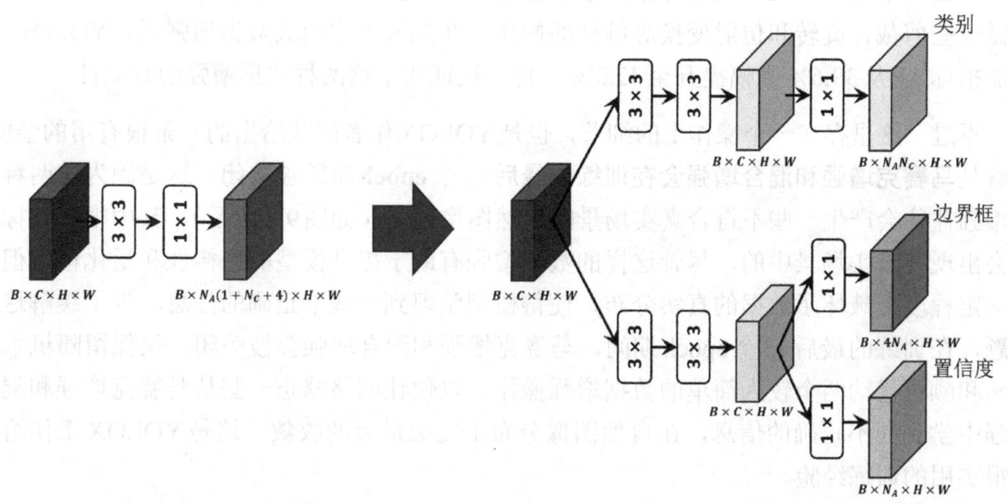

图9-2 解耦检测头

经过这一改进后，YOLOv3的性能指标AP从38.5% 提升至39.6%，同时，模型的收敛速度也有明显的提升（如图9-3所示）。由此可见，解耦检测头的改进是合理且有效的。不过，我们仔细观察图9-2的话，不难发现解耦检测头因使用了更多的卷积而必然会带来更多的模型参数，因此，虽然YOLOv3的性能提升了，但是其参数量和计算量也会随之增加。YOLOv3的计算量从157.3 GFLOPs增加至186.0 GFLOPs，参数量也从63.00 M增加至63.86 M，检测速度也从95.2 FPS降低至86.2 FPS。不过，总体来看，这一改进还是值得的，因此，YOLOX作者团队保留了解耦检测头这一结构。

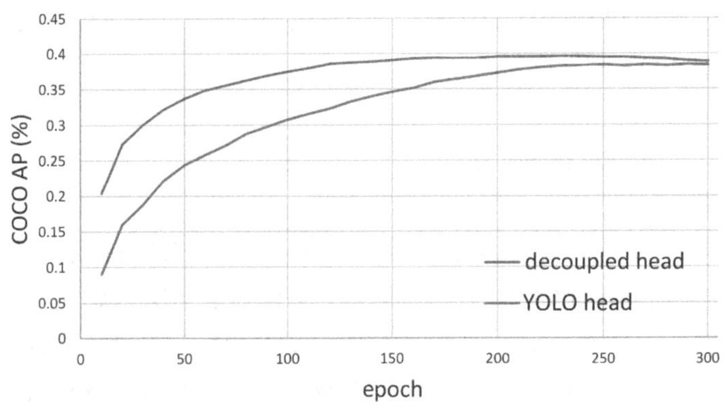

图9-3 耦合检测头和解耦检测头的训练曲线对比结果

9.1.4 改进二：更强大的数据增强

在初始的训练配置中，YOLOX作者团队仅使用了随机水平翻转和颜色扰动两种数据增强操作，这显然是不够的。当时，YOLOv5已经将马赛克增强和混合增强确定为YOLO训练的标准配置之一，因此，YOLOX作者团队也进一步引入了这两种强大的数据增强。不过，在细节上，YOLOX所采用的马赛克增强不仅会对图像进行缩放和拼接，还会对图像做一些剪裁、旋转和仿射变换等额外的操作。在加入了这两大数据增强后，YOLOv3的性能指标AP从39.6%大幅提升至42.0%，再一次证明了这两种数据增强的有效性。

不过，这里存在一个操作上的细节，也是YOLOX作者团队给出的一条很有用的经验，那就是**马赛克增强和混合增强会在训练的最后15个epoch阶段被关闭**。这是因为这两种数据增强往往会产生一些不符合真实场景的自然图像分布（如图9-4所示），其中很多目标是不会出现在真实场景中的，尽管这样的数据增强有助于提升模型的鲁棒性和泛化性，但也在一定程度上破坏了数据的真实分布，使得模型学习到一些不正确的信息。为了缓解这个问题，在训练的最后15个epoch期间，马赛克增强和混合增强会被关闭，仅保留随机水平翻转和颜色扰动两个较为简单的数据增强操作，以便让网络修正一些从马赛克增强和混合增强中学到的不正确的信息，在自然图像分布上完成最后的收敛。这是YOLOX工作给出的很实用的训练经验。

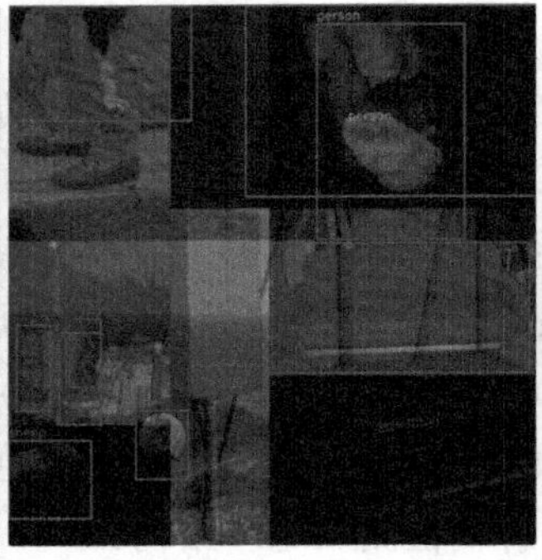

图9-4 由马赛克增强和混合增强产生的一些不符合真实图像的实例

9.1.5 改进三：anchor-free 机制

YOLOX的第三个改进是针对网络的预测机理。在前面我们已经多次提到YOLO系列一直以来都在依赖的先验框，也分析了先验框的一些缺陷以及它对多尺度标签分配的负面影响。不过，YOLOX团队并没有将这一问题一步到位地解决，而是先借鉴了FCOS[18]工作的anchor-free的机制，即直接移除先验框，并为每个尺度设置不同的感兴趣区间范围。在这一番改进后，假设输入图像的尺寸是416×416，那么对于第i个尺度，其输出分别为$\boldsymbol{Y}_{\text{cls}} \in \mathbb{R}^{H_o \times W_o \times N_C}$、$\boldsymbol{Y}_{\text{box}} \in \mathbb{R}^{H_o \times W_o \times 4}$以及$\boldsymbol{Y}_{\text{obj}} \in \mathbb{R}^{H_o \times W_o \times 1}$。注意，这些输出当中不再有表示先验框数量的字母$N_A$，因此，每个网格处都不再设置多个先验框，仅有一个预测输出。

在采用了anchor-free机制后，YOLOv3的性能略有提升，AP从42.0%增加到42.9%，并且，由于预测层的参数变少了，模型的计算量GFLOPs和参数量都有些许减少，检测速度也从86.2 FPS提升至90.1 FPS。由此可见，anchor-free机制是很有效的，并且也说明先验框并不是先进目标检测器的必备选择。

9.1.6 改进四：多正样本

在YOLOv3中，每个目标框仅有一个正样本，即便改成了anchor-free机制，每个目标框也只有中心处的正样本，也就是前面提到过的one-to-one标签匹配策略。通常情况下，这种匹配策略是较为低效的，无法充分发挥模型的性能。于是，YOLOX作者团队参考FCOS的设计，将中心点的3×3邻域都作为正样本候选区域（如图9-5所示），直观上来看，这一操作使得正样本的数量增加了约9倍，而这一简单的改进却使得YOLOv3的性能指标AP从先前的42.9% 显著提升至45.0%。由此可见，one-to-many标签匹配策略因提升正样本的数量而有助于模型表现出更高的性能，这一认识也是当前目标检测领域的共识之一。

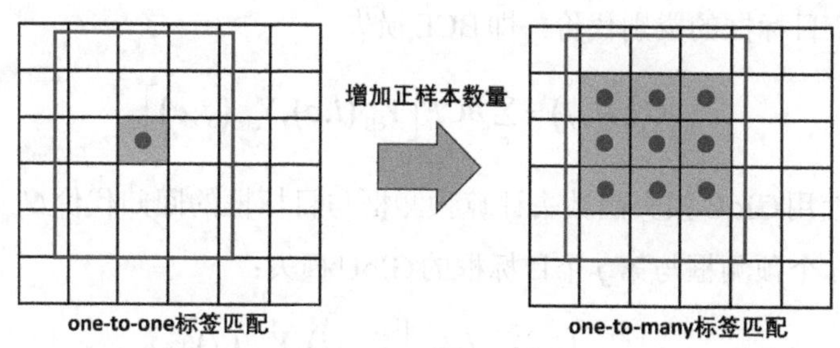

图9-5 多正样本改进策略

9.1.7 改进五：SimOTA

在完成了上述的anchor-free改进后，YOLOX作者团队显然也注意到了感兴趣尺度范围的局限性，换言之，引入anchor-free机制后的YOLOv3仍受困于固定标签分配。为了解决这一问题，作者团队借鉴了OTA[36]所给出的动态标签分配的思想，设计了一个高效的动态标签分配策略：SimOTA（simple optimal transportation assignment）。在OTA思想的基础上，SimOTA使用快捷高效的topk操作替换了耗时的Sinkhorn迭代算法，大大加快了最优正样本分配方案的求解。

虽然SimOTA给出的正样本匹配的结果相较于OTA而言是次优的，但在长达300个epoch的训练时长下，二者的性能差异几乎可以忽略不计，且SimOTA不会像OTA那般显著地增加训练耗时，因此，SimOTA的综合性价比还是很高的。

可以认为，SimOTA是YOLOX工作的最为重要的成功要素，也是YOLO系列进化到anchor-free版本必不可少的利器。在后续诸多YOLO工作中，比如PP-YOLOE[46]、YOLOv6[10]和YOLOv7[11]，我们都可以看到受SimOTA启发的动态标签分配策略，虽然它们的做法可能在细节上与SimOTA不同，但其思想都遵循和SimOTA相似的技术框架。因而，若想真正了解YOLOX工作，SimOTA是至关重要的一环。所以，接下来，我们来详细讲解SimOTA的原理。

假设我们已经将YOLOv3的三个尺度的输出已经沿空间维度拼接了起来，得到最终的三个输出结果：$\boldsymbol{Y}_{\text{conf}} \in \mathbb{R}^{M\times 1}$、$\boldsymbol{Y}_{\text{cls}} \in \mathbb{R}^{M\times N_C}$以及$\boldsymbol{Y}_{\text{reg}} \in \mathbb{R}^{M\times 4}$，其中$M = H_1W_1 + H_2W_2 + H_3W_3$，这里的拼接操作仅是为了将所有的预测结果汇总到一起，方便后续的处理。我们假设目标框的类别标签为$\hat{\boldsymbol{Y}}_{\text{cls}} \in \mathbb{R}^{N\times N_C}$，其中，$N$是目标的数量，并且类别标签采用了one-hot格式。而位置标签则被记作$\hat{\boldsymbol{Y}}_{\text{reg}} \in \mathbb{R}^{N\times 4}$，包含了每一个目标的边界框坐标。

首先，将置信度预测与类别预测相乘得到完整的类别置信度$\boldsymbol{Y}_{\text{cls}} = \sqrt{\boldsymbol{Y}_{\text{conf}}\boldsymbol{Y}_{\text{cls}}}$。注意，我们在这里对乘积结果进行了开方操作，因为$\boldsymbol{Y}_{\text{conf}}$和$\boldsymbol{Y}_{\text{cls}}$都是0～1的值，两个小于1的数值相乘会更小，所以我们需要用开方操作来校正数量级，这一操作在我们先前的实现工作中也用到了。然后，计算预测框与目标框的类别代价$C_{\text{cls}} \in \mathbb{R}^{M\times N}$，其中，$C_{\text{cls}}(i,j)$表示第$i$个预测框与第$j$个目标框的类别代价，即BCE损失：

$$C_{\text{cls}}(i,j) = \sum_c BCE\left[\boldsymbol{Y}_{\text{cls}}(i,c), \hat{\boldsymbol{Y}}_{\text{cls}}(j,c)\right] \tag{9-1}$$

同理，我们使用GIoU损失函数去计算预测框与目标框的回归代价$C_{\text{reg}} \in \mathbb{R}^{M\times N}$，其中，$C_{\text{reg}}(i,j)$表示第$i$个预测框与第$j$个目标框的GIoU损失：

$$C_{\text{reg}}(i,j) = L_{\text{GIoU}}\left[\boldsymbol{Y}_{\text{reg}}(i), \hat{\boldsymbol{Y}}_{\text{reg}}(j)\right] \tag{9-2}$$

那么，总的代价就是二者的加权和：

$$C_{\text{total}} = C_{\text{cls}} + \gamma C_{\text{reg}} \tag{9-3}$$

其中，γ为权重因子，默认为3。

但是，这里我们需要考虑一个事实，那就是**不是所有的预测框都有必要去和目标框计算代价**。从经验上来说，对于处在目标框之外的网格，一般不会检测到目标的，因为这些区域基本不会有目标的特征，相反，目标框的中心邻域往往会给出一些质量较高的预测，至少，有效的预测是在目标框内。所以，SimOTA将目标框的**中心邻域**（如3×3邻域或5×5邻域）**内和目标框范围内**的网格视作正样本候选区域，即正样本只会来自这些区域，而目标框之外的网格均被视作负样本候选区域，如图9-6所示。

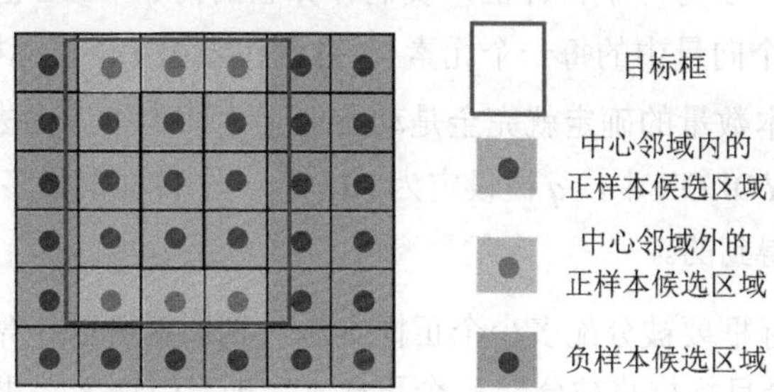

图9-6 正样本候选区域和负样本候选区域

那么，我们就需要先从所有的网格中筛选出处在目标框中心邻域和目标框范围的网格，在这些网格处的预测$\boldsymbol{Y}_{\text{conf}}^{fg} \in \mathbb{R}^{M_P \times 1}$、$\boldsymbol{Y}_{\text{cls}}^{fg} \in \mathbb{R}^{M_p \times N_C}$以及$\boldsymbol{Y}_{\text{reg}}^{fg} \in \mathbb{R}^{M_p \times 4}$会被视作正样本候选，即代价的计算只会发生在这些样本上，得到类别代价$C_{\text{cls}}^{fg} \in \mathbb{R}^{M_p \times N}$和回归代价$C_{\text{reg}}^{fg} \in \mathbb{R}^{M_p \times N}$。如此一来，计算量会大大减少。

另外，在目标检测任务中，中心先验已经被广泛认为是一个很有效的技巧[8, 36]。因此，受这一经验启发，SimOTA对筛选后的网格，即正样本候选区域，做了进一步处理，具体来说，在计算完正样本候选区域与目标的代价之后，SimOTA又为那些**虽然处在目标框内但在中心邻域之外的样本**的代价添加了一个极大的值，如10^6，其目的是希望正样本优先来源于中心邻域。我们使用符号$\mathbb{I}_{oc} \in \mathbb{R}^{M_p \times N}$来标记那些不在中心邻域的正样本候选区域，则最终的代价函数如下：

$$C_{\text{total}}^{fg} = C_{\text{cls}}^{fg} + \gamma C_{\text{reg}}^{fg} + \mathbb{I}_{oc} 10^6 \tag{9-4}$$

至于那些处在正样本候选区域之外的网格，均被视作负样本，即位于这些网格处的预测框只参与边界框的置信度的损失计算，不参与类别损失和位置损失的计算。

现在，我们计算了处在正样本候选区域中的预测框与目标框的代价，代价的作用在于衡量预测框与目标框的接近程度。显然，一个预测框与一个目标框的代价越小，表明它们越接近，将这个预测框作为该目标框的正样本也就越合适。不过，这里会遇到一个问题：**我们应该为每个目标框匹配多少个预测框作为正样本呢**？当然，一个简单而直接的做法就是手动设定，比如硬性要求每个目标框匹配9个正样本，但是，人为设定又有局限性，可能一些目标框只需要一两个正样本，而另一些目标框需要七八个。这就启发我们去设计一种自适应的方法。

为了解决这一问题，SimOTA采用了一种**动态估计策略**，我们可以预想一下，一个被标记为正样本的预测框与目标框的代价应该较小，从空间角度来看，这也就意味着预测框应该接近目标框，这里我们就会很容易想到IoU，因为IoU是介于0～1的数，其值越接近

1，表示两个框越接近，当IoU等于1时，表示两个框完全重合，那么这里的1就恰好又可以理解为“一个正样本”。

所以，在这个逻辑下，SimOTA先计算M_p个预测框与N个目标框的IoU，得到一个IoU矩阵$\boldsymbol{U} \in \mathbb{R}^{M_p \times N}$，对于每一个目标框，我们计算它的前$q$个IoU值，并取整，得到一个向量$\boldsymbol{V} \in \mathbb{R}^{N}$，那么这个向量中的每一个元素$V(j)$就代表第$j$个目标框所需的正样本数量。如此一来，对于正样本数量的确定就完全是动态的了，而无须人为去设定。当然，q还是需要人为设定的，在YOLOX中，q被设定为10，即一个目标框最多会有10个正样本，具体数量则是动态估计得到的。

在确定了每个目标框要被分配多少个正样本后，我们就可以计算哪些预测会被标记为正样本。假设，第j个目标框将被分配k_j个正样本，即$V(j)=k_j$，我们就把与第j个目标框的代价最小的前k_j个预测框作为正样本。我们对每一个目标框都做同样的处理，最后就会得到一个只有0和1两个离散值的分配矩阵$\boldsymbol{A} \in \mathbb{R}^{M_p \times N}$，其中，$\boldsymbol{A}(i,j)=1$表示第$i$个预测框将被标记为第$j$个目标框的正样本，反之则不会被匹配上。

然而，这里还是会存在一个问题，即以上的操作不可避免地会出现一个预测框同时被标记为多个目标框的正样本，比如$\boldsymbol{A}(i,j_1)=\boldsymbol{A}(i,j_2)$，对于这一问题，SimOTA采用了较为简单且直观的做法，那就是比较该预测框和哪个目标框的代价更小，然后与代价更小的目标框匹配。假设$C_{\text{total}}^{fg}(i,j_1)>C_{\text{total}}^{fg}(i,j_2)$，那么第$i$个预测框就将作为第$j_2$个目标框的正样本。不难想象，这可能会使得某些目标框没有正样本，这也是SimOTA相较于完整版的OTA的潜在问题之一。不过，由于SimOTA大幅减少了求解过程的耗时，无须使用Sinkhorn迭代算法，因此性价比还是很高的。

最终，每个目标框也就从这些正样本候选区域中得到了各自的正样本，而对于那些没被匹配上的正样本候选区域内的网格，自然被视作负样本。

在使用了SimOTA后，anchor-free架构的YOLOv3的性能再一次被大幅提升，AP从先前的45.0%显著提升至47.3%。由此可见，动态标签分配策略是十分有效的，显著优于依赖人工先验的固定标签分配策略。

最后，为了和当时先进的YOLOv5做对比，YOLOX换上了和YOLOv5一样的网络结构，即通过尺度缩放策略来构建4种不同规格的YOLOX检测器：YOLOX-S、YOLOX-M、YOLOX-L和YOLOX-X，模型参数量和计算量GFLOPs依次递增。同时，YOLOX作者团队还为低算力和嵌入式等平台设计了YOLOX-Tiny以及YOLOX-Nano两个轻量检测器。

相较于当时先进的anchor-based的YOLOv5，YOLOX表现出了强大的性能，且是第一款采用了动态标签分配策略、使用anchor-free机制的YOLO检测器，因此，尽管YOLOX的参数量和计算量明显高于YOLOv5，但瑕不掩瑜，其意义和影响是深远的，为后续的工作带来了很多有意义的启发。

可以说，自YOLOX工作问世，YOLO大家族也正式掀开了anchor-free的新篇章，迈上了新的发展道路。

9.2 搭建 YOLOX 网络

在本节，我们来实现一款YOLOX检测器。迄今为止，我们已经实现了YOLOv1～YOLOv4四款YOLO检测器，相关的实现经验已经很丰富了，因此，我们尽量不采用面面俱到的讲解方式，而只讲重要的细节，提高学习效率。

在开始实现工作之前，可以先查看我们要实现的YOLOX检测器的配置文件，如代码9-1所示。在本项目的config/model_config/yolox_config.py文件中，我们编写了用于构建YOLOX的配置参数。我们要实现的是基于YOLOv5结构的YOLOX网络，不使用参数量过多、计算量过大的DarkNet-53网络。

代码9-1 YOLOX的配置文件

```
# YOLO_Tutorial/config/model_config/yolox_config.py
# --------------------------------------------------------
...

yolox_cfg = {
    # input
    'trans_type': 'yolov5',
    'multi_scale': [0.5, 1.0],
    # backbone
    'backbone': 'cspdarknet',
    'pretrained': True,
    'stride': [8, 16, 32],  # P3, P4, P5
    'width': 1.0,
    'depth': 1.0,
    ...
```

注意，在数据增强方面，我们使用YOLOX风格的数据增强，而不再是先前一直使用的YOLOv5数据增强。这二者之间的不同点仅在于混合增强的实现上，YOLOv5混合两张马赛克图像，而YOLOX则混合一张马赛克图像和一张普通图像，另外，YOLOv5以很低的概率（如0.15）去调用混合增强，而YOLOX则同时使用马赛克增强和混合增强，即使用混合增强的概率为1.0。关于YOLOX的混合增强，我们会在后续的章节中讲到。

整体来说，相较于先前的工作，我们所要实现的YOLOX的差别主要集中在数据预处理、模型结构和标签匹配上。因此，接下来，我们将从这三方面来讲解YOLOX的代码实现。

9.2.1 搭建 CSPDarkNet-53 网络

首先，我们来搭建YOLOX的主干网络：**CSPDarkNet网络**。该网络是由YOLOv5工作提出的，其网络结构是在YOLOv4的CSPDarkNet-53基础上搭建出来的，核心模块都是基于CSP结构的残差模块，对此，我们不做过多的介绍，直接展示代码，如代码9-2所示。

代码9-2 CSPDarkNet主干网络

```
# YOLO_Tutorial/models/yolox/yolox_backbone.py
# --------------------------------------------------------
...

# --------------------- CSPDarkNet -----------------------
class CSPDarkNet(nn.Module):
    def __init__(self, depth=1.0, width=1.0, act_type='silu', norm_
            type='BN', depthwise=False):
        super(CSPDarkNet, self).__init__()
        self.feat_dims = [256, 512, 1024]

        # P1
        self.layer_1 = Conv(3, int(64*width), k=6, p=2, s=2, act_type=act_type, norm_
                            type=norm_type, depthwise=depthwise)

        # P2
        self.layer_2 = nn.Sequential(
            Conv(int(64*width), int(128*width), k=3, p=1, s=2, act_type=act_type,
                 norm_type=norm_type, depthwise=depthwise),
            CSPBlock(int(128*width), int(128*width), expand_ratio=0.5,
                     nblocks=int(3*depth), shortcut=True, act_type=act_type,
                     norm_type=norm_type, depthwise=depthwise)
        )
        # P3
        self.layer_3 = nn.Sequential(
            Conv(int(128*width), int(256*width), k=3, p=1, s=2, act_type=act_type,
                 norm_type=norm_type, depthwise=depthwise),
            CSPBlock(int(256*width), int(256*width), expand_ratio=0.5,
                     nblocks=int(9*depth), shortcut=True, act_type=act_type,
                     norm_type=norm_type, depthwise=depthwise)
        )
        # P4
        self.layer_4 = nn.Sequential(
            Conv(int(256*width), int(512*width), k=3, p=1, s=2, act_type=act_type,
                 norm_type=norm_type, depthwise=depthwise),
            CSPBlock(int(512*width), int(512*width), expand_ratio=0.5,
                     nblocks=int(9*depth), shortcut=True, act_type=act_type,
                     norm_type=norm_type, depthwise=depthwise)
        )
        # P5
        self.layer_5 = nn.Sequential(
            Conv(int(512*width), int(1024*width), k=3, p=1, s=2, act_type=act_type,
                 norm_type=norm_type, depthwise=depthwise),
            SPPF(int(1024*width), int(1024*width), expand_ratio=0.5, act_type=act_
                 type, norm_type=norm_type),
            CSPBlock(int(1024*width), int(1024*width), expand_ratio=0.5,
```

```
                nblocks=int(3*depth), shortcut=True, act_type=act_type,
                norm_type=norm_type, depthwise=depthwise)
        )

    def forward(self, x):
        c1 = self.layer_1(x)
        c2 = self.layer_2(c1)
        c3 = self.layer_3(c2)
        c4 = self.layer_4(c3)
        c5 = self.layer_5(c4)

        outputs = [c3, c4, c5]

        return outputs
```

在代码9-2所展示的CSPDarkNet主干网络中，我们使用width和depth两个尺度因子来调整网络的规模。残差模块的堆叠数量的基础配置为“3993”，对于不同规模的CSPDarkNet网络，width和depth也是不同的，这就使得残差模块的数量也不同、每层的卷积核数量也不同。YOLOv5所创建的这套尺度缩放规则被广泛地应用到其他工作中。

表9-1展示了不同规模的CSPDarkNet网络的配置。

表9-1 CSPDarkNet的模型规模与尺度因子的关系

网络	width因子	depth因子	参数量/M
CSPDarkNet-S	0.5	0.34	4.2
CSPDarkNet-M	0.75	0.67	12.3
CSPDarkNet-L	1.0	1.0	27.1
CSPDarkNet-X	1.25	1.34	50.3

在本次实现中，我们仅使用CSPDarkNet-L的配置，即width和depth两个因子均被设置为1.0。感兴趣的读者可以尝试width和depth的其他参数设置。

另外，在代码9-2中，我们还注意到最后一层的结构中，使用到了SPP模块。在YOLOv5的工作里，SPP模块作为主干网络的一部分被添加到了主干网络的最后一部分中。这一点与我们之前的实现是略有差别的。

9.2.2 搭建PaFPN结构

然后，我们继续搭建YOLOX的PaFPN结构。这一部分的实现和我们先前的YOLOv4所使用的PaFPN结构一样的，参数配置也是一样的，区别仅是引入了尺度缩放因子。代码9-3展示了带有尺度缩放因子的PaFPN结构。由于大部分代码是重复的，我们只展示部分代码，以节省篇幅。

代码9-3　带有尺度缩放因子的PaFPN结构

```
# YOLO_Tutorial/models/yolox/yolox_pafpn.py
# --------------------------------------------------------
...

# PaFPN-CSP
class YoloPaFPN(nn.Module):
    def __init__(self, in_dims, out_dim, width=1.0, depth=1.0, act_type='silu',
                 norm_type='BN', depthwise=False):
        super(YoloPaFPN, self).__init__()
        self.in_dims = in_dims
        self.out_dim = out_dim
        c3, c4, c5 = in_dims

        # top dwon
        ## P5 -> P4
        self.reduce_layer_1 = Conv(c5, int(512*width), k=1,
                                  norm_type=norm_type, act_type=act_type)
        self.top_down_layer_1 = CSPBlock(
                     in_dim = c4 + int(512*width), out_dim = int(512*width),
                     expand_ratio=0.5, kernel=[1, 3], nblocks=int(3*depth),
                     shortcut=False, act_type=act_type, norm_type=norm_type,
                     depthwise=depthwise)
...
```

对于YOLOX的解耦检测头，我们已经在前面的YOLOv3和YOLOv4的实现章节里讲过了，这里不再重复介绍。

对于YOLOX的预测层，由于我们不使用先验框，因此预测层的结构略有变化，如代码9-4所示，但不难发现，这一变化仅仅是预测层的输出通道中不再有先验框的数量了。

代码9-4　YOLOX的预测层

```
# YOLO_Tutorial/models/yolox/yolox.py
# --------------------------------------------------------
...

# YOLOX
class YOLOX(nn.Module):
    def __init__(...):
        super(YOLOX, self).__init__()
        ...

        # ------------------- Network Structure -------------------
        ...

        ## 预测层
        self.obj_preds = nn.ModuleList(
```

```
                    [nn.Conv2d(head.reg_out_dim, 1, kernel_size=1)
                        for head in self.non_shared_heads
                      ])
    self.cls_preds = nn.ModuleList(
                    [nn.Conv2d(head.cls_out_dim, self.num_classes, kernel_size=1)
                        for head in self.non_shared_heads
                      ])
    self.reg_preds = nn.ModuleList(
                    [nn.Conv2d(head.reg_out_dim, 4, kernel_size=1)
                        for head in self.non_shared_heads
                      ])
...
```

移除先验框后，解算边界框坐标和生成包含网格坐标的$\boldsymbol{G}$矩阵代码也都有相应的变化。对于生成$\boldsymbol{G}$矩阵的代码，由于没有先验框，那么$\boldsymbol{G}$矩阵又变回了和先前YOLOv1的$\boldsymbol{G}$矩阵同样的含义，仅包含所有网格的坐标，不再包含先验框的尺寸信息。代码9-5展示了YOLOX生成$\boldsymbol{G}$矩阵的相关代码。

代码9-5 YOLOX的$\boldsymbol{G}$矩阵的相关代码

```
# YOLO_Tutorial/models/yolox/yolox.py
# --------------------------------------------------------
...

def generate_anchors(self, level, fmp_size):
    """
        fmp_size: (List) [H, W]
    """
    # generate grid cells
    fmp_h, fmp_w = fmp_size
    anchor_y, anchor_x = torch.meshgrid([torch.arange(fmp_h), torch.arange(fmp_w)])
    # [H, W, 2] -> [HW, 2]
    anchor_xy = torch.stack([anchor_x, anchor_y], dim=-1).float().view(-1, 2)
    anchor_xy += 0.5  # add center offset
    anchor_xy *= self.stride[level]
    anchors = anchor_xy.to(self.device)

    return anchors
```

注意，在代码9-5中，我们给每个网格的坐标加上了0.5的亚像素坐标，使得网格的坐标变成了网格的中心点，不再是网格的左上角。随后，我们会给网格的坐标乘以其所在的特征图的输出步长stride，将其映射到原图的尺度上去。

网格的本质就是特征图上的每一个空间坐标，而先验框指的是每个网格处预先放置的包含尺寸先验信息的边界框。由此引申出来的anchor-based概念和anchor-free概念分别是指使用先验框和不使用先验框，更严谨的说法应该是anchor-box-based和 anchor-box-free，这是因为即使不使用先验框，现有的大多数anchor-free工作还是用到了网格，那么anchorfree这个说法就容易引起歧义。但在FCOS工作之后，业界普遍用anchor-free来代指不使用先验框的检测器。

随后，我们着手编写解算边界框坐标的代码。由于没有了先验框，且正样本可能不再局限在目标中心点所在的网格，因此，我们不再使用Sigmoid函数去处理中心点偏移量的预测，仅乘以stride，并将其映射到原图尺度上去，然后加到网格坐标上。对于边界框的尺寸，我们直接使用指数函数，并乘以所在尺度的stride参数。代码9-6展示了YOLOX的解算边界框坐标的代码。

代码9-6　YOLOX解算边界框坐标

```
# YOLO_Tutorial/models/yolox/yolox.py
# --------------------------------------------------------
...

def decode_boxes(self, anchors, reg_pred, stride):
    """
        anchors:  (List[Tensor]) [1, M, 2] or [M, 2]
        reg_pred: (List[Tensor]) [B, M, 4] or [M, 4]
    """
    # center of bbox
    pred_ctr_xy = anchors + reg_pred[..., :2] * stride
    # size of bbox
    pred_box_wh = reg_pred[..., 2:].exp() * stride

    pred_x1y1 = pred_ctr_xy - 0.5 * pred_box_wh
    pred_x2y2 = pred_ctr_xy + 0.5 * pred_box_wh
    pred_box = torch.cat([pred_x1y1, pred_x2y2], dim=-1)

    return pred_box
```

至此，我们就搭建完了YOLOX的网络，其整体结构和我们在搭建的YOLOv4是很相似的，所以实现起来也比较容易。不过，由于YOLOX不再使用先验框，因此一些代码也需要被重构，但难度不大。接下来，我们讲解YOLOX的标签匹配的代码实现。

9.3　YOLOX的标签匹配：SimOTA

在前面的章节中，我们已经介绍了SimOTA的原理，那么在本节，我们就来动手实现SimOTA。在本项目的models/yolox/matcher.py文件中，我们实现了名为`SimOTA`的类。对于这部分的代码，我们充分借鉴了YOLOX官方的项目源码，去除了一些本项目用不到的代码细节，仅保留其主干。接下来，我们来详细介绍其代码逻辑。

首先，我们要确定哪些预测样本可以作为正样本的候选，如代码9-7所示。

代码9-7 确定正样本候选

```
# YOLO_Tutorial/models/yolox/matcher.py
# --------------------------------------------------------
...

class SimOTA(object):
    def __init__(self, num_classes, center_sampling_radius, topk_candidate):
        self.num_classes = num_classes
        self.center_sampling_radius = center_sampling_radius
        self.topk_candidate = topk_candidate


    @torch.no_grad()
    def __call__(self, fpn_strides, anchors, pred_obj,
                 pred_cls, pred_box, tgt_labels, tgt_bboxes):
        # [M,]
        strides = torch.cat([torch.ones_like(anchor_i[:, 0]) * stride_i
                        for stride_i, anchor_i in zip(fpn_strides, anchors)], dim=-1)
        # List[F, M, 2] -> [M, 2]
        anchors = torch.cat(anchors, dim=0)
        num_anchor = anchors.shape[0]
        num_gt = len(tgt_labels)

        fg_mask, is_in_boxes_and_center = self.get_in_boxes_info(
            tgt_bboxes, anchors, strides, num_anchor, num_gt)
        ...
```

我们使用SimOTA类的get_in_boxes_info方法来计算处在目标框范围内或中心邻域内的正样本候选的标记fg_mask，以及同时处在目标框范围内和中心邻域内的样本标记is_in_boxes_and_center。随后，我们就可以计算这些正样本候选与目标框的代价，而对于那些处在目标框之外的负样本，则不计算任何代价，如代码9-8所示。

代码9-8 计算正样本候选与目标框的代价

```
# YOLO_Tutorial/models/yolox/matcher.py
# --------------------------------------------------------
...

class SimOTA(object):
    ...

    @torch.no_grad()
    def __call__(self, fpn_strides, anchors, pred_obj,
                 pred_cls, pred_box, tgt_labels, tgt_bboxes):
        ...
        obj_preds_ = pred_obj[fg_mask]   # [Mp, 1]
        cls_preds_ = pred_cls[fg_mask]   # [Mp, C]
        box_preds_ = pred_box[fg_mask]   # [Mp, 4]
        num_in_boxes_anchor = box_preds_.shape[0]
```

```
        # [N, Mp]
        pair_wise_ious, _ = box_iou(tgt_bboxes, box_preds_)
        pair_wise_ious_loss = -torch.log(pair_wise_ious + 1e-8)

        # [N, C] -> [N, Mp, C]
        gt_cls = (
            F.one_hot(tgt_labels.long(), self.num_classes)
            .float()
            .unsqueeze(1)
            .repeat(1, num_in_boxes_anchor, 1)
        )

        with torch.cuda.amp.autocast(enabled=False):
            score_preds_ = torch.sqrt(
                cls_preds_.float().unsqueeze(0).repeat(num_gt, 1, 1).sigmoid_()
                * obj_preds_.float().unsqueeze(0).repeat(num_gt, 1, 1).sigmoid_()
            ) # [N, Mp, C]
            pair_wise_cls_loss = F.binary_cross_entropy(
                score_preds_, gt_cls, reduction="none"
            ).sum(-1) # [N, Mp]
        del score_preds_

        cost = (
            pair_wise_cls_loss
            + 3.0 * pair_wise_ious_loss
            + 100000.0 * (~is_in_boxes_and_center)
        ) # [N, Mp]
        ...
```

在计算完了类别代价和回归代价之后，就可以着手求解正样本的分配结果了。我们调用SimOTA类的dynamic_k_matching方法去计算每个目标框被匹配上的正样本，如代码9-9所示。

代码9-9 获得正样本标记

```
# YOLO_Tutorial/models/yolox/matcher.py
# ----------------------------------------------------------
...

class SimOTA(object):
    ...

    @torch.no_grad()
    def __call__(self, fpn_strides, anchors, pred_obj,
                 pred_cls, pred_box, tgt_labels, tgt_bboxes):
        ...
        (
            num_fg,
```

```
            gt_matched_classes,          # [num_fg,]
            pred_ious_this_matching,     # [num_fg,]
            matched_gt_inds,             # [num_fg,]
        ) = self.dynamic_k_matching(cost, pair_wise_ious, tgt_labels, num_gt, fg_mask)

        del pair_wise_cls_loss, cost, pair_wise_ious, pair_wise_ious_loss

        return gt_matched_classes, fg_mask, pred_ious_this_matching, matched_gt_inds,
            num_fg

    def dynamic_k_matching(self, cost, pair_wise_ious, gt_classes, num_gt, fg_mask):
        # Dynamic K
        # ---------------------------------------------------------------
        matching_matrix = torch.zeros_like(cost, dtype=torch.uint8)

        ious_in_boxes_matrix = pair_wise_ious
        n_candidate_k = min(self.topk_candidate, ious_in_boxes_matrix.size(1))
        topk_ious, _ = torch.topk(ious_in_boxes_matrix, n_candidate_k, dim=1)
        dynamic_ks = torch.clamp(topk_ious.sum(1).int(), min=1)
        dynamic_ks = dynamic_ks.tolist()
        for gt_idx in range(num_gt):
            _, pos_idx = torch.topk(
                cost[gt_idx], k=dynamic_ks[gt_idx], largest=False
            )
            matching_matrix[gt_idx][pos_idx] = 1

        del topk_ious, dynamic_ks, pos_idx

        anchor_matching_gt = matching_matrix.sum(0)
        if (anchor_matching_gt > 1).sum() > 0:
            _, cost_argmin = torch.min(cost[:, anchor_matching_gt > 1], dim=0)
            matching_matrix[:, anchor_matching_gt > 1] *= 0
            matching_matrix[cost_argmin, anchor_matching_gt > 1] = 1
        fg_mask_inboxes = matching_matrix.sum(0) > 0
        num_fg = fg_mask_inboxes.sum().item()

        fg_mask[fg_mask.clone()] = fg_mask_inboxes

        matched_gt_inds = matching_matrix[:, fg_mask_inboxes].argmax(0)
        gt_matched_classes = gt_classes[matched_gt_inds]

        pred_ious_this_matching = (matching_matrix * pair_wise_ious).sum(0)[
            fg_mask_inboxes
        ]
        return num_fg, gt_matched_classes, pred_ious_this_matching, matched_gt_inds
```

最终返回的gt_matched_classes是正样本的类别标签；fg_mask是正样本的标记，其中，1表示正样本，0表示负样本；pred_ious_this_matching是正样本与目标框的IoU；matched_gt_inds 包含了目标框和正样本之间的匹配关系，最后的num_fg_ img就是正样本的数量。

SimOTA的大部分操作都是矩阵运算，没涉及太多的for循环和迭代优化，所以在GPU上计算速度也较快。

在完成了标签匹配后，我们就可以去计算损失函数了。对于置信度损失和类别损失，YOLOX也是采用Sigmoid函数和BCE函数的搭配来计算相关的损失；对于边界框回归损失，YOLOX也使用GIoU损失函数来计算相关损失。因此，损失部分的实现和先前的章节是一样的，我们就略过了。

至此，有关YOLOX的网络结构、标签匹配和损失函数就讲解完毕了，至此，目标检测项目的核心部分几乎都讲解完毕了。但还遗留一个小问题，那就是YOLOX所使用的混合增强。由于YOLOX的混合增强策略不同于我们先前在YOLOv3和YOLOv4中所使用到的YOLOv5风格的混合增强，因此，我们将在9.4节来介绍YOLOX风格的混合增强。

9.4 YOLOX风格的混合增强

正如前文所说，YOLOX的混合增强策略是混合一张马赛克图像和普通图像。因此，我们首先需要单独实现新的混合增强代码，不再使用先前的YOLOv5的混合增强代码。为了实现这一点，我们充分借鉴YOLOX的开源代码，并做适当的调整来适应本项目的输入输出接口。在本项目的dataset/data_augment/yolov5_augment.py文件中，我们编写了相关的代码，如代码9-10所示。

代码9-10 YOLOX风格的混合增强

```
# YOLO_Tutorial/dataset/data_augment/yolov5_augment.py
# --------------------------------------------------------
...

def yolox_mixup_augment(origin_img, origin_target, new_img, new_target,
                        img_size, mixup_scale):
    jit_factor = random.uniform(*mixup_scale)
    FLIP = random.uniform(0, 1) > 0.5

    # 调整图像的尺寸
    orig_h, orig_w = new_img.shape[:2]
    cp_scale_ratio = img_size / max(orig_h, orig_w)
    if cp_scale_ratio != 1:
        interp = cv2.INTER_LINEAR if cp_scale_ratio > 1 else cv2.INTER_AREA
            new_shape = (int(orig_w * cp_scale_ratio), int(orig_h * cp_scale_ratio))
        resized_new_img = cv2.resize(
            new_img, new_shape, interpolation=interp)
    else:
        resized_new_img = new_img
```

```
    # 补零调整图像的尺寸
    cp_img = np.ones([img_size, img_size, new_img.shape[2]], dtype=np.uint8) * 114
    new_shape = (resized_new_img.shape[1], resized_new_img.shape[0])
    cp_img[:new_shape[1], :new_shape[0]] = resized_new_img

    # 对补零后的图像的尺寸施加空间扰动
    cp_img_h, cp_img_w = cp_img.shape[:2]
    cp_new_shape = (int(cp_img_w * jit_factor),
                    int(cp_img_h * jit_factor))
    cp_img = cv2.resize(cp_img, (cp_new_shape[0], cp_new_shape[1]))
    cp_scale_ratio *= jit_factor

    # 随机水平翻转
    if FLIP:
        cp_img = cp_img[:, ::-1, :]

    # 完成空间扰动后，重新补零调整图像尺寸
    origin_h, origin_w = cp_img.shape[:2]
    target_h, target_w = origin_img.shape[:2]
    padded_img = np.zeros(
        (max(origin_h, target_h), max(origin_w, target_w), 3), dtype=np.uint8
    )
    padded_img[:origin_h, :origin_w] = cp_img

    # 剪裁图像
    x_offset, y_offset = 0, 0
    if padded_img.shape[0] > target_h:
        y_offset = random.randint(0, padded_img.shape[0] - target_h - 1)
    if padded_img.shape[1] > target_w:
        x_offset = random.randint(0, padded_img.shape[1] - target_w - 1)
    padded_cropped_img = padded_img[
        y_offset: y_offset + target_h, x_offset: x_offset + target_w
    ]

    # 处理标签数据
    new_boxes = new_target["boxes"]
    new_labels = new_target["labels"]
    new_boxes[:, 0::2] = np.clip(new_boxes[:, 0::2] * cp_scale_ratio, 0, origin_w)
    new_boxes[:, 1::2] = np.clip(new_boxes[:, 1::2] * cp_scale_ratio, 0, origin_h)
    if FLIP:
        new_boxes[:, 0::2] = (
            origin_w - new_boxes[:, 0::2][:, ::-1]
        )
    new_boxes[:, 0::2] = np.clip(
        new_boxes[:, 0::2] - x_offset, 0, target_w
    )
    new_boxes[:, 1::2] = np.clip(
        new_boxes[:, 1::2] - y_offset, 0, target_h
    )
```

```
mixup_boxes = np.concatenate([new_boxes, origin_target['boxes']], axis=0)
mixup_labels = np.concatenate([new_labels, origin_target['labels']], axis=0)
mixup_target = {
    'boxes': mixup_boxes,
    'labels': mixup_labels
}

# 混合图像
origin_img = origin_img.astype(np.float32)
origin_img = 0.5 * origin_img + 0.5 * padded_cropped_img.astype(np.float32)

return origin_img.astype(np.uint8), mixup_target
```

为了能够更加直观地理解YOLOX风格的混合增强，我们可以修改dataset/voc.py文件中的相关配置，将`yolox_trans_config`传给`VOCDetection`类的`trans_config`参数，然后运行该代码文件，即可看到YOLOX风格的混合增强与马赛克增强共同作用的效果。图9-7展示了YOLOX风格数据增强的实例。

图9-7　YOLOX风格数据增强的实例

从图9-7的图像中，可以明显看到被YOLOX风格的数据增强处理后的图像看起来更“虚”，这是因为YOLOX的混合增强将两张图像分别以0.5和0.5的权重加到一起了，图像各自的像素值得到了一定的弱化，看起来似乎也就更灰暗、更“虚”了。另外，官方的YOLOX还使用了诸如旋转和剪切操作，感兴趣的读者可以修改`yolox_trans_config`中的`shear`和`degrees`参数，图9-8展示了一些实例，其中，`shear`和`degrees`参数分别被设置为2.0和10.0。

图9-8　加入旋转和剪切处理的实例

从图9-8中可以明显看到剪切和旋转处理的效果。也正是因此，官方的YOLOX在关闭了马赛克增强和混合增强后，还在损失函数中额外加入了L1损失来修正剪切和旋转引入的负面效果。

至此，讲解完了搭建我们自己的YOLOX的所有关键部分。由于训练代码和先前的模型是共用的，因此，不再讲解如何训练，直接进入测试环节。

9.5　测试 YOLOX

首先，一如既往地使用VOC数据集来训练和测试我们的YOLOX检测器。假设已训练好的模型文件为yolox_voc.pth，先运行test.py文件来查看模型在VOC数据集上的检测结果的可视化图像。图9-9展示了部分检测结果的可视化图像，可以看到，我们设计的YOLOX表现得还是很出色的。随后，再去计算mAP指标，如表9-2所示，相较于我们之前实现的YOLOv4，YOLOX实现了更高的性能，证明了动态标签分配的有效性。

图9-9　YOLOX在VOC测试集上的检测结果的可视化图像

随后，在COCO验证集上进一步训练并测试我们的YOLOX。图9-10展示了我们的YOLOX在COCO验证集上的部分检测结果的可视化图像，可以看到，我们实现的YOLOX检测器的表现还是比较可靠的。

表 9-2 YOLOX 在 VOC2007 测试集上的 mAP 测试结果

模型	输入尺寸	mAP/%
YOLOv1	640×640	76.7
YOLOv2	640×640	79.8
YOLOv3	640×640	82.0
YOLOv4	640×640	83.6
YOLOX	640×640	84.6

图9-10 YOLOX在COCO验证集上的检测结果的可视化图像

为了定量地理解这一点，我们接着去测试YOLOX在COCO 验证集上的AP指标，如表9-3所示。从表中可以看到，我们实现的YOLOX在COCO验证集上的性能要强于先前实现的YOLOv4，尽管这与YOLOX官方给出的COCO验证集的性能存在较小的差距，但这可能是因为某些训练或测试的细节未与官方YOLOX项目保持一致。总的来说，我们通过此次代码实现，掌握了YOLOX的anchor-free与动态标签分配的两大技术点，为后续学习更好的YOLO检测器储备了相关的基础知识。从学习的角度来说，本章的目的已经达到了，读者若拥有更多的算力，不妨尝试改进和优化本项目代码的训练策略，从而得到更好的性能。

表 9-3 YOLOX 在 COCO 验证集上的 AP 测试结果

模型	输入尺寸	AP /%	AP_{50} /%	AP_{75} /%	AP_S /%	AP_M /%	AP_L /%
YOLOv1	640×640	27.9	47.5	28.1	11.8	30.3	41.6
YOLOv2	640×640	32.7	50.9	34.4	14.7	38.4	50.3
YOLOv3	640×640	42.9	63.5	46.6	28.5	47.3	53.4
YOLOv4	640×640	46.6	65.8	50.2	29.7	52.0	61.2
YOLOX	640×640	48.7	68.0	53.0	30.3	53.9	65.2

9.6 小结

本章介绍了新一代的YOLO检测器：YOLOX，其核心特色包括anchor-free检测机制以及新型的动态标签分配策略SimOTA。自YOLOX工作问世后，YOLO系列的发展又一次迈入了新的纪元，使得YOLO系列彻底抛弃了烦琐的先验框，拥抱了更加简洁、高效、泛化性更好的anchor-free机制。从本书开始到现在，我们对当下的YOLO框架有了清晰的认识，了解了YOLO的框架结构和一些主要的技术点，现在，我们的认知体系中又添加了anchor-free机制和动态标签分配两大新型“武器”。尽管在YOLOX之后，YOLO系列仍在更新，比如后来的YOLOv6和YOLOv7，但是几乎都没有跳出由YOLOv4奠定的网络结构和由YOLOX所奠定的anchor-free机制和动态标签分配两大框架。因此，在读者学完第9章后，本书的目的就几乎达到了：带领读者摸清YOLO系列的发展脉络、拥有相关的代码实现经验，以及具备独自搭建YOLO框架的能力。希望这样一款十分简洁的YOLO检测器能深受读者喜欢。

第10章

YOLOv7

在YOLOX工作问世后，YOLO系列的框架模式又得到了一些重要更新：从原先的固定标签分配升级为动态标签分配。这一改进使得YOLO系列再也无须依赖先验框，大大提高了YOLO在不同数据集上和不同任务场景下的泛化性，减少了部分超参数。尽管在此之后仍有部分工作尝试引入先验框，但anchor-free架构与动态标签匹配技术已是大势所趋了。

这之后，美团公司提出了面向工业部署的YOLOv6[10]系列，在继承YOLOX的解耦检测头、动态标签分配策略等核心思想的同时，还引入了备受瞩目的“重参数化”技术，使得YOLOv6可以在工业场景下表现得更为出色、部署更加便利。从技术的宏观层面来看，YOLOv6并没有展现出质的飞跃，但从微观层面来看，引入的“重参数化”技术为基础模型设计带来了很多便利和启发。

不过，在YOLOv6之后，YOLOv4的原班人马再度出手，亲手打磨YOLO系列，提出了新一代更强更快的YOLO检测器：YOLOv7。时至今日，绝大多数先进的目标检测项目可以大致分为数据预处理、模型结构、标签分配以及损失函数四大部分。从前面的每一次YOLO的改进内容里，我们也可以很清楚地看到这四大部分或大或小的改进。而这一次的YOLOv7，将改进和优化的注意力集中在了“模型结构”上。

从数据预处理的角度来看，YOLOv7沿用了YOLOv5的数据预处理，包括马赛克增强和混合增强；从标签分配的角度来看，YOLOv7继承了YOLOX的动态标签分配策略；从损失函数的角度来看，YOLOv7还是使用YOLOv5已经调整好的损失函数。但在模型结构层面，YOLOv7做出了极大的突破，不仅大幅削减了YOLO系列的参数量和计算量，还显著提升了YOLO系列的性能，实现了性能与速度之间的良好平衡。

到这里，相信读者都已经对YOLO系列有了足够清晰的认识，尽管从整体架构来看，YOLOv7并没有实质性的突破，但考虑到YOLOv7的轻量化网络设计对于我们设计自己的网络会带来很有价值的启发，本章，我们从网络结构的角度来进一步学习YOLOv7工作，了解这一新的YOLO工作在模型结构设计层面所做出的突破成果。接下来，我们一起去了解和学习YOLOv7的网络结构。

10.1 YOLOv7 的主干网络

为了提高学习YOLOv7网络结构的效率，我们在讲解YOLOv7的网络结构时，也同步介绍相关的代码实现。在本项目的config/model_config/official_yaml/yolov7.yaml文件中，我们复制了一份官方YOLOv7的配置文件，以便读者查阅YOLOv7的网络结构。我们结合该文件来讲解YOLOv7的网络结构。同时，在本项目的models/yolov7/yolov7_backbone.py文件中，我们也实现了YOLOv7的主干网络，为了方便，我们不妨将YOLOv7的主干网络命名为ELANNet。

首先，我们可以从配置文件中看到YOLOv7的P1层，其包含三层卷积，完成一次对输入图像的空间降采样操作，如代码10-1所示。

代码10-1 YOLOv7的P1层结构

```
# YOLO_Tutorial/config/model_config/official_yaml/yolov7.yaml
# ------------------------------------------------------------
...

# yolov7 backbone
backbone:
  # [from, number, module, args]
  [[-1, 1, Conv, [32, 3, 1]],  # 0

   [-1, 1, Conv, [64, 3, 2]],  # 1-P1/2
   [-1, 1, Conv, [64, 3, 1]],

  ...
```

注意，YOLOv7的“卷积三件套”是不同于YOLOv4的，主要变化就是其中的非线性激活函数采用了YOLOv5的SiLU激活函数，其数学形式如公式（10-1）所示。随后，就可以轻松地搭建出YOLOv7的P1层，我们将P1层命名为layer_1。经过P1层的处理后，输入图像的空间维度被降采样了两倍，同时，通道数也从3增加至64。如代码10-2所示。

$$f(x) = x \times \sigma(x) \tag{10-1}$$

代码10-2 YOLOv7的P1层代码

```
# YOLO_Tutorial/models/yolov7/yolov7_backbone.py
# ------------------------------------------------------------
...

# ELANNet
class ELANNet(nn.Module):
    def __init__(self, act_type='silu', norm_type='BN', depthwise=False):
        super(ELANNet, self).__init__()
        self.feat_dims = [512, 1024, 1024]
```

```
# P1/2
self.layer_1 = nn.Sequential(
    Conv(3, 32, k=3, p=1,
         act_type=act_type, norm_type=norm_type, depthwise=depthwise),
    Conv(32, 64, k=3, p=1, s=2,
         act_type=act_type, norm_type=norm_type, depthwise=depthwise),
    Conv(64, 64, k=3, p=1,
         act_type=act_type, norm_type=norm_type,depthwise=depthwise)
)
...
```

接下来，继续查阅配置文件，了解YOLOv7的P2层配置。从相关的代码中，我们可以看到YOLOv7先使用一层步长为2的卷积得到4倍降采样特征图，然后连接一连串卷积处理这个4倍降采样特征图，如代码10-3所示。

代码10-3 YOLOv7的P2层结构

```
# YOLO_Tutorial/config/model_config/official_config/yolov7.yaml
# --------------------------------------------------------
...

# yolov7 backbone
backbone:
  # [from, number, module, args]
  ...
   [-1, 1, Conv, [128, 3, 2]],  # 3-P2/4
   [-1, 1, Conv, [64, 1, 1]],
   [-2, 1, Conv, [64, 1, 1]],
   [-1, 1, Conv, [64, 3, 1]],
   [-1, 1, Conv, [64, 3, 1]],
   [-1, 1, Conv, [64, 3, 1]],
   [-1, 1, Conv, [64, 3, 1]],
   [[-1, -3, -5, -6], 1, Concat, [1]],
   [-1, 1, Conv, [256, 1, 1]],  # 11
  ...
```

在YOLOv7的论文中，我们可以查阅到ELAN模块的网络结构，如图10-1所示，我们可以对应着论文所给出的网络结构来看代码10-3。为了便于读者理解，我们也在图10-1绘制了相关的网络结构。

ELAN模块的优势之一是在每个分支的操作中，输入通道和输出通道的数量都保持相等，仅在开始的两个1×1卷积操作中存在输入输出通道数不一致的现象。关于输入输出通道数相等的优势这一点，早在ShuffleNet-v2 [29] 中就已经被论证过了，这是一条常用的设计轻量级高效网络的准则之一，同时，YOLOv7作者在另一篇Scaled-YOLOv4 [41] 论文中也介绍了这一设计准则。按照上面的结构，我们可以容易地编写出该模块的代码，如代码10-4所示。

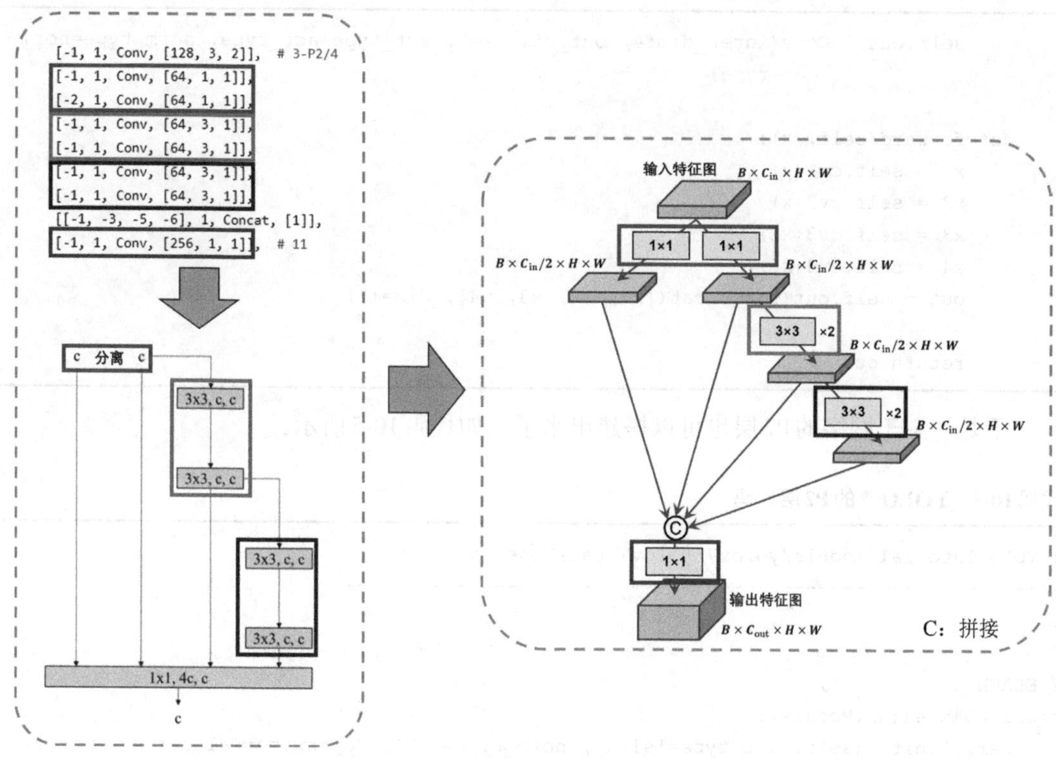

图10-1 YOLOv7的ELAN模块结构

代码10-4 ELAN模块

```
# YOLO_Tutorial/models/yolov7/yolov7_basic.py
# --------------------------------------------------------
...

class ELANBlock(nn.Module):
    def __init__(self, in_dim, out_dim, expand_ratio=0.5,
                 act_type='silu', norm_type='BN', depthwise=False):
        super(ELANBlock, self).__init__()
        inter_dim = int(in_dim * expand_ratio)
        self.cv1 = Conv(in_dim, inter_dim, k=1, act_type=act_type, norm_type=
            norm_type)
        self.cv2 = Conv(in_dim, inter_dim, k=1, act_type=act_type, norm_type=
            norm_type)
        self.cv3 = nn.Sequential(*[
            Conv(inter_dim, inter_dim, k=3, p=1, act_type=act_type, norm_type=norm_
                type, depthwise=depthwise)
            for _ in range(2)
        ])
        self.cv4 = nn.Sequential(*[
            Conv(inter_dim, inter_dim, k=3, p=1, act_type=act_type, norm_type=norm_
                type,depthwise=depthwise)
            for _ in range(2)
        ])
```

```
        self.out = Conv(inter_dim*4, out_dim, k=1, act_type=act_type, norm_type=norm_
                        type)

    def forward(self, x):
        x1 = self.cv1(x)
        x2 = self.cv2(x)
        x3 = self.cv3(x2)
        x4 = self.cv4(x3)
        out = self.out(torch.cat([x1, x2, x3, x4], dim=1))

        return out
```

于是，主干网络的P2层也可以搭建出来了，如代码10-5所示。

代码10-5 YOLOv7的P2层代码

```
# YOLO_Tutorial/models/yolov7/yolov7_backbone.py
# --------------------------------------------------------
...

# ELANNet
class ELANNet(nn.Module):
    def __init__(self, act_type='silu', norm_type='BN', depthwise=False):
        super(ELANNet, self).__init__()
        self.feat_dims = [512, 1024, 1024]
        ...

        # P2/4
        self.layer_2 = nn.Sequential(
            Conv(64, 128, k=3, p=1, s=2, act_type=act_type, norm_type=norm_type,
                 depthwise=depthwise),
            ELANBlock(in_dim=128, out_dim=256, expand_ratio=0.5,
                      act_type=act_type, norm_type=norm_type, depthwise=depthwise)
        )
        ...
```

在完成了P2层的搭建后，我们顺势搭建后续的P3层。P3层由两部分组成，分别是空间降采样操作和ELAN模块。在以往的YOLOv3和YOLOv4中，我们常常使用步长为2的3×3卷积来实现，在YOLOv2中使用最大池化层来实现。YOLOv7则设计了一种新型的模块来实现降采样操作，如代码10-6所示的相关配置。

代码10-6 YOLOv7的空间降采样结构

```
# YOLO_Tutorial/config/model_config/official_config/yolov7.yaml
# --------------------------------------------------------
...

# yolov7 backbone
backbone:
```

```
# [from, number, module, args]
...
 [-1, 1, MP, []],
 [-1, 1, Conv, [128, 1, 1]],
 [-3, 1, Conv, [128, 1, 1]],
 [-1, 1, Conv, [128, 3, 2]],
 [[-1, -3], 1, Concat, [1]],  # 16-P3/8
...
```

首先，YOLOv7使用最大池化层（MP）来做一次空间降采样，并紧跟一个1×1卷积压缩通道，同时，YOLOv7还设置了一个与之并行的分支，先用1×1卷积压缩通道，再用步长为2的3×3卷积完成另一次空间降采样。由于这两个空间降采样是并行、独立地对输入的特征图做空间降采样，因此输出的特征图是一样大的。最后，这两个特征图会沿着通道拼接成一个特征图。如此一来，YOLOv7就完成了一次2倍空间降采样操作。为了能够直观理解这一操作的流程，我们绘制了相关的网络结构，如图10-2所示。

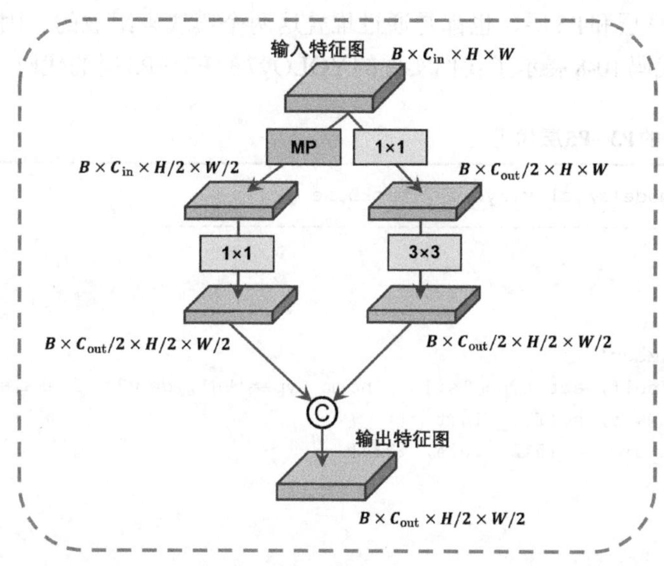

图10-2 YOLOv7的降采样模块（其中MP为最大池化层，C为拼接）

在清楚了相关的操作和网络结构后，我们就可以来搭建这一模块。这里，我们不妨将这一模块命名为DownSample模块，相关代码如代码10-7所示。

代码10-7 DownSample模块

```
# YOLO_Tutorial/models/yolov7/yolov7_basic.py
# --------------------------------------------------------
...

class DownSample(nn.Module):
    def __init__(self, in_dim, act_type='silu', norm_type='BN'):
        super().__init__()
        inter_dim = in_dim // 2
```

```
        self.mp = nn.MaxPool2d((2, 2), 2)
        self.cv1 = Conv(in_dim, inter_dim, k=1, act_type=act_type, norm_type=
            norm_type)
        self.cv2 = nn.Sequential(
            Conv(in_dim, inter_dim, k=1, act_type=act_type, norm_type=norm_type),
            Conv(inter_dim, inter_dim, k=3, p=1, s=2, act_type=act_type, norm_type=
                norm_type)
        )

    def forward(self, x):
        x1 = self.cv1(self.mp(x))
        x2 = self.cv2(x)
        out = torch.cat([x1, x2], dim=1)

        return out
```

随后，我们就可以来搭建YOLOv7的P3层，包括一个DownSample模块和一个ELAN模块。而之后的P4层和P5层，也都是通过堆叠这两个模块来组成的，因此，我们不再赘述后续的结构。代码10-8展示了我们实现的YOLOv7的P3～P5层的代码。

代码10-8 YOLOv7的P3～P5层代码

```
# YOLO_Tutorial/models/yolov7/yolov7_backbone.py
# --------------------------------------------------------
...

# ELANNet
class ELANNet(nn.Module):
    def __init__(self, act_type='silu', norm_type='BN', depthwise=False):
        super(ELANNet, self).__init__()
        self.feat_dims = [512, 1024, 1024]
        ...

        # P3/8
        self.layer_3 = nn.Sequential(
            DownSample(in_dim=256, act_type=act_type),
            ELANBlock(in_dim=256, out_dim=512, expand_ratio=0.5,
                      act_type=act_type, norm_type=norm_type, depthwise=depthwise)
        )
        # P4/16
        self.layer_4 = nn.Sequential(
            DownSample(in_dim=512, act_type=act_type),
            ELANBlock(in_dim=512, out_dim=1024, expand_ratio=0.5,
                      act_type=act_type, norm_type=norm_type, depthwise=depthwise)
        )
        # P5/32
        self.layer_5 = nn.Sequential(
            DownSample(in_dim=1024, act_type=act_type),
            ELANBlock(in_dim=1024, out_dim=1024, expand_ratio=0.25,
```

```
                    act_type=act_type, norm_type=norm_type, depthwise=depthwise)
        )
        ...
```

10.2 YOLOv7的特征金字塔网络

接下来，讲解YOLOv7的特征金字塔网络和相关的代码实现。

和之前的YOLOv4与YOLOv5一样，YOLOv7仍采用PaFPN结构，主要的差别就在于将先前的基于CSP结构的模块替换为ELAN模块。不过，在PaFPN中，ELAN模块的结构与主干网络中的ELAN模块有些差别。代码10-9展示了相关的配置。

代码10-9 PaFPN结构中的ELAN模块配置

```
# YOLO_Tutorial/config/model_config/official_config//yolov7.yaml
# ------------------------------------------------------------
...

# yolov7 head
head:
...

   [-1, 1, Conv, [256, 1, 1]],
   [-2, 1, Conv, [256, 1, 1]],
   [-1, 1, Conv, [128, 3, 1]],
   [-1, 1, Conv, [128, 3, 1]],
   [-1, 1, Conv, [128, 3, 1]],
   [-1, 1, Conv, [128, 3, 1]],
   [[-1, -2, -3, -4, -5, -6], 1, Concat, [1]],
   [-1, 1, Conv, [256, 1, 1]], # 63
        ...
```

从配置参数中不难看出，相较于主干网络所使用的ELAN模块，PaFPN所使用的ELAN模块增加了最后融合的分支，其思想内核与主干网络的ELAN模块是一致的，仍旧采用了多个并行分支来丰富回传的梯度流。图10-3展示了该模块的网络结构。

在清楚了ELAN模块以及结合我们先前搭建PaFPN网络的经验，我们遵循官方的配置文件所展示的PaFPN结构即可轻松编写出相关的代码，如代码10-10所示。

代码10-10 YOLOv7的PaFPN

```
# YOLO_Tutorial/models/yolov7/yolov7_pafpn.py
# ------------------------------------------------------------
...

class Yolov7PaFPN(nn.Module):
    def __init__(self, in_dims, out_dim, act_type='silu', norm_type='BN',
```

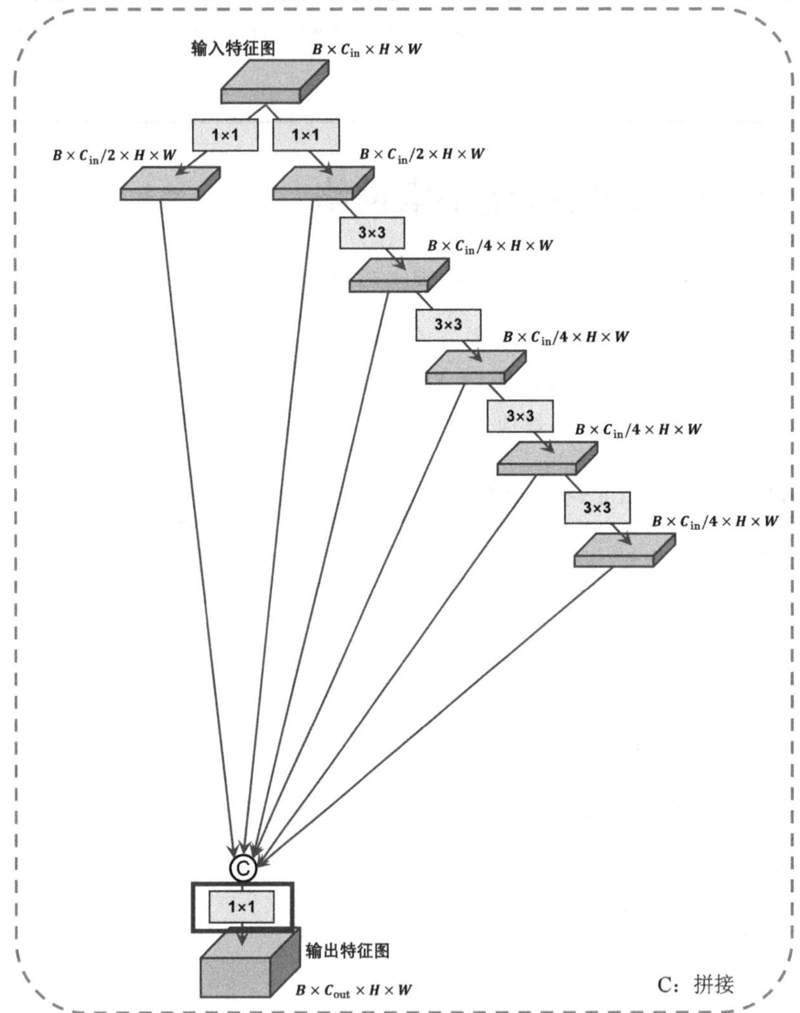

图10-3 YOLOv7的PaFPN所使用的ELAN模块

```
                depthwise=False):
        super(Yolov7PaFPN, self).__init__()
        self.in_dims = in_dims
        c3, c4, c5 = in_dims

        # top down
        ## P5 -> P4
        self.reduce_layer_1 = Conv(c5, 256, k=1, norm_type=norm_type, act_type=act_
                                   type)
        self.reduce_layer_2 = Conv(c4, 256, k=1, norm_type=norm_type, act_type=act_
                                   type)
        self.top_down_layer_1 = ELANBlockFPN(in_dim=256 + 256, out_dim=256,
             act_type=act_type, norm_type=norm_type, depthwise=depthwise)
        # P4 -> P3
        self.reduce_layer_3 = Conv(256, 128, k=1, norm_type=norm_type, act_type=act_
```

```
                    type)
        self.reduce_layer_4 = Conv(c3, 128, k=1, norm_type=norm_type, act_type=act_
                    type)
        self.top_down_layer_2 = ELANBlockFPN(in_dim=128 + 128, out_dim=128,
                    act_type=act_type, norm_type=norm_type, depthwise=depthwise)

        # bottom up
        # P3 -> P4
        self.downsample_layer_1 = DownSampleFPN(128, act_type=act_type,
                    norm_type=norm_type, depthwise=depthwise)
        self.bottom_up_layer_1 = ELANBlockFPN(in_dim=256 + 256,  out_dim=256,
                    act_type=act_type, norm_type=norm_type, depthwise=depthwise)
        # P4 -> P5
        self.downsample_layer_2 = DownSampleFPN(256, act_type=act_type,
                    norm_type=norm_type, depthwise=depthwise)
        self.bottom_up_layer_2 = ELANBlockFPN(in_dim=512 + c5, out_dim=512,
                    act_type=act_type, norm_type=norm_type, depthwise=depthwise)

        # head conv
        self.head_conv_1 = Conv(128, 256, k=3, p=1,
                    act_type=act_type, norm_type=norm_type, depthwise=depthwise)
        self.head_conv_2 = Conv(256, 512, k=3, p=1,
                    act_type=act_type, norm_type=norm_type, depthwise=depthwise)
        self.head_conv_3 = Conv(512, 1024, k=3, p=1,
                    act_type=act_type, norm_type=norm_type, depthwise=depthwise)

        # output proj layers
        if out_dim is not None:
            self.out_layers = nn.ModuleList([
                Conv(in_dim, out_dim, k=1,
                    norm_type=norm_type, act_type=act_type)
                    for in_dim in [256, 512, 1024]
                    ])
            self.out_dim = [out_dim] * 3
        else:
            self.out_layers = None
            self.out_dim = [256, 512, 1024]

    def forward(self, features):
        c3, c4, c5 = features

        # top down
        ## P5 -> P4
        c6 = self.reduce_layer_1(c5)
        c7 = F.interpolate(c6, scale_factor=2.0)
        c8 = torch.cat([c7, self.reduce_layer_2(c4)], dim=1)
        c9 = self.top_down_layer_1(c8)
        ## P4 -> P3
        c10 = self.reduce_layer_3(c9)
        c11 = F.interpolate(c10, scale_factor=2.0)
```

```
        c12 = torch.cat([c11, self.reduce_layer_4(c3)], dim=1)
        c13 = self.top_down_layer_2(c12)

        # bottom up
        # p3 -> P4
        c14 = self.downsample_layer_1(c13)
        c15 = torch.cat([c14, c9], dim=1)
        c16 = self.bottom_up_layer_1(c15)
        # P4 -> P5
        c17 = self.downsample_layer_2(c16)
        c18 = torch.cat([c17, c5], dim=1)
        c19 = self.bottom_up_layer_2(c18)

        c20 = self.head_conv_1(c13)
        c21 = self.head_conv_2(c16)
        c22 = self.head_conv_3(c19)

        out_feats = [c20, c21, c22] # [P3, P4, P5]

        # output proj layers
        if self.out_layers is not None:
            out_feats_proj = []
            for feat, layer in zip(out_feats, self.out_layers):
                out_feats_proj.append(layer(feat))
            return out_feats_proj

        return out_feats
```

由于我们会在后续的代码实现环节使用解耦检测头，因此我们会在上述代码的最后部分看到三层用于调整通道数的1×1卷积层。对于检测头的代码，前面已经大量实现过了，不再展开介绍。

至此，我们就讲解完了YOLOv7的主干网络和特征金字塔两大结构。对于没有讲到的颈部网络，YOLOv7仍使用基于CSP结构的SPP模块。有一点值得注意，虽然YOLOv7也使用了SimOTA，但是在做预测时YOLOv7仍然使用了先验框，而且在训练阶段，YOLOv7仍旧会用到基于先验框的标签匹配。从发展的眼光来看，YOLOv7的设计还是趋于保守了，尽管目前来看，先验框还有一定作用，在某些情况下还可以略微提升模型的性能，但总归是要被淘汰的。

按照一直以来的节奏，接下来就该去实现一款我们自己的YOLOv7了，但YOLOv7本身还有一些其他的技巧，比如固定、动态混合的标签分配策略和辅助检测头等结构，考虑到有限的计算资源，这里我们不再遵循YOLOv7官方项目的技术路线。由于YOLOv7网络结构轻量的特点，我们在接下来的实现章节中，将上面已经实现好的网络结构去替换我们的YOLOX的网络结构，进一步削减模型的参数量和计算量，同时不损失模型的性能。就网络结构而言，我们不妨将这一款检测器命名为YOLOv7，毕竟主干网络和特征金字塔都复现自官方的YOLOv7。

至于其他的诸如标签分配策略、数据增强和训练手段等，我们沿用先前的YOLOX所使用的相关配置，因此，我们就不再讲解如何去训练了，直接进入测试环节。

10.3 测试 YOLOv7

首先，使用VOC数据集来训练和测试我们的YOLOv7检测器。假设已训练好的模型文件为yolov7_voc.pth，首先运行test.py文件来查看模型在VOC数据集上的检测结果的可视化图像。图10-4展示了部分检测结果的可视化图像，可以看到，我们设计的YOLOv7表现得还是很出色的。随后去计算mAP指标，如表10-1所示，相较于我们之前实现的YOLOX，YOLOv7不仅减少了模型的参数量和计算量GFLOPs，还将mAP指标提升了将近一个百分点。该实验结果证明了YOLOv7的网络结构实现了出色的性能与速度的平衡。

图10-4 YOLOv7在VOC测试集上的检测结果的可视化图像

表 10-1 YOLOv7 在 VOC2007 测试集上的 mAP 测试结果

模型	输入尺寸	mAP/%	参数量 /M	GFLOPs
YOLOv1	640×640	76.7	37.8	21.3
YOLOv2	640×640	79.8	53.9	30.9
YOLOv3	640×640	82.0	167.4	54.9
YOLOv4	640×640	83.6	162.7	61.5
YOLOX	640×640	84.6	155.4	54.2
YOLOv7	640×640	85.5	144.6	44.0

随后，使用COCO数据集进一步训练并测试我们的YOLOv7。图10-5展示了我们的YOLOv7在COCO验证集上的部分检测结果的可视化图像，可以看到，我们实现的YOLOv7仍旧表现出了出色的检测性能。

为了定量地理解这一点，接着去测试YOLOv7在COCO验证集上的AP指标，如表10-2所示。相较于我们上一次实现的YOLOX，在替换上了YOLOv7的网络结构后（保留了YOLOX风格的解耦检测头），我们所实现的YOLOv7表现出了更好的性能，结合此前在VOC测试集上的对比结果，充分表明了YOLOv7对于轻量化网络结构的探索是较为

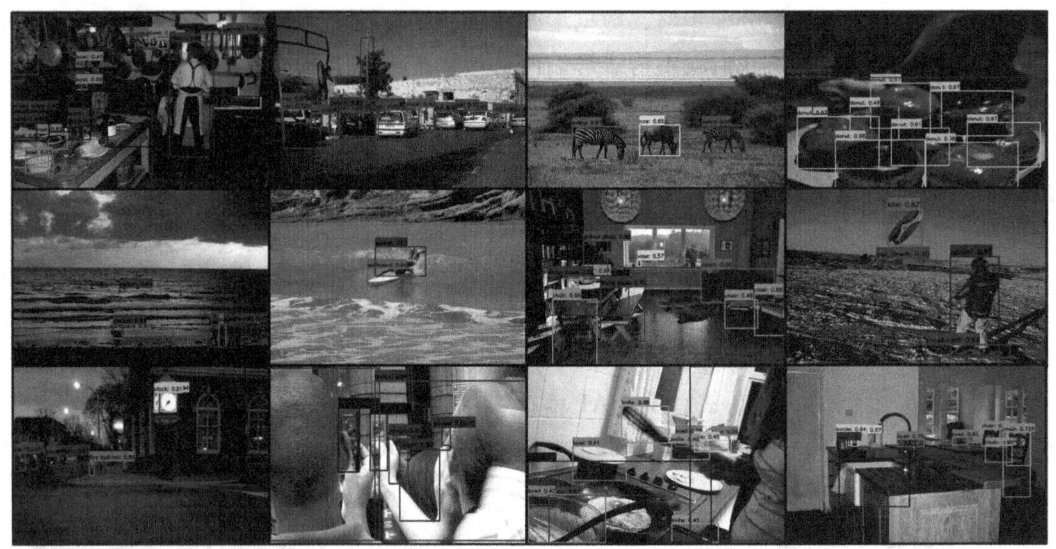

图10-5　YOLOv7在COCO验证集上的检测结果的可视化图像

成功的——以更少的参数量和计算量来实现更好的性能。尽管和官方的YOLOv7相比，我们所实现的YOLOv7的性能表现要逊色了一点，但这也许是因为我们没有使用包括辅助检测头（AuxHead）、混合9张图像的马赛克增强，以及YOLOv5风格的先验框等技巧。考虑到本书的宗旨在于入门，便不对复现加以过高的要求。

表10-2　YOLOv7在COCO验证集上的测试结果

模型	输入尺寸	AP /%	AP_{50} /%	AP_{75} /%	AP_S /%	AP_M /%	AP_L /%
YOLOv1	640×640	27.9	47.5	28.1	11.8	30.3	41.6
YOLOv2	640×640	32.7	50.9	34.4	14.7	38.4	50.3
YOLOv3	640×640	42.9	63.5	46.6	28.5	47.3	53.4
YOLOv4	640×640	46.6	65.8	50.2	29.7	52.0	61.2
YOLOX	640×640	48.7	68.0	53.0	30.3	53.9	65.2
YOLOv7	640×640	49.5	68.8	53.6	31.2	54.3	65.6

10.4　小结

在本章，我们讲解了YOLOv7的工作。当然，我们没有介绍YOLOv7使用的“重参数化”、辅助检测头YOLOR[48]中的隐性知识（implicit knowledge）等技术点，只讲解了更加关注的网络结构。感兴趣的读者可以阅读YOLOv7的论文和官方源码来更深入地学习YOLOv7。

至此，本书的核心内容全部讲解完了。从一开始的YOLOv1到最近的YOLOv7，我们都做了充分的讲解，最重要的是，我们配合丰富的代码实现，加深了对YOLO系列的了解和认识，也了解了目标检测项目代码通常包含的内容。到这里，我们最开始的“入门”目的已经充分达到了。尽管本书所提供的源码都实现了较为不错的性能，但当读者今后开展自己的工作并解决实际场景的一些问题时，作者的项目恐怕是不够的，尽管如此，相信读者在有了相关的知识基础和代码实现经验后，能够上手那些知名度较高、完成度较高的开源项目，如YOLOv5和YOLOv7。

就我们的初衷而言，本书到这里就可以结束了。不过，在讲解的过程中，也留下了一些有趣的伏笔，比如有没有真正的anchor-free模型？第一个流行的anchor-free模型是什么样子的？以及除了多级检测结构，仅用单级特征图能否胜任目标检测任务呢？诸如此类的问题。所以，尽管核心内容已收尾，但是在本书的最后，不妨去了解和学习一些YOLO之外的工作，以进一步拓展我们对目标检测领域发展的认识。

第4部分

其他流行的目标检测框架

第11章

DETR

2020年，一篇发表在ECCV会议上的*End-to-End Object Detection with Transformer*论文[6]（简称DETR）在计算机视觉领域掀起了一股新的浪潮，撼动了以往长期处在统治地位的基于CNN架构的目标检测框架。DETR以其极为简洁的检测范式使广大的学者认识到Transformer[5]在计算机视觉任务中的无限潜力，因此，在这之后，大量基于Transformer的视觉模型如雨后春笋般在各大视觉任务中竞相出现、争奇斗艳。毫无疑问，DETR是2020年最成功的深度学习工作之一，是计算机视觉发展的一个重要转折点之一，也是未来几年内新浪潮的发起者。因此，学习DETR有助于为今后深入研究基于Transformer的各种视觉检测算法打下坚实基础。

也许，起初我们会对DETR敬而远之，不是因为DETR的工作晦涩难懂，而是因为Transformer对初学者来说过于陌生，毕竟用惯了CNN来处理各类视觉任务。事实上，相较于CNN，Transformer同样是一个十分简单的结构，其数学原理十分简单，以此为核心搭建起来的DETR检测器也同样是一个简洁高效而又极具启发性的工作。从当下的发展趋势来看，了解DETR、Transformer是必要的，会为我们后续的工作带来一些有价值的思考和灵感。

需要说明一点，由于训练DETR十分耗时且相当地消耗算力资源，因此，我们在代码实践章节中不会去训练DETR，仅调用DETR官方开源项目所提供的已训练好的权重文件。同时，由于DETR属于新框架的工作，我们也单独创建了一个开源项目，不再与先前的YOLO项目共用一套数据预处理、训练和测试代码。

本章所涉及的代码如下。

- **官方DETR开源代码：**https://github.com/facebookresearch/detr
- **本书DETR代码实现项目：**https://github.com/yjh0410/DeTR-LAB

接下来，我们领略一下这个新工作的独特魅力。

11.1 解读 DETR

一如既往地，我们先从DETR的网络结构开始讲解本章的内容，包括基于CNN架构的主干网络、基于Transformer的编码器-解码器（encoder-decoder）结构以及别具一格的object queries理念。

11.1.1 主干网络

首先，我们来讲解DETR的主干网络。以现在的视角来看，DETR无疑是“Transformer in CV”研究路线的开篇之作，正因如此，DETR尽可能地采用较为简洁的结构，为后续的研究留有充分的空间，相较于性能，也许DETR团队更注重的是对后续工作的启发。

对于主干网络，DETR采用基于CNN的主干网络（如ResNet-50）来处理输入图像，提取特征。对于给定的输入图像 $\boldsymbol{I} \in \mathbb{R}^{B\times 3\times H\times W}$ ，其中 B 是batch size，3是RGB颜色通道，H 和 W 分别是输入图像的高和宽。经过主干网络的处理后，我们会得到一张特征图 $\boldsymbol{C}_5 \in \mathbb{R}^{B\times 2048\times H_o\times W_o}$，其中，$H_o$ 和 W_o 分别为 H 和 W 的1/32。随后，再用一层 1×1 卷积压缩通道，将较大的通道数2048压缩至常见的256。我们不妨将该特征图命名为 $\boldsymbol{P}_5 \in \mathbb{R}^{B\times 256\times H_o\times W_o}$ 。

为了符合Transformer的接口，我们需要将输入数据的维度调整成 $[B,N,C]$ 的格式，其中 N 是序列的长度，在这里，$N = H_o \times W_o$，而 C 是特征维度，这里 $C = 256$ 。因此，这就需要我们展平空间维度，然后与通道维度调换一下顺序。有些情况下，Transformer也会采用另一种维度顺序 $[N,B,C]$，但数学过程是一样的，所以，我们不妨就用 $[B,N,C]$ 这个维度顺序。

另外，Transformer还需要额外的**位置嵌入**（position embedding），为输入序列提供位置信息。由于CNN输出的是二维特征图，具有较强的空间关联，DETR的位置嵌入也需要是二维的，即同时生成 x 和 y 两个方向的位置编码。我们将DETR的位置嵌入记为：$\boldsymbol{Pos} \in \mathbb{R}^{1\times 256\times H_o\times W_o}$，其中1是对应batch size的维度。

我们简单介绍一下Transformer中用于位置嵌入的计算公式，如公式（11-1）所示：

$$
\begin{aligned}
PE(pos,2i) &= \sin\left(pos / 10000^{2i/d_{\text{model}}}\right) \\
PE(pos,2i+1) &= \cos\left(pos / 10000^{2i/d_{\text{model}}}\right)
\end{aligned}
\tag{11-1}
$$

代码11-1展示了DETR官方开源代码所实现的生成位置嵌入，整体来看，这当中没有包含复杂的实现。

代码 11-1 制作位置嵌入

```
# detr/models/position_encoding.py
# ------------------------------------------------------------
...
```

```
class PositionEmbeddingSine(nn.Module):
    def __init__(self, num_pos_feats=64, temperature=10000, normalize=False,
        scale=None):
        super().__init__()
        self.num_pos_feats = num_pos_feats
        self.temperature = temperature
        self.normalize = normalize
        if scale is not None and normalize is False:
            raise ValueError("normalize should be True if scale is passed")
        if scale is None:
            scale = 2 * math.pi
        self.scale = scale

    def forward(self, tensor_list: NestedTensor):
        x = tensor_list.tensors
        mask = tensor_list.mask
        assert mask is not None
        not_mask = ~mask
        y_embed = not_mask.cumsum(1, dtype=torch.float32)
        x_embed = not_mask.cumsum(2, dtype=torch.float32)
        if self.normalize:
            eps = 1e-6
            y_embed = y_embed / (y_embed[:, -1:, :] + eps) * self.scale
            x_embed = x_embed / (x_embed[:, :, -1:] + eps) * self.scale

        dim_t = torch.arange(self.num_pos_feats, dtype=torch.float32, device=x.device)
        dim_t = self.temperature ** (2 * (dim_t // 2) / self.num_pos_feats)

        pos_x = x_embed[:, :, :, None] / dim_t
        pos_y = y_embed[:, :, :, None] / dim_t
        pos_x = torch.stack((pos_x[:, :, :, 0::2].sin(),
                             pos_x[:, :, :, 1::2].cos()), dim=4).flatten(3)
        pos_y = torch.stack((pos_y[:, :, :, 0::2].sin(),
                             pos_y[:, :, :, 1::2].cos()), dim=4).flatten(3)
        pos = torch.cat((pos_y, pos_x), dim=3).permute(0, 3, 1, 2)
        return pos
```

在代码11-1中，输入x就是上面讲到的特征图$\boldsymbol{P}_5$。这段代码还是很好理解的，不过，有一点需要解释，那就是代码中的mask变量。在训练阶段，同一批次的图像尺寸不可能是一样大的，预处理只能保证输入图像的最短边为800，最长边不超过1333，而当采用了多尺度增强时，部分图像的最短边可能会小于800，即便短边相同，长边也有可能不一样。换言之，在训练期间，读取的一批图像的空间尺寸可能互不相等，为了保留长宽比并顺利组成一个批次，就需要使用填充（padding）补零的方式来对齐这些图像的尺寸，对于该操作，我们已经不陌生了，图11-1展示了处理该情况的一个实例。

相较于我们之前的这类操作的实现，在DETR中，我们对齐的不再是最长边，而是最短边，但并没有实质性的区别。在完成补零操作后，由于补零的区域不包含任何有效的信

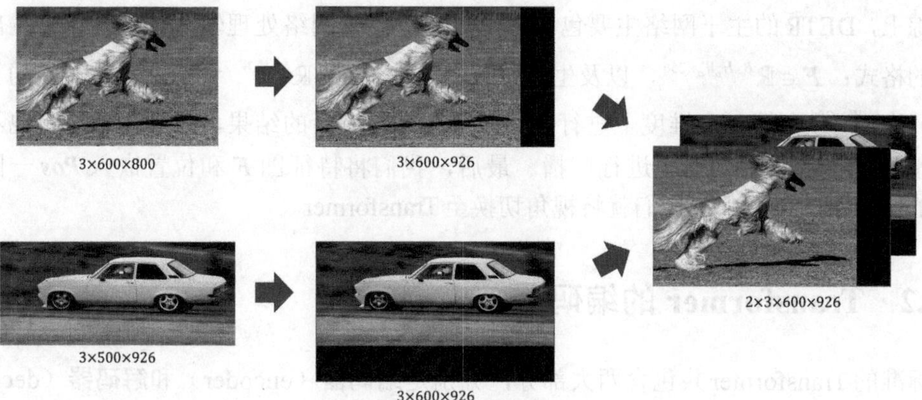

图11-1 DETR的图像预处理

息，我们自然不希望这部分数值参与前向传播和反向传播的计算，因此就需要一个额外地存储了0/1离散值的mask来标记哪些区域是有效的，哪些区域是无效的，其中，0表示原图区域（有效区域），1表示padding区域（无效区域），无效区域既不会参与Transformer的计算，也不会回传梯度。代码11-2展示了该处理操作的代码实现，这也是DETR的数据预处理环节的一部分。

代码11-2 处理同一批次的输入图像

```
# detr/util/misc.py
# ------------------------------------------------------------
...

def nested_tensor_from_tensor_list(tensor_list: List[Tensor]):
    if tensor_list[0].ndim == 3:
        if torchvision._is_tracing():
            # nested_tensor_from_tensor_list() does not export well to ONNX
            # call _onnx_nested_tensor_from_tensor_list() instead
            return _onnx_nested_tensor_from_tensor_list(tensor_list)

        # TODO make it support different-sized images
        max_size = _max_by_axis([list(img.shape) for img in tensor_list])
        # min_size = tuple(min(s) for s in zip(*[img.shape for img in tensor_list]))
        batch_shape = [len(tensor_list)] + max_size
        b, c, h, w = batch_shape
        dtype = tensor_list[0].dtype
        device = tensor_list[0].device
        tensor = torch.zeros(batch_shape, dtype=dtype, device=device)
        mask = torch.ones((b, h, w), dtype=torch.bool, device=device)
        for img, pad_img, m in zip(tensor_list, tensor, mask):
            pad_img[: img.shape[0], : img.shape[1], : img.shape[2]].copy_(img)
            m[: img.shape[1], :img.shape[2]] = False
    else:
        raise ValueError('not supported')
    return NestedTensor(tensor, mask)
```

综上，DETR的主干网络主要包含两个流程，主干网络处理输入图像并调整输出的特征图的格式：$\boldsymbol{F} \in \mathbb{R}^{B \times H_o W_o \times 256}$，以及生成位置嵌入：$\boldsymbol{Pos} \in \mathbb{R}^{B \times H_o W_o \times 256}$。注意，其中的$B$是将$\boldsymbol{Pos} \in \mathbb{R}^{1 \times H_o W_o \times 256}$在第一个维度上进行**广播**（broadcast）后的结果，当然，这一步也不需要显式地计算，代码会自动地进行广播。最后，我们将特征图$\boldsymbol{F}$和位置嵌入$\boldsymbol{Pos}$一同输入Transformer中。接下来，我们就将视角切换至Transformer。

11.1.2　Transformer的编码器

标准的Transformer共包含两大部分，分别是**编码器**（encoder）和**解码器**（decoder）。首先，我们来讲解编码器。编码器的核心就是**自注意力**（self-attention）机制，这里，我们用几个公式简单介绍一下Transformer的自注意力机制的数学过程：

首先，计算自注意力机制中的$\boldsymbol{Q}$（query）、$\boldsymbol{K}$（key）和$\boldsymbol{V}$（value）：

$$\boldsymbol{Q} = \boldsymbol{W}^q \boldsymbol{X}, \boldsymbol{K} = \boldsymbol{W}^k \boldsymbol{X}, \boldsymbol{V} = \boldsymbol{W}^v \boldsymbol{X} \tag{11-2}$$

接着，将位置嵌入加入输入中：

$$\boldsymbol{Q} = \boldsymbol{Q} + \boldsymbol{Pos}, \boldsymbol{K} = \boldsymbol{K} + \boldsymbol{Pos}, \boldsymbol{V} = \boldsymbol{V} + \boldsymbol{Pos} \tag{11-3}$$

然后，计算$\boldsymbol{Q}$和$\boldsymbol{K}$的相似度，得到自注意力矩阵：

$$\boldsymbol{S} = softmax\left(\frac{\boldsymbol{Q}\boldsymbol{K}^T}{\sqrt{d_k}}\right) \tag{11-4}$$

其中，d_k就是特征维度，即256。

随后，我们用得到的自注意力矩阵来计算自注意力机制的输出：

$$\boldsymbol{H} = \boldsymbol{S}\boldsymbol{V} \tag{11-5}$$

最后，我们再用一层**前馈网络**（feedforward network，FFN）和**残差连接**得到最终的输出：

$$\begin{aligned} \boldsymbol{X} &= LN\left[Linear\left(\boldsymbol{H} + \boldsymbol{X}\right)\right] \\ \boldsymbol{Y} &= LN\left[FFN\left(\boldsymbol{X}\right) + \boldsymbol{X}\right] \end{aligned} \tag{11-6}$$

其中，LN表示layer normalization层，$Linear$表示线性输出层，即一层全连接层。FFN通常由若干线性层和非线性激活函数组成。

以上便是Transformer的编码器的标准计算流程。不过，在DETR中，有一处小细节有所不同，那就是在DETR的公式（11-3）中，只有$\boldsymbol{Q}$和$\boldsymbol{K}$被加上了$\boldsymbol{Pos}$，而$\boldsymbol{V}$没有加，论文里并没有解释其具体原因。除此之外，DETR的编码器和标准的Transformer一样。

实际上，我们通常会使用**“多头注意力”**（multi-head attention）机制来并行地完成多次自注意力计算，而非上述公式所展示的仅包含一次自注意力处理过程。仅一次自注意力操作可能不足以提取足够丰富的特征，就相当于在卷积操作中，我们仅用一个卷积核不足以提取好的特征，“多头注意力”并行地做多次自注意力操作可以理解为使用多个卷积核来提取输入特征图中的丰富的特征。在PyTorch库中，多头注意力已经实现好了，我们只需像调用卷积操作那样去调用PyTorch的多头注意力。不过，为了方便读者更好地理解多头注意力，我们借鉴GitHub上的开源代码，实现了简单的多头注意力，如代码11-3所示。

代码 11-3 多头注意力的代码范例

```
# MultiHeadAttentino
class MultiHeadAttention(nn.Module):
    def __init__(self, dim, heads=8, dropout=0.1):
        super().__init__()
        self.heads = heads
        self.scale = dim_head ** -0.5      # 1 / sqrt(d_k)
        self.attend = nn.Softmax(dim = -1)
        self.to_q = nn.Linear(dim, dim, bias = False) # W_q
        self.to_k = nn.Linear(dim, dim, bias = False) # W_k
        self.to_v = nn.Linear(dim, dim, bias = False) # W_v
        self.linear = nn.Linear(inner_dim, dim)
        self.norm = nn.LayerNorm(dim)
        self.dropout = nn.Dropout(dropout)

    def forward(self, query, key, value):
        B, NQ = query.shape[:2]
        B, NK = key.shape[:2]
        B, NV = value.shape[:2]
        # Input: x -> [B, N, C_in]
        # [B, N, h*d] -> [B, N, h, d] -> [B, h, N, d]
        q = self.to_q(query).view(B, NQ, self.heads, -1).permute(0, 2, 1, 3).
            contiguous()
        k = self.to_k(key).view(B, NK, self.heads, -1).permute(0, 2, 1, 3).
            contiguous()
        v = self.to_v(value).view(B, NV, self.heads, -1).permute(0, 2, 1, 3).
            contiguous()

        # Q*K^T / sqrt(d_k) : [B, h, N, d] X [B, h, d, N] = [B, h, N, N]
        dots = torch.matmul(q, k.transpose(-1, -2)) * self.scale
        attn = self.attend(dots)

        # softmax(Q*K^T / sqrt(d_k)) * V: [B, h, N, N] X [B, h, N, d] = [B, h, N, d]
        out = torch.matmul(attn, v)
        # [B, h, N, d] -> [B, N, h*d]=[B, N, C_out], C_out = h*d
        out = out.permute(0, 2, 1, 3).contiguous().view(B, NQ, -1)

        # out proj
        out = self.linear(out)
        out = out + self.dropout(out)
        out = self.norm(out)

        return out
```

同时，我们也给出后续会用到的FFN模块的代码，如代码11-4所示。它的结构非常简单，只包含几层全连接层和避免模型过拟合的Dropout层。这里，我们给出的FFN使用了GeLU激活函数，但DETR使用的则是ReLU激活函数，这一点还需读者注意。

代码11-4 前馈网络的代码范例

```
# Feedforward Network
class FFN(nn.Module):
    def __init__(self, dim, mlp_dim, dropout=0.1):
        super().__init__()
        self.linear1 = nn.Linear(dim, mlp_dim)
        self.dropout = nn.Dropout(dropout)
        self.linear2 = nn.Linear(mlp_dim, dim)

        self.norm = nn.LayerNorm(dim)
        self.dropout1 = nn.Dropout(dropout)
        self.dropout2 = nn.Dropout(dropout)

        self.activation = nn.GELU()

    def forward_post(self, x):
        x = self.linear1(x)
        x = self.activation(x)
        x = self.dropout1(x)

        x = self.linear2(x)
        x = x + self.dropout2(x)
        x = self.norm(x)

        return x
```

在了解了自注意力机制和前馈网络并且有了这两部分的代码后，我们就可以很容易地搭建Transformer的编码器。代码11-5展示了单层Transformer编码器的代码。

代码11-5 单层Transformer编码器的代码范例

```
# Transformer Encoder Layer
class TransformerEncoderLayer(nn.Module):
    def __init__(self, dim, heads, mlp_dim=2048, dropout = 0.):
        super().__init__()
        self.self_attn = MultiHeadAttention(dim, heads, dropout)
        self.ffn = FFN(dim, mlp_dim, dropout)

    def forward(self, x, pos=None):
        # x -> [B, N, d_in]
        q = k = x if pos is None else x + pos
        v = x
        x = self.attn(q, k, v)
        x = self.ffn(x)
```

```
    return x
```

注意，只有***Q***和***K***才会被加上***Pos***，***V***不加***Pos***，这一点在代码11-5中得到了清晰的展示。对于完整的Transformer编码器，我们只需重复堆叠代码11-5所展示的单层编码器，如代码11-6所示。

代码11-6 多层Transformer编码器的代码范例

```
class TransformerEncoder(nn.Module):
    def __init__(self, dim, depth, heads, mlp_dim=2048, dropout=0.):
        super().__init__()
        # build encoder
        self.encoders = nn.ModuleList([
            TransformerEncoderLayer(dim, heads, mlp_dim, dropout)
                for _ in range(depth)])

    def forward(self, x, pos=None):
        for m in self.encoders:
            x = m(x, pos)

        return x
```

经过编码器的处理后，输入的特征图***F***的维度仍旧是$[B,N,256]$，其中$N=H_o\times W_o$，没有发生变化，这是因为编码器使用的是自注意力机制，***Q***、***K***和***V***均来自同一个输入，没有外部的参数会输入进来，因此序列长度N也就不会发生变化。

至此，我们就讲解完了Transformer的编码器结构。需要说明的是，在讲解该部分时，我们没有使用DETR官方源码中所给出的相应代码，而是借鉴了GitHub上的开源代码，其目的是使用简单的代码结构来加深此前不熟悉Transformer结构的读者的印象，在有了这些基础后，后续上手DETR也很容易。当然，这也得益于DETR良好的代码风格，没有过多花里胡哨的技巧。

11.1.3 Transformer的解码器

相较于编码器模块，解码器模块要稍复杂一些。图11-2展示了DETR的Transformer结构，包含编码器和解码器两大模块，每一模块又都包含了若干层编码器和解码器。

图11-2的左半部分所展示的是编码器的完整结构，可以看到，只有***Q***和***K***加入了空间位置编码信息，也就是前文讲过的空间嵌入，而***V***没有加入该信息，这与我们先前所讲的是一致的。而图的右半部分所展示的就是接下来所要讲的解码器的完整结构，可以看到，解码器模块也包含了多层解码器，每一层解码器又可以分为“多头自注意力”和“多头注意力”两个主要部分。其他的过程都是一样的。图中展示了单层解码器的结构。接下来，我们详细介绍这两个部分的处理过程。

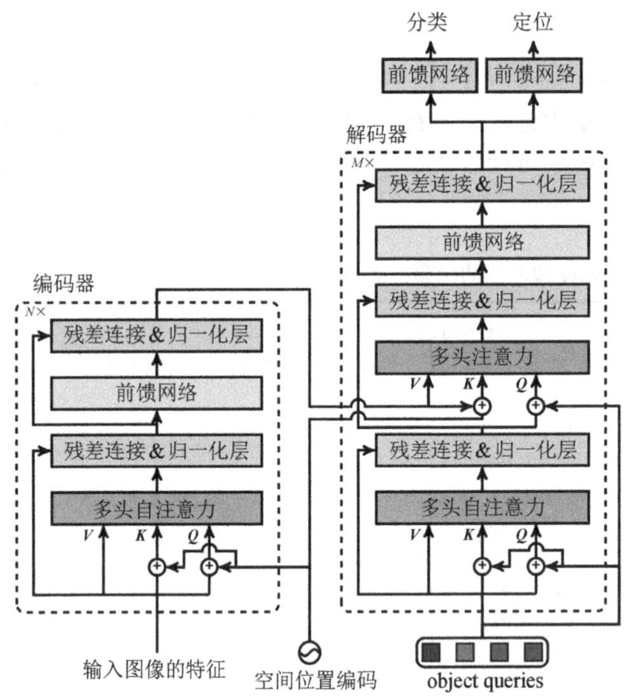

图11-2 DETR的编码器与解码器的结构

第一部分是“多头自注意力”，所谓的“自注意力”，是指$\boldsymbol{Q}$、$\boldsymbol{K}$和$\boldsymbol{V}$均来自同一个输入。对于这个输入，DETR定义了一个名为object queries的变量，它是一个维度为$\left[N_q,C\right]$的可学习变量，其中，N_q是网络要输出的物体数量，比如100，而C是特征维度，与编码器中的特征维度相等，即$C=256$。为了方便计算，一般会把它在batch size的维度上进行广播，使其维度变成$\left[B,N_q,256\right]$。DETR默认$N_q=100$，即一张图像最多会被检测出100个物体，如果没有这么多物体，比如只检测出了20个，那么剩余的80个位置的置信度都会很低，即被识别为背景。对于这一部分，首先将空间位置编码加入输入中，如公式（11-7）所示。

$$\boldsymbol{Q}_1=\boldsymbol{K}_1=\boldsymbol{tgt}+\boldsymbol{Q}_p,\boldsymbol{V}_1=\boldsymbol{tgt} \tag{11-7}$$

其中，$\boldsymbol{tgt}\in\mathbb{R}^{B\times N_q\times 256}$是第一层解码器的输入，通常会被初始化为0。然后，采用标准的自注意力公式来处理它们，得到输出的$\boldsymbol{tgt}$，我们将这一计算过程简记为$MHSA(\cdot)$，如公式（11-8）所示。

$$\boldsymbol{tgt}=MHSA\left(\boldsymbol{Q}_1,\boldsymbol{K}_1,\boldsymbol{V}_1\right) \tag{11-8}$$

如此一来，单层解码器的第一部分的计算就完成了，主要就是对自定义的object queries进行了一次多头自注意力处理。

单层解码器的第二部分是“多头注意力”，更准确地说，是“交叉注意力”（cross

attention），因为在这一次的注意力处理操作中，Q、K和V不都是由同一个输入得来的。依据图11-2所展示的结构，我们可以得知Q来自第一个自注意力的输出tgt，而K和V则来自编码器模块的输出，记作$memory$：

$$Q_2 = tgt + Q_p, K_2 = memory + Pos, V_2 = memory \tag{11-9}$$

在确定了Q、K和V之后，我们就可以去计算交叉注意力了，如公式（11-10）所示，就其数学形式而言，与先前的自注意力公式是一样的。事实上，交叉注意力和自注意力的核心差别不在于计算公式，而仅在于Q、K和V的来源。

$$tgt_2 = softmax\left(\frac{Q_2 K_2^T}{\sqrt{d_k}}\right)V_2 \tag{11-10}$$

另外，我们仔细观察公式（11-10），其中，Q_2的主要信息来自DETR设定的object queries，然后计算Q_2与K_2的相似度，根据这一相似性矩阵来决定V_2中的哪些信息被输出，哪些信息被抑制。而K_2和V_2均来自编码器模块的输出，也就是输入图像的高级特征，因此，我们可以认为，这一交叉注意力计算的实质就是让object queries中的信息与输入图像的信息进行交互，并根据object queries中的信息来决定输入图像中的哪些信息是有用的，哪些信息是不需要的。所以，在观察到了这一点之后，我们就不难明白DETR的object queries本质上其实就是一个“信息存储库”，通过学习来决定可以保留用于筛选图像中物体的信息，DETR正是利用这些信息去查询输入图像中存在哪些物体，将其提取出来。

最后，我们做一次残差连接，将tgt_2加入tgt中，并用FFN做一次非线性处理，如公式（11-11）所示。

$$\begin{aligned} tgt &= LN\left[Linear\left(tgt_2 + tgt\right)\right] \\ tgt &= LN\left[FFN\left(tgt\right) + tgt\right] \end{aligned} \tag{11-11}$$

至此，我们讲解完了单层解码器的数学过程。在清楚了原理后，就可以很容易编写出相关的代码，如代码11-7所示。

代码11-7 单层Transformer解码器的代码范例

```
# Transformer Decoder Layer
class TransformerDecoderLayer(nn.Module):
    def __init__(self, dim, heads, mlp_dim=2048, dropout=0.):
        super().__init__()
        self.self_attn = MultiHeadAttention(dim, heads, dropout)
        self.ffn_0 = FFN(dim, mlp_dim, dropout)
        self.cross_attn = MultiHeadAttention(dim, heads, dropout)
        self.ffn_1 = FFN(dim, mlp_dim, dropout)

    def forward(self, tgt, memory, pos=None, query_pos=None):
        # memory is the output of the last encoder
```

```
        # x -> [B, N, d_in]
        q0 = k0 = tgt if query_pos is None else tgt + query_pos
        v0 = tgt
        tgt = self.self_attn(q0, k0, v0)
        tgt = self.ffn_0(tgt)

        q = tgt if query_pos is None else tgt + query_pos
        k = memory if pos is None else memory + pos
        v = memory
        tgt = self.cross_attn(q, k, v)
        tgt = self.ffn_1(tgt)

        return tgt
```

然后，我们就可以堆叠多层解码器来搭建Transformer的解码器模块，如代码11-8所示。

代码11-8　多层Transformer解码器的代码范例

```
# Transformer Decoder
class TransformerDecoder(nn.Module):
    def __init__(self, dim, depth heads, dim_head, mlp_dim=2048,
                 dropout = 0., act='relu', return_intermediate=False):
        super().__init__()
        # build encoder
        self.return_intermediate = return_intermediate
        self.decoders = nn.ModuleList([
            TransformerDecoderLayer(dim, heads, dim_head, mlp_dim, dropout, act)
            for _ in range(depth)])

    def forward(self, tgt, memory, pos=None, query_pos=None):
        intermediate = []
        for m in self.decoders:
            tgt = m(tgt, memory, pos, query_pos)
            if self.return_intermediate:
                intermediate.append(tgt)

        if self.return_intermediate:
            # [M, B, N, d]
            return torch.stack(intermediate)

        return tgt.unsqueeze(0) # [B, N, C] -> [1, B, N, C]
```

注意，由于解码器模块中的每一层解码器的数学过程都是一模一样的，无非就是不断提取编码器模块输出的特征中的某些有用的信息，并将其加入 $\boldsymbol{tgt}$ 中。因此，每一层解码器的输出$\boldsymbol{tgt}_i \in \mathbb{R}^{B\times N_q\times 256}$都可以单独拿来去做最终的检测。在代码11-8中，我们就设置了一个名为`return_intermediate`的参数，其目的就是用来决定是否要输出每一层解码器的结果。最后，我们将这些中间输出合在一起，得到最终的输出 $\boldsymbol{tgt} \in \mathbb{R}^{M \times B \times N_q \times 256}$，其中，$M$ 就是解码器的层数。如果我们不需要中间输出，就只保留最后一层解码器的输出。

至此，Transformer的基本概念和相应的计算过程就介绍完了，最后由解码器模块输出的特征也就可以用于最终的分类和定位。代码11-9展示了DETR的预测层。

代码11-9 DETR的预测层

```
# output
outputs_class = self.class_embed(hs)
outputs_coord = self.bbox_embed(hs).sigmoid()
```

需要注意的是，在回归边界框的坐标时，DETR使用Sigmoid函数将其映射到0～1范围内，这是因为DETR回归的是相对坐标，而非绝对坐标。变量`hs`就是Transformer的输出 $\boldsymbol{tgt} \in \mathbb{R}^{M \times B \times N_q \times 256}$。我们简单介绍一下类别预测和位置预测。

- **类别预测`outputs_class`**。该预测的维度是 $\left[M, B, N_q, K+1\right]$，其中，$K$ 是目标的类别数量，如VOC数据集的20和COCO数据集的80，而多出来的1是背景标签。需要说明的是，DETR中的 K 是91，这是因为COCO数据集其实一共有91个目标，但在目标检测任务中只使用80个目标，另外10个是不用的，但DETR直接设为91，即便COCO数据集上的检测任务只有80个目标。另外，DETR把背景的索引放在了最后，而不是0，这样做的好处是前景的索引是从0开始的，方便省事。

- **位置预测`outputs_coord`**。该预测的维度是 $\left[M, B, N_q, 4\right]$，分别是边界框的中心点坐标和宽高，都是相对坐标，即值域在0～1内，所以DETR后面用了Sigmoid函数来做一次映射。注意，相较于传统的CNN方法如YOLO和RetinaNet，DETR的最大区别就是采用“直接回归坐标”的策略，而不是回归相对于特征图的网格的偏移量。DETR输出的是一个序列，并没有网格坐标可供参考。不难想象，DETR的这种回归方式在一定程度上可能会需要更长的训练时间。也因此，后来的Deformable DETR[7]引入了Reference points概念和Iterative Bounding Box Refinement技术来帮助边界框的回归，同时Anchor DETR[49]工作也是借鉴了Reference points的概念给DETR加上了Anchor points，从而加快DETR的收敛。

但作为一个新框架的开山之作，DETR并没有去考虑这些烦琐的细节，也不需要考虑，因为能够提出一个简洁有效的框架，拥有可观的性能，吸引许多研究者的注意就已经成功了。好的技术往往是一代又一代地迭代出来的，而非一蹴而就。以现在的视角看整个DETR的发展脉络，可以说，最初的DETR团队已经达到了这一目的，在其全新框架的启发下，目标检测领域又有了全新的发展。

言归正传，在完成了主干网络和Transformer的讲解后，DETR的结构也就基本清楚了，最后，我们展示DETR的前向推理代码，如代码11-10所示。为了节省篇幅，这里只展示主要部分的代码。

代码11-10　DETR的前向推理

```
# detr/models/detr.py
...

class DETR(nn.Module):
    def __init__(self, backbone, transformer, num_classes, num_queries, aux_loss=
        False):
        ...

    def forward(self, samples: NestedTensor):
        ...

        if isinstance(samples, (list, torch.Tensor)):
            samples = nested_tensor_from_tensor_list(samples)
        features, pos = self.backbone(samples)

        src, mask = features[-1].decompose()
        assert mask is not None
        hs = self.transformer(self.input_proj(src), mask, self.query_embed.weight,
            pos[-1])[0]

        outputs_class = self.class_embed(hs)
        outputs_coord = self.bbox_embed(hs).sigmoid()
        out = {'pred_logits': outputs_class[-1], 'pred_boxes': outputs_coord[-1]}
        if self.aux_loss:
            out['aux_outputs'] = self._set_aux_loss(outputs_class, outputs_coord)
        return out

    @torch.jit.unused
    def _set_aux_loss(self, outputs_class, outputs_coord):
        return [{'pred_logits': a, 'pred_boxes': b}
                for a, b in zip(outputs_class[:-1], outputs_coord[:-1])]
```

在测试阶段，如果我们选择输出每一层解码器的结果，那么DETR会将所有的预测结果汇总到一起，然后使用NMS做一次处理，在这种情况下使用NMS操作是必要的，因为每一层解码器都会去检测图像中的物体，难免会对同一个目标有相同的响应，冗余检测也就无法避免。如果我们仅使用最后一层解码器的输出，就不需要使用NMS了，因为DETR采用的训练策略在很大程度上会避免这个问题。

至此，我们讲解完了DETR的结构，和之前许多的目标检测网络不同，DETR不再依赖特征图自身的空间坐标，即网格（网格本身其实也是一种先验），而是将目标检测任务视作一种序列到序列的预测任务，直接输出图像中的目标类别与边界框，无须网格坐标来作为中转。可以说，DETR是在YOLO之后的又一次具有革新意义的工作，是目标检测发展史上的又一个里程碑。相较于以前的仅停留在不使用先验框的anchor-free概念，DETR实现了真正意义上的anchor-free检测器，因为它不再采用基于网格回归位置偏移量的策略。图11-3展示了DETR的网络结构。

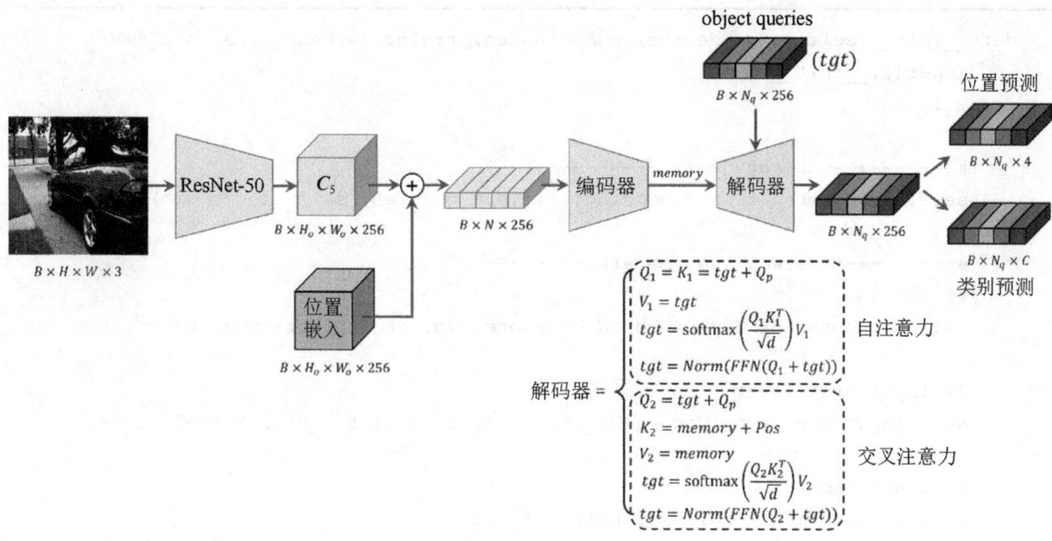

图11-3 DETR的网络结构

不过，也正是因为没有了网格，DETR的标签分配策略才发生了变化。学到这里，想必读者都已经明白，除了网络结构本身，数据预处理、标签分配以及损失函数等也是很重要的。所以，接下来，我们就要进入本章的实现环节，从实现的角度来加深对DETR的理解和认识。

11.2 实现 DETR

贯彻本书一直以来的风格，我们首先来搭建一个DETR检测器。在11.1节，我们已经详细地讲解了DETR的主干网络、Transformer结构以及预测层，所以，相关的代码实现也就十分清晰了。

11.2.1 DETR 网络

在作者的DETR-LAB项目中，我们在models/detr/detr.py文件中实现了DETR检测器，包括主干网络、Transformer、预测层以及其他起辅助作用的函数。代码11-11展示了我们所要实现的DETR的代码框架。

代码 11-11 DETR的主体代码框架

```
# DeTR-LAB/models/detr/detr.py
# ------------------------------------------------------------
...

# DeTR detector
class DeTR(nn.Module):
```

```
def __init__(self, cfg, device, num_classes, trainable, aux_loss, use_nms):
    super().__init__()
    ...

    # --------- Object Query ----------
    self.query_embed = nn.Embedding(self.num_queries, self.hidden_dim)

    # --------- Network Parameters ----------
    ## 主干网络
    self.backbone, bk_dims = build_backbone(cfg, self.pretrained, False)

    ## input proj layer
    self.input_proj = nn.Conv2d(bk_dims[-1], self.hidden_dim, kernel_size=1)

    ## Transformer
    self.transformer = build_transformer(cfg)

    ## 预测层
    self.class_embed = nn.Linear(self.hidden_dim, num_classes + 1)
    self.bbox_embed = MLP(self.hidden_dim, self.hidden_dim, 4, 3)
```

对于主干网络，我们采用标准的ResNet网络，通过调用`build_backbone`函数来搭建主干网络。读者可以在项目的models/detr/backbone.py文件中找到相关代码，其实现方式引用了DETR的官方源码。

前面我们已经讲过，主干网络的作用就是压缩输入图像的空间尺寸，提取输入图像中的高级特征。这就会引出一个问题，那就是**为什么不直接把输入图像调整成$[B,N,C]$的格式去交给Transformer处理呢**？这是因为Transformer的计算复杂度为$O(N^2)$，过大的N会使计算量显著增大，这既耗时，又耗计算资源，且图像本身的信息都是浅层的，具有很高的冗余度，使用CNN去做一次处理就显得很有必要，这样既能缩减N，还能滤掉无用和冗余的信息。当然，随着Transformer在计算机视觉领域中的进一步发展，我们完全可以使用基于Transformer技术所搭建的分类网络来压缩图像、提取高级特征，不过，就任务需求而言，这和使用CNN网络没有本质区别，仅体现在基于Transformer的分类网络可能会提取出更好的特征，如同诸葛连弩与马克辛重机枪的差别。

随后，我们就来搭建DETR的Transformer部分，尽管前面我们已经编写了相关的代码，但受计算资源的限制，作者尚不能从头训练一个DETR，因此，对于Transformer的实现，我们仍引用官方的开源代码，以便后续使用官方的DETR的权重来做测试等。在本项目的models/detr/transformer.py文件中，我们可以找到Transformer的相关代码。由于PyTorch库已经提供了多头注意力的实现，因此我们无须自己去编写这部分的代码。代码11-12展示了Transformer的核心代码。

代码11-12　DETR的Transformer模型

```
# DeTR-LAB/models/detr/transformer.py
```

```
# -------------------------------------------------------
...

class Transformer(nn.Module):
    def __init__(self, d_model=512, nhead=8, num_encoder_layers=6,
                 num_decoder_layers=6, dim_feedforward=2048, dropout=0.1,
                 activation="relu", normalize_before=False,
                 return_intermediate_dec=False):
        super().__init__()

        encoder_layer = TransformerEncoderLayer(d_model, nhead, dim_feedforward,
                                                dropout, activation, normalize_before)
        encoder_norm = nn.LayerNorm(d_model) if normalize_before else None
        self.encoder = TransformerEncoder(encoder_layer, num_encoder_layers, encoder_
                                          norm)

        decoder_layer = TransformerDecoderLayer(d_model, nhead, dim_feedforward,
                                                dropout, activation, normalize_before)
        decoder_norm = nn.LayerNorm(d_model)
        self.decoder = TransformerDecoder(decoder_layer, num_decoder_layers,
                    decoder_norm,return_intermediate=return_intermediate_dec)

        self.d_model = d_model
        self.nhead = nhead

    def forward(self, src, mask, query_embed, pos_embed):
        # flatten NxCxHxW to HWxNxC
        bs, c, h, w = src.shape
        src = src.flatten(2).permute(2, 0, 1)
        pos_embed = pos_embed.flatten(2).permute(2, 0, 1)
        query_embed = query_embed.unsqueeze(1).repeat(1, bs, 1)
        mask = mask.flatten(1)

        tgt = torch.zeros_like(query_embed)
        memory = self.encoder(src, src_key_padding_mask=mask, pos=pos_embed)
        hs = self.decoder(tgt, memory, memory_key_padding_mask=mask,
                          pos=pos_embed, query_pos=query_embed)
        return hs.transpose(1, 2), memory.permute(1, 2, 0).view(bs, c, h, w)
```

前面我们已经讲解了编码器和解码器的原理以及代码实现，所以代码11-12中用到的关于编码器和解码器的代码请读者自行阅读。有了前文的基础，相信阅读官方的代码实现并不困难。接着，我们就可以编写DETR前向推理的代码了，如代码11-13所示。

代码11-13　DETR的前向推理

```
# DeTR-LAB/models/detr/transformer.py
# -------------------------------------------------------
...
```

```
class DeTR(nn.Module):
    ...

    @torch.no_grad()
    def inference(self, x):
        # backbone
        x = self.backbone(x)
        x = self.input_proj(x["0"])

        # 生成位置嵌入(position embedding)
        mask = torch.zeros([x.shape[0], *x.shape[-2:]],
                           device=x.device, dtype=torch.bool) # [B, H, W]
        pos_embed = self.position_embedding(mask, normalize=True)

        # transformer
        h = self.transformer(x, mask, self.query_embed.weight, pos_embed)[0]

        # output: [M, B, N, C]
        outputs_class = self.class_embed(h)
        outputs_coord = self.bbox_embed(h).sigmoid()

        # 在推理阶段，仅使用解码器的最后一层输出
        outputs = {'pred_logits': outputs_class[-1], 'pred_boxes': outputs_coord[-1]}

        # batch_size = 1
        out_logits, out_bbox = outputs['pred_logits'], outputs['pred_boxes']

        # [B, N, C] -> [N, C]
        cls_pred = out_logits[0].softmax(-1)
        scores, labels = cls_pred[..., :-1].max(-1)

        # xywh -> xyxy
        bboxes = box_ops.box_cxcywh_to_xyxy(out_bbox)[0]

        # to cpu
        scores = scores.cpu().numpy()
        labels = labels.cpu().numpy()
        bboxes = bboxes.cpu().numpy()

        # 阈值筛选
        keep = np.where(scores >= self.conf_thresh)
        scores = scores[keep]
        labels = labels[keep]
        bboxes = bboxes[keep]

        if self.use_nms:
            # nms
            scores, labels, bboxes = multiclass_nms(
                scores, labels, bboxes, self.nms_thresh, self.num_classes, False)

        return bboxes, scores, labels
```

整体来看，DETR的网络代码还是很简洁的，没有过于复杂的模块化处理。尽管DETR是端到端的检测模型，但我们还是添加了一段NMS处理的代码，以便应对某些特殊的处理要求。默认情况下不使用NMS。关于DETR的网络结构就说到这里，接下来，我们介绍训练和测试DETR时所用到的数据预处理操作。

11.2.2 数据预处理

相较于以往的数据预处理，DETR的这一部分工作并没有太大的改动，主要的操作还是包括水平翻转、剪裁和调整图像尺寸等。在项目的dataset/transforms.py文件中，我们实现了用于构建数据预处理的函数`build_transform`，如代码11-14所示。

代码11-14 DETR的数据预处理

```
# DeTR-LAB/dataset/transforms.py
# --------------------------------------------------------
...

def build_transform(
    is_train=False, pixel_mean, pixel_std,
    min_size, max_size, random_size=None):

    normalize = Compose([
        ToTensor(),
        Normalize(pixel_mean, pixel_std)
    ])

    if is_train:
        return Compose([
            RandomHorizontalFlip(),
            RandomSelect(
                RandomResize(random_size, max_size=max_size),
                Compose([
                    RandomResize([400, 500, 600]),
                    RandomSizeCrop(384, 600),
                    RandomResize(random_size, max_size=max_size),
                ])
            ),
            normalize,
        ])
    else:
        return Compose([
            RandomResize([min_size], max_size=max_size),
            normalize,
        ])
```

在训练阶段，`build_transform`函数的`is_train`参数为True，那么数据预处理操作就是随机水平翻转（`RandomHorizontalFlip`类）和随机尺寸调整（`RandomResize`

类），其中，RandomSelect函数会以50%的概率随机选择一个尺寸调整方式——要么是将图像调整至指定的尺寸，要么是先随机从400、500和600中选择一个最短边的尺寸，再对图像做中心剪裁，最终调整至指定的尺寸。DETR没有使用到和颜色扰动相关的预处理操作。最后是一个图像归一化操作，其中均值和方差为ImageNet数据集所统计出来的均值和方差。

在测试阶段，build_transform函数的is_train参数为False，那么数据预处理操作就只有调整图像尺寸和图像归一化。关于这些函数的具体实现代码请读者自行阅读，这里不再做过多的介绍了。DETR没有使用诸如马赛克增强和混合增强等特殊的预处理操作。通常，在学术研究中，这两个数据增强在目标检测任务中很少会被用到。只有像YOLO这种注重实时性的工作为了弥补性能上的不足才会使用大量的数据增强操作。

11.2.3 正样本匹配：Hungarian Matcher

在讲解完了模型结构和数据预处理之后，接下来自然就该轮到标签匹配，这也是一个目标检测项目的最重要的环节。由于DETR抛弃了以往的网格或者先验框的概念，使得以往的anchor-based的匹配策略不再适用，因为DETR的出发点之一就是着眼于目标检测任务本身的无序性：**我们只是想得到图像中物体的边界框和类别，并不在意它们之间的关联。**于是，DETR干脆从预测框本身来寻找和目标框之间的某种关联。这一思想也催生了后续诸多如OneNet[54]和OTA[36]等在内的重点关注动态标签分配的工作。

DETR设计了一种基于“双边匹配”思想的标签分配策略。具体来说，假设网络输出N_q配个预测框，目标的数量为M（通常$M \ll N_q$），标签匹配的目的就是确定这M个目标分别由N_q个预测框中的哪几个去学习。尽管one-to-many策略有助于提升模型的性能，但这一策略也会使得模型对一个目标给出冗余检测结果。为了尽可能保证端到端的检测特性，不使用NMS操作，DETR只为每一个目标框匹配一个正样本，那些没有被匹配上的预测框就是负样本，只参与背景的损失计算，不参与边界框回归，如图11-4所示。

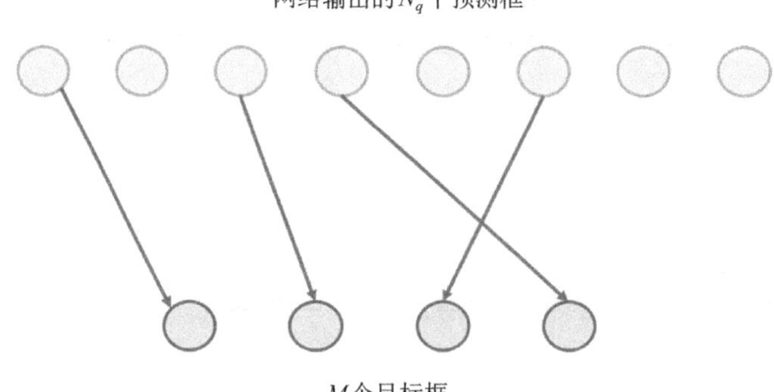

图11-4 DETR的“双边匹配”：一个目标框仅会被匹配上一个预测框作为正样本

接着，我们再从代码的角度来了解这一匹配的具体操作。读者可以打开本书的DETR-LAB项目的models/detr/matcher.py文件，在代码中，我们可以看到一个名为HungarianMatcher的类，用于完成DETR的标签匹配，其思想十分简单：基于匈牙利算法最小化目标框与预测框的代价。

首先，HungarianMatcher类接收DETR网络的所有预测，包括类别预测和边界框坐标预测，以及目标框的类别和边界框坐标。为了方便后续的计算，先将预测框和目标框的数据都调整成合适的格式，如代码11-15所示。

代码11-15 预处理网络的预测和标签

```
# DeTR-LAB/models/detr/matcher.py
# ----------------------------------------------------------
...

class HungarianMatcher(nn.Module):
    def __init__(self, cost_class, cost_bbox, cost_giou):
        super().__init__()
        self.cost_class = cost_class
        self.cost_bbox = cost_bbox
        self.cost_giou = cost_giou
        assert cost_class != 0 or cost_bbox != 0 or cost_giou != 0,
            "all costs cant be 0"

    @torch.no_grad()
    def forward(self, outputs, targets):
        bs, num_queries = outputs["pred_logits"].shape[:2]

        # [B * num_queries, C] = [N, C], where N is B * num_queries
        out_prob = outputs["pred_logits"].flatten(0, 1).softmax(-1)
        # [B * num_queries, 4] = [N, 4]
        out_bbox = outputs["pred_boxes"].flatten(0, 1)

        # [M,] where M is number of all targets in this batch
        tgt_ids = torch.cat([v["labels"] for v in targets])
        # [M, 4] where M is number of all targets in this batch
        tgt_bbox = torch.cat([v["boxes"] for v in targets])
        ...
```

随后，再计算N_q个预测框和M个目标框的代价，包括**类别代价**和**坐标回归代价**。对于类别代价，DETR计算的就是最简单的交叉熵，得到一个类别代价矩阵$\boldsymbol{C}_{\text{cls}} \in \mathbb{R}^{N \times M}$，其中，$N = N_q \times B$，$M$是这一批数据的所有目标框的数量。$\boldsymbol{C}_{\text{cls}}(i, j)$表示第$i$个预测框和第$j$个目标框的代价。在学习了SimOTA后，这部分内容就不难理解了。而对于坐标回归代价，DETR则计算L1损失和GIoU损失两部分。然后，将这三部分损失加权求和，作为最终的总代价，如代码11-16所示。

代码 11-16 计算预测框与目标框的代价

```
# DeTR-LAB/models/detr/matcher.py
# --------------------------------------------------------
...

class HungarianMatcher(nn.Module):
    def __init__(self, cost_class, cost_bbox, cost_giou):
        super().__init__()
        self.cost_class = cost_class
        self.cost_bbox = cost_bbox
        self.cost_giou = cost_giou
        assert cost_class != 0 or cost_bbox != 0 or cost_giou != 0,
            "all costs cant be 0"

    @torch.no_grad()
    def forward(self, outputs, targets):
        ...

        # [N, M]
        cost_class = -out_prob[:, tgt_ids]

        # [N, M]
        cost_bbox = torch.cdist(out_bbox, tgt_bbox, p=1)

        # [N, M]
        cost_giou = -generalized_box_iou(box_cxcywh_to_xyxy(out_bbox),
                                         box_cxcywh_to_xyxy(tgt_bbox))
        # Final cost matrix: [N, M]
        C = self.cost_bbox * cost_bbox + self.cost_class * cost_class + \
            self.cost_giou * cost_giou
        # [N, M] -> [B, num_queries, M]
        C = C.view(bs, num_queries, -1).cpu()
        ...
```

随后，代价矩阵被放到CPU设备上，因为后面要使用的scipy.optimize库的`linear_sum_assignment`函数仅支持在CPU设备上做计算。代码11-17展示了使用该函数求解最小代价的代码。

代码 11-17 最小化预测框与目标框的代价

```
# DeTR-LAB/models/detr/matcher.py
# --------------------------------------------------------
...

class HungarianMatcher(nn.Module):
    def __init__(self, cost_class, cost_bbox, cost_giou):
        super().__init__()
        self.cost_class = cost_class
        self.cost_bbox = cost_bbox
```

```
        self.cost_giou = cost_giou
        assert cost_class != 0 or cost_bbox != 0 or cost_giou != 0,
            "all costs cant be 0"

    @torch.no_grad()
    def forward(self, outputs, targets):
        ...

        sizes = [len(v["boxes"]) for v in targets]

        indices = [linear_sum_assignment(c[i]) for i, c in enumerate(C.split
            (sizes, -1))]

        return [(torch.as_tensor(i, dtype=torch.int64),
torch.as_tensor(j, dtype=torch.int64)) for i, j in indices]
```

由于之前是把一批数据放在一起去做这些计算的，在求解出匹配的最优解后，我们需要知道这些匹配属于这批数据中的哪张图像，因此，这里需要记录这一批数据中的每张图像包含了多少个目标。在上面的代码中，`sizes`变量就是服务于这个目的。最后，求出的解`indices`中就包含了预测框和目标框的匹配关系。我们使用`C.split(sizes,-1)`操作将代价矩阵分割成B份，每一份都是$\left[B,N_q,M_i\right]$，其中，M_i是第i张图像中的目标数量。显然，`for`循环中的`i`正好对应batch size维度的索引，那么`c[i]`就是第`i`张图像预测的结果和目标的代价了。`linear_sum_assignment`函数返回的就是对于`c[i]`这张图像的预测与目标的代价的**行索引**（对应N_q维度）和**列索引**（对应M_i维度）。我们使用这些行索引和列索引就可以确定哪个预测结果匹配上了哪个样本，也就是得到了正样本的索引。最终，`indices`变量中一共包含了B份这样的行索引和列索引，在后面计算损失的时候，我们就可以根据行索引和列索引去确定哪些是正样本，哪些是负样本，完成相应的损失计算。

至此，DETR就完成了正样本匹配，确定了预测框和目标框之间的匹配关系，整个计算过程完全不依赖网格或者先验框，因此，这是一种动态分配策略。

11.2.4 损失函数

接下来，我们就可以着手计算损失了。在项目的models/detr/criterion.py文件中，我们可以看到一个名为`Criterion`的类。我们只需要关注该类的两个方法，分别是`loss_labels`函数和`loss_boxes`函数。

首先是`loss_boxes`函数，该函数被用于计算边界框的回归损失，如代码11-18所示。

代码11-18 计算边界框坐标损失

```
# DeTR-LAB/models/detr/criterion.py
# --------------------------------------------------------
```

```
...

def loss_boxes(self, outputs, targets, indices, num_boxes):
    assert 'pred_boxes' in outputs
    idx = self._get_src_permutation_idx(indices)
    src_boxes = outputs['pred_boxes'][idx]
    target_boxes = torch.cat([t['boxes'][i]
                      for t, (_, i) in zip(targets, indices)], dim=0)
    loss_bbox = F.l1_loss(src_boxes, target_boxes, reduction='none')
    losses = {}
    losses['loss_bbox'] = loss_bbox.sum() / num_boxes

    loss_giou = 1 - torch.diag(generalized_box_iou(
        box_cxcywh_to_xyxy(src_boxes),
        box_cxcywh_to_xyxy(target_boxes)))
    losses['loss_giou'] = loss_giou.sum() / num_boxes
    return losses
```

在代码11-18中，我们先调用`_get_src_permutation_idx`函数来获得这一批数据中的每个目标框的正样本的索引，代码11-19展示了该函数的代码实现。

代码 11-19　正样本索引

```
# DeTR-LAB/models/detr/criterion.py
# --------------------------------------------------------
...

def _get_src_permutation_idx(self, indices):
    batch_idx = torch.cat([torch.full_like(src, i) for i, (src, _)
        in enumerate(indices)])
    src_idx = torch.cat([src for (src, _) in indices])
    return batch_idx, src_idx
```

然后，用得到的`idx`变量去分别索引那些被匈牙利算法匹配上的预测框与目标框，接着去计算边界框的L1损失和GIoU损失即可。

我们再看`loss_labels`函数，该函数被用于计算边界框的类别损失，如代码11-20所示。

代码 11-20　计算类别损失

```
# DeTR-LAB/models/detr/criterion.py
# --------------------------------------------------------
...

def loss_labels(self, outputs, targets, indices, num_boxes, log=True):
    assert 'pred_logits' in outputs
    src_logits = outputs['pred_logits']
```

```
    idx = self._get_src_permutation_idx(indices)
    target_classes_o = torch.cat([t["labels"][J] for t, (_, J) in zip
        (targets, indices)])
    target_classes = torch.full(src_logits.shape[:2], self.num_classes,
                                dtype=torch.int64, device=src_logits.device)
    target_classes[idx] = target_classes_o

    loss_ce = F.cross_entropy(src_logits.transpose(1, 2), target_classes,
                              self.empty_weight)

    losses = {'loss_ce': loss_ce}
    return losses
```

和计算边界框坐标损失的过程一样的，计算类别损失时，也先获取样本的索引变量，再去索引那些被匈牙利算法匹配上的预测框和目标框，计算二者的类别损失。

如果使用了Transformer的中间输出，即每一层解码器的输出都去做预测，那么也要为每一个中间输出去做正样本匹配和损失，如代码11-21所示。

代码11-21　为中间预测制作正样本和计算损失

```
# DeTR-LAB/models/detr/criterion.py
# --------------------------------------------------------
...

def forward(self, outputs, targets):
    ...
    if 'aux_outputs' in outputs:
        for i, aux_outputs in enumerate(outputs['aux_outputs']):
            indices = self.matcher(aux_outputs, targets)
            for loss in self.losses:
                kwargs = {}
                if loss == 'labels':
                    # Logging is enabled only for the last layer
                    kwargs = {'log': False}
                l_dict = self.get_loss(loss, aux_outputs, targets,
                                       indices, num_boxes, **kwargs)
                l_dict = {k + f'_{i}': v for k, v in l_dict.items()}
                losses.update(l_dict)

    return losses
```

至此，DETR的损失函数就讲解完了，采用的都是常用的损失函数，并没有复杂的计算过程，只要清楚正样本是如何得来的，损失的计算就是水到渠成的事情了。

11.3 测试DETR检测器

由于DETR模型的训练是很消耗计算资源和时间的，因此我们不去训练DETR，直接讲解测试DETR的内容。由于官方已经开源了DETR的权重，这里我们直接加载官方提供的训练权重。读者可以在DETR-LAB项目中的README文件中获取权重的下载链接。假设我们下载好了DETR-R50的权重，即使用ResNet-50网络作为主干网络的DETR网络，运行下面的命令即可在COCO验证集上做测试，并得到检测结果的可视化图像，如图11-5所示。

```
python test.py --cuda -d coco -v detr\_r50 --weight path/to/detr_r50.pth --show
```

图11-5 DETR在COCO验证集上的检测结果的可视化图像

从图11-5中可以看出，DETR的检测效果还是很亮眼的，预测的类别置信度都很高，可见，即便不依赖网格，其新颖的架构也能很好地处理较为复杂的场景，如遮挡和密集人群。

11.4 小结

至此，我们讲完了DETR。DETR的一大亮点是展现了Transformer架构在计算机视觉领域中的可行性和强大的研究潜力。除此之外，在作者看来，DETR的另一大亮点是抛开了在这之前的目标检测主流框架：anchor-based。不论是YOLO、RetinaNet，还是后来的FCOS等所谓的“anchor-free”流派，都没有脱离anchor-based这一检测框架，而DETR做到了这一点，构建了一款全新的、真正意义上的anchor-free检测框架。当然，它也存在诸多问题，比如训练时间太长，可解释性差，尤其是在回归边界框的时候，直接回归中心点坐标和宽高让人觉得有点匪夷所思，不如anchor-based框架直观，不过，这些问题也一一被后续的诸如Deformable DETR和Anchor DETR等工作很好地解决了。

在作者看来，DETR不是最出色的检测器，但绝对是继RCNN和YOLO系列后最具启发性的目标检测工作，它不仅将Transformer这一强大的工具引入了计算机视觉领域，催生了诸如ViT [50]、Swin Transformer [51] 等新生代视觉骨干网络，也使得一批又一批新工作打着“首个基于Transformer的×××模型……”的旗号去刷新各大视觉任务的榜单。另外，DETR通过设计object queries的方式来得到感兴趣目标的特征的思想还激发了更多端到端的工作，比如MOTR [52]、SOLQ [53] 等。如果未来有人打算写一本关于视觉目标检测发展史的大部头，作者相信，除了RCNN和YOLO，DETR也一定会占得重要一席。

第12章

YOLOF

自从SSD工作被提出后，**多级检测**（multi-level detection）逐步成为检测框架的标准范式，通过将不同大小的目标分配到不同尺度的特征图上，更好地去检测不同尺度的物体。通常，浅层特征图因其感受野较小、丢失信息较少，所以很适合检测尺寸较小的目标。而深层特征图因其具有较大的感受野和更深度的语义信息，尽管会丢失较多的目标特征，但对尺寸较大的目标来说受到的影响并不大，因而更适合检测尺寸较大的目标。图12-1展示了anchor-based工作中的多级检测实例，通常较大的先验框会布置在深层特征图上，较小的先验框会被布置在浅层特征图上。这种分而治之的做法后来被普遍认为是目标检测技术成功的关键因素之一。

深层特征图

浅层特征图

图12-1 基于先验框的多级检测方法实例

随后，**特征金字塔网络**（feature pyramid network，FPN）[19]被提出，该工作的核心思想是将不同尺度的特征图中的信息相互融合，使得深层特征图能够弥补浅层特征图所缺乏的语义信息，进而提升多级检测框架的性能。这一点我们已经在前面的章节中介绍过。受FPN的启发，各种让人眼花缭乱的融合方法也被提出，如PaFPN[40]和BiFPN[55]等。不同的FPN有不同的融合规则，但不论规则如何变化，其核心是让不同尺度的特征图的信息能够进行融合。图12-2展示了3种常见的特征金字塔结构。

从宏观的层面来看，在FPN被提出后，多级检测这一检测框架基本固定下来。自此之后，大体来说，输入图像会先被主干网络处理，以得到多个不同尺度的特征图，如常用的

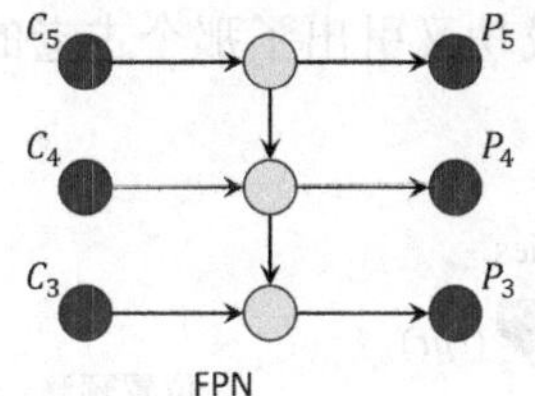

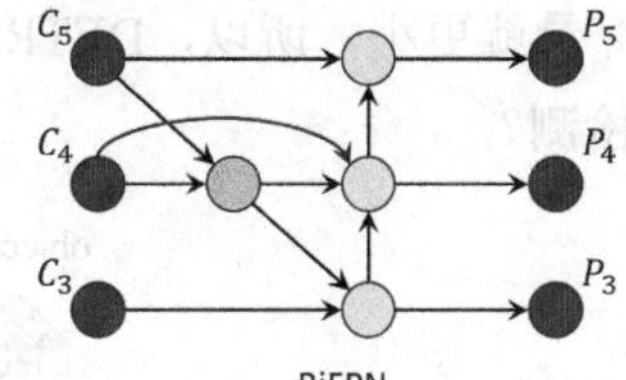

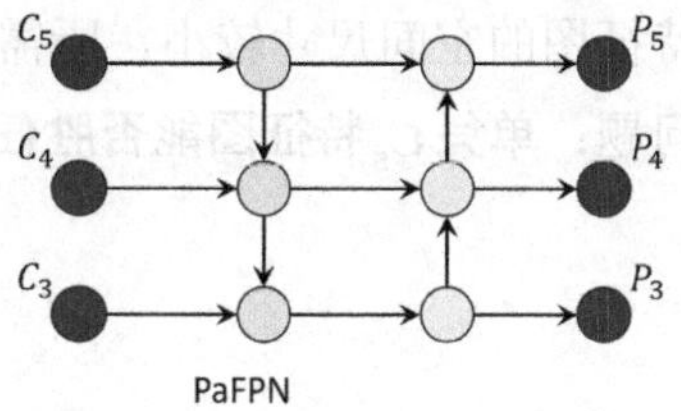

图12-2 不同形式的特征金字塔结构

C_3、C_4和C_5三个尺度的特征图，部分网络（如RetinaNet）还会在C_5的基础上，使用降采样操作得到P_6、P_7等具备更大感受野的特征图。然后，这些特征图会被FPN做进一步的处理，使得来自不同尺度的信息进行充分交互和融合。最后，每一个尺度的特征图都会被一个检测头处理。

然而，一旦某种框架被固定下来甚至成为一种准则，它必然会在今后的某个时间点受到挑战，因为事物总是在发展着，从来不该墨守成规，这符合事物发展的客观规律。于是，在2021年的CVPR上，旷世科技团队就对多级检测与FPN这一经久不变的结构产生了质疑：**多级检测是目标检测技术成功的关键吗**？换言之，我们能否只用单一尺度的特征图来实现甚至超过多级检测方法呢？为了回答这一问题，他们提出了新一代的基于CNN的单级目标检测器：YOLOF[45]。

事实上，我们对单级检测方法并不陌生，比如早期的YOLOv1[1]和YOLOv2[2]都是典型的单级目标检测器，但性能不足，尤其是小目标的检测性能，所以后来才有了YOLOv3[3]。而在2018年的ECCV上，基于热力图回归的CornerNet[56]被提出。受人体关键点检测任务的启发，CornerNet采用热力图回归方法，在尺寸较大的（通常采用4倍降采样的特征图）特征图上分别回归一个边界框的左上角点和右下角点来确定目标的范围。这之后，CenterNet[57]以更加简洁的网络结构和只回归目标中心点的热力图的方式在学术界掀起了不小的热潮。这些工作的共同点是在尺寸较大的特征图上回归目标的各点（如中心点、上下左右角点等）的热力图。由于只采用单个尺度的热力图，因此它们都是单级检测方法，只不过这个“级”有点高。

后来，在2020年的ECCV上，DETR[6]横空出世，打响Transformer[5]在计算机视觉领域的第一炮，随后的ViT[50]彻底拉开了Transformer横扫计算机视觉任务的新时代序幕……除了Transformer被引入计算机视觉领域这一具有划时代意义的贡献，DETR的另一个值得注意的点就是单级检测架构，如图12-3所示。

DETR仅使用主干网络的最后一层C_5特征图，将其交给后续的Transformer去处理，得到最终的检测结果。这一计算过程已经在第11章做过详细的介绍，但这里我们要着重关注一点：**DETR只使用C_5特征图，性能就可以和采用多级检测架构的RetinaNet相媲美**。这使得研究者不得不重新反思**单级检测架构的性能不足的问题可能是因为使用的方法不对，而非与生俱来的缺陷**？DETR给出了一种有效的方式，充分展现出了单级检测架构的性能潜力。此外，这种单级检测方法和以往的基于热力图的方法有很大的区别，因为C_5

特征图的空间尺寸较小，所需的计算量就更小。所以，DETR的成功又引出了那个古老的问题：**单凭C_5特征图能否胜任目标检测**？

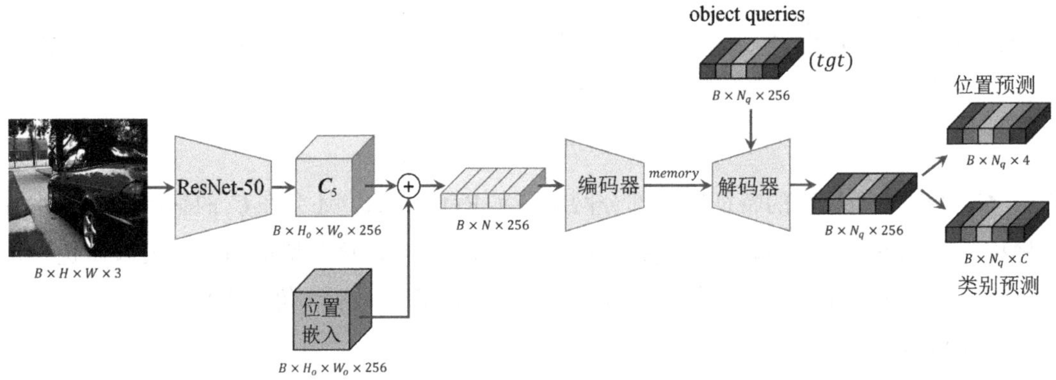

图12-3　DETR的单级检测架构

YOLOF团队显然注意到了这个问题，不过，他们暂时尚未以DETR为起点去继续探索这一问题，而是从另一个角度出发：**仅凭CNN，是否也能达到DETR的性能**？**即CNN是否也能胜任C_5单尺度的目标检测任务**？

于是，一个完全基于CNN架构的C_5**单级检测网络YOLOF**横空出世。当然，以现在的视角来看YOLOF，不免有些“开历史倒车”之嫌，在此之后，多级检测架构依旧是主流，即便是DETR，也在后续的改进中，充分利用了多尺度特征来强化尤其是小目标检测的性能。尽管如此，YOLOF这一工作的探索精神还是可圈可点的，我们不妨来讲一讲这一新颖的工作吧。

12.1　YOLOF解读

本节将详细地讲解YOLOF工作，包括网络结构、标签匹配、损失函数以及论文所给出的实验结果，全面地了解YOLOF的创新点和贡献。

12.1.1　YOLOF的网络结构

通常，一个全面完整的网络结构可以让我们快速地掌握一个工作的框架，因此，我们可以在很多优秀的论文中找到一张展示了网络结构的图片。为了便于读者快速建立起对YOLOF的整体性认识，我们参考YOLOF的论文重新绘制了其网络结构，如图12-4所示。

由图12-4可知，YOLOF的网络结构简单而清爽，没有令人眼花缭乱的线条，这一点通常也是其他单极检测网络的结构上的优势。从图中我们可以看到，YOLOF网络可被划分为三大部分：主干网络、编码器以及解码器。当然，以我们目前学过的知识，也可将其划分为主干网络、颈部网络和检测头，但这里，我们遵循YOLOF论文的约定。

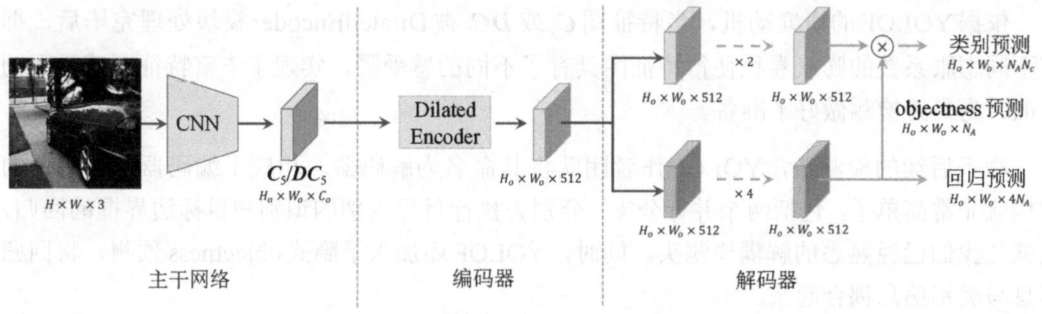

图12-4 YOLOF的网络结构

对于主干网络，YOLOF采用流行的ResNet，如ResNet-50和ResNet-101。假设输入图像为$\boldsymbol{I} \in \mathbb{R}^{B \times 3 \times H \times W}$，YOLOF仅使用主干网络最终输出的$\boldsymbol{C}_5 \in \mathbb{R}^{B \times C_o \times H_o \times W_o}$特征图，其中，$H_o = H/32$，$W_o = W/32$。当更加注重小目标的性能时，主干网络的最后一层降采样操作会被替换为膨胀系数为2的膨胀卷积，经过该膨胀卷积处理后的$\boldsymbol{C}_4$特征图被命名为$\boldsymbol{DC}_5$特征图，相较于$\boldsymbol{C}_5$特征图，$\boldsymbol{DC}_5$特征图在保证与之相同的感受野的前提下，拥有更大的空间尺寸（16倍空间降采样），因此，$\boldsymbol{DC}_5$特征图保留住了更多的细节信息，有助于检测小目标。

但是，相较于特征金字塔结构，即便是$\boldsymbol{DC}_5$特征图也是不够的。没有了特征金字塔，需要考虑的就是颈部网络的选择。此前，我们讲过，特征金字塔是当下最为流行的颈部网络结构，其特征融合思想大大提高了目标检测的性能，然而，YOLOF的出发点就是不采用多级检测架构，也不使用特征金字塔，那么如何从一个单级特征图中检测不同尺度的目标就成为了挑战。

在目标检测任务中，**感受野**（receptive field）是一个十分重要的概念，而多级检测和感受野又有着不可分割的联系。主干网络输出的$\boldsymbol{C}_5$特征图的感受野是单一的，这对于检测不同尺度的物体显然是不友好的。于是，YOLOF作者团队认为一个包含了“多种感受野”的模块是必要的，以便用不同的感受野去覆盖不同尺度的特征。而能使得一个模块具有多个感受野的方法就是利用**膨胀卷积**（dilated convolution）。

经过这样的思考之后，YOLOF的第一个创新点应运而生：**DilatedEncoder模块**。该模块由4个残差块组成，其中，每一个残差块都包含一层卷积核为3×3的膨胀卷积。这4个残差块中的膨胀系数分别为2、4、6和8，图12-5展示了该模块的结构。

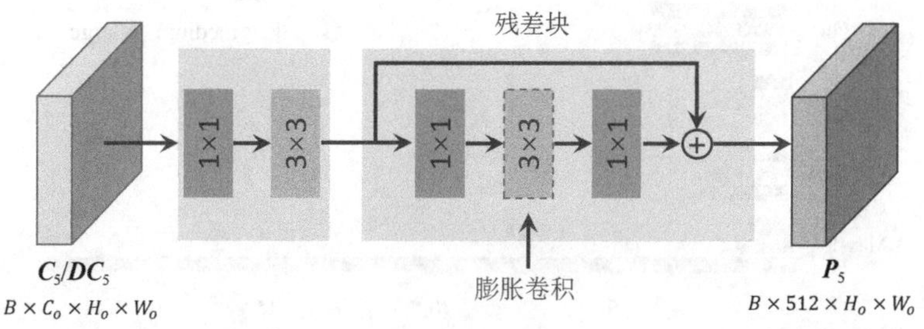

图12-5 DilatedEncoder模块的网络结构

依据YOLOF的研究动机，当特征图C_5或DC_5被DilatedEncoder模块处理完毕后，拥有不同膨胀系数的膨胀卷积使得特征图具有了不同的感受野，实现了丰富特征图感受野的目的，为最终检测做好了准备。

对于后续的检测头，YOLOF作者团队将其命名为解码器。相较于编码器，解码器的结构就非常简单了，包括两个并行分支，分别去执行目标类别的识别和目标边界框的回归，也就是我们已经熟悉的解耦检测头。同时，YOLOF还加入了隐式objectness预测，将回归信息与类别信息耦合起来。

注意，YOLOF的预测层使用了先验框来完成最终的检测，因此，YOLOF是一个anchor-based方法。相较于DETR工作，这一点可能是YOLOF的一个缺陷。倘若不使用先验框，YOLOF这种基于CNN架构的单级检测架构依旧能表现出强大的性能吗？在YOLOF之后，这个问题并没有得到答复，似乎也没有回答这个问题的必要了。

整体来看，YOLOF的网络结构十分简洁，没有电路图似的特征融合结构。但是，仅使用C_5特征图会有一个致命问题，那就是该特征图在降采样的过程中丢失了太多信息，这是不可避免的。我们通常会让深层特征图检测大物体的原因之一是大物体的像素多，即便丢失一些细节信息，也仍够被检测出来，因此可以承受住较多的降采样处理，但小物体往往不行，其本身像素信息就少，很容易在降采样的过程中丢失，从而造成漏检现象。从这一点上来看的话，DilatedEncoder模块似乎还不够，无法让网络能够关注那些小物体的信息。不过，对于这个问题，YOLOF的作者团队有着不同的观点，他们认为之所以容易造成漏检，也许是因为以往使用的匹配规则不足以使得网络重视那些小物体的信息。因此，从这个观点出发，他们提出了YOLOF的第二个创新点。

12.1.2 新的正样本匹配规则：Uniform Matcher

在以往的样本匹配规则中，IoU是一个常用的概念，最常用的基于IoU的匹配方法就是Max-IoU，即只要先验框与目标框的IoU超过了阈值，我们就将其视作正样本，这一简单的规则被应用到很多工作中，如SSD、RetinaNet、YOLOv4等。但是，对于仅使用C_5特征图的单级检测网络来说，YOLOF作者团队认为不能继续沿用这一简单规则，因为它会导致一个致命的问题：**不同大小的目标的正样本数量不均衡**，如图12-6所示。

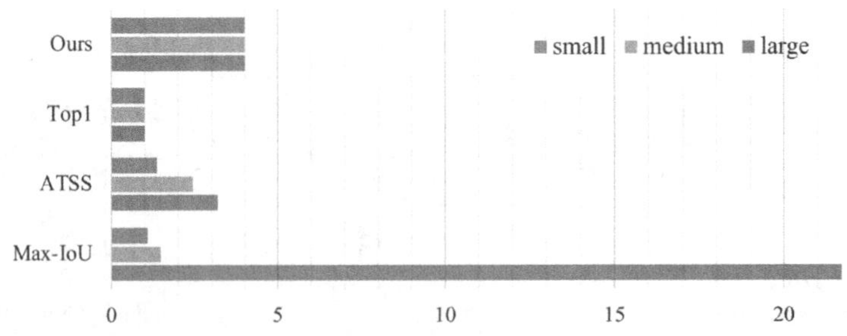

图12-6 不同的匹配方法在单级检测架构下所生成的正样本的分布情况（摘自YOLOF的论文［45］）

在图12-6中，YOLOF作者团队将常用的几种匹配规则应用到YOLOF的工作中来，结果发现，以往常用的Max-IoU策略会导致大目标被分配大量的正样本，远远多于中小目标，这一不均衡问题会导致网络在学习的过程中过度关注大目标，从而影响小目标的学习。在多级检测方法中，由于存在多个尺度，小目标的正样本往往来自更合适的C_3尺度，而不是C_5尺度，且C_3尺度的网格分布更加紧密，也有助于小目标的标签分配。但是，在单级检测架构下，空间尺寸过小的C_5尺度使得网格的排布过于稀疏，相邻网格之间的步长过大，此时再去计算IoU，就很容易导致尺寸较小的目标和邻近先验框的IoU过低，甚至无法计算出来，从而造成正样本数量过少的问题。图12-6所展示的ATSS [58] 方法也有类似不均衡的问题，但要好于Max-IoU，而Top1策略则达成了最好的均衡，但它属于one-to-one匹配方式，会损失模型的性能。

在观察到上述现象后，YOLOF作者团队便想出了一个合理的解决办法：为每个尺度的目标匹配上相同的正样本数量，且大于1，避免one-to-one匹配的劣势。这一解决办法被作者团队命名为Uniform Matcher策略。具体来说，对于给定的一个目标框，首先计算它与全部先验框的L1距离，然后保留前k个结果，考虑到仅依据L1距离所得到的结果不一定够好，便在此基础上又用IoU去对这k个结果做进一步的筛选，只有高于预先设定的IoU阈值的才会被保留下来。这里，IoU阈值为0.15，而不是以往的0.5或者0.7。之所以设置0.15这么小的IoU，可能是因为前面所提到的C_5尺度的网格分布过于稀疏的问题，所以，IoU阈值也就被设置得较低。理想情况下，每个目标框都能匹配上k个样本，从而保证不论是大目标还是小目标，其正样本数量都是一样的，那么在训练过程中，每个目标框受到的关注度也尽可能是平等的。

在设计了这两个创新点后，作者团队使用COCO训练集去训练YOLOF，并在验证集上进行测试，实验结果如图12-7所示。

Dilated Encoder	Uniform Matching	AP	Δ	AP_S	AP_M	AP_L
		21.1	-16.6	8.6	31.1	34.5
✓		29.1	-8.6	9.5	32.2	50.6
	✓	33.8	-3.9	17.7	40.9	43.8
✓	✓	**37.7**	-	**19.1**	**42.5**	**53.2**

图12-7 DilatedEncoder模块和Uniform Matcher正样本匹配规则对YOLOF的影响
（实验结果的图片摘自YOLOF论文［45］）

从图12-7展示的结果可以看出，这两个创新点带来的提升是十分显著的，将YOLOF的性能指标AP从21.1%大幅提升至37.7%。另外，我们也可以看到，在仅使用DilatedEncoder模块的情况下，模型的性能指标AP从21.1%提升至29.1%，其中大目标AP指标的提升是十分显著的，但小目标AP指标的提升几乎可以忽略，这一结果恰恰证明了DilatedEncoder模块对小目标的检测性能的提升作用并不大。而在仅使用Uniform Matcher的情况下，模型的性能指标AP从21.1%提升至33.8%，十分显著，此时，小目标的AP指标从很低的8.6%大幅提升至17.7%，由此可见，单级检测在小目标检测任务上的性能不足的原因可能就是缺少合适的正样本匹配策略，而Uniform Matcher出色地解决了这个问题。但是，我们也发现，Uniform Matcher对大目标的检测性能的提升要弱于DilatedEncoder模块。所以，将这两个创新点结合起来，相辅相成，就塑造出了YOLOF这个强大的单级检测器。

12.1.3 与其他先进工作的对比

为了进一步论证YOLOF的优势，作者团队又和流行的多级检测器且同样使用先验框的RetinaNet进行对比，图12-8展示了相关的对比实验结果。

Model	schedule	AP	AP_{50}	AP_{75}	AP_S	AP_M	AP_L	#params	GFLOPs	FPS
RetinaNet [23]	1x	35.9	55.7	38.5	19.4	39.5	48.2	38M	201	13
RetinaNet-R101 [23]	1x	38.3	58.5	41.3	21.7	42.5	51.2	57M	266	11
RetinaNet+	1x	37.7	58.1	40.2	22.2	41.7	49.9	38M	201	13
RetinaNet-R101+	1x	40.0	60.4	42.7	23.2	44.1	53.3	57M	266	10
YOLOF	1x	37.7	56.9	40.6	19.1	42.5	53.2	44M	86	32
YOLOF-R101	1x	39.8	59.4	42.9	20.5	44.5	54.9	63M	151	21
YOLOF-X101	1x	42.2	62.1	45.7	23.2	47.0	57.7	102M	289	10
YOLOF-X101†	3x	44.7	64.1	48.6	25.1	49.2	60.9	102M	289	10
YOLOF-X101†‡	3x	47.1	66.4	51.2	31.8	50.9	60.6	102M	—	—

图12-8 YOLOF与RetinaNet在COCO验证集上的性能对比（实验结果的图片摘自YOLOF论文[45]）

相较于RetinaNet，仅使用C_5特征图的YOLOF不论是在计算量GFLOPs指标上还是在参数量上都有着极为显著的优势，速度上的优势也同样十分明显，这得益于YOLOF的检测结构，没有特征金字塔和多个检测头。为了尽可能使得对比实验公平，YOLOF作者团队还对RetinaNet做了一次优化，使用和YOLOF相同的GIoU损失、加入隐形objectness预测等，得到一个性能更加强悍的RetinaNet+检测器，但即便如此，YOLOF依旧实现了足以与之媲美的性能，尤其是在表征YOLOF的大目标检测的AP_L指标上，YOLOF显著优于RetinaNet，作者认为，这主要得益于DilatedEncoder模块所带来的大感受野。但是，在小目标的检测性能上，在使用相同主干网络的条件下，YOLOF的AP_S指标却明显不及RetinaNet+，尽管整体上YOLOF的AP指标并不逊于RetinaNet，但就小目标的检测性能而言，似乎并不理想。这一结果是不是正说明了，单级检测架构的确无法胜任小目标的检测任务呢？就这一点而言，YOLOF似乎并没有完全达到研究预期。

另外，YOLOF也和DETR进行了对比。这里，为了能够和DETR对比，YOLOF延长了训练时长，从原先的1× 训练策略的12个epoch增加至72个epoch，即便如此，和DETR的300～500个epoch的训练时长比起来，72个epoch也很短。图12-9展示了相关的对比实验结果。

Model	Epochs	#params	GFLOPS/FPS	AP	AP_{50}	AP_{75}	AP_S	AP_M	AP_L
DETR [4]	500	41M	86/24*	42.0	62.4	44.2	20.5	45.8	61.1
DETR-R101 [4]	500	60M	152/17*	43.5	63.8	46.4	21.9	48.0	61.8
YOLOF	72	44M	86/32	41.6	60.5	45.0	22.4	46.2	57.6
YOLOF-R101	72	63M	151/21	43.7	62.7	47.4	24.3	48.3	58.9

图12-9 YOLOF与DETR在COCO验证集上的性能对比（实验结果的图片摘自YOLOF论文［45］）

从图12-9展示的实验结果不难看出，YOLOF实现了它的初衷之一：**用CNN同样也能胜任基于C_5单级特征图的目标检测任务**。不过，YOLOF对于大目标的检测性能略逊于DETR，这可能是因为Transformer捕获全局信息的能力要强于DilatedEncoder模块，而在小目标的检测性能上，YOLOF略胜一筹。不过，相较于DETR，YOLOF有一个致命的缺陷，那就是使用了先验框。在anchor-free框架大行其道之际，YOLOF仍旧使用先验框的做法就显得有点格格不入了，这也许就是因为C_5尺度的网格分布过于稀疏了，倘若不使用先验框，似乎无法将那么多正样本去平均地分配给每一个目标框。另外，也正是由于先验框的存在以及Uniform Matcher策略的one-to-many模式，使得诸如NMS等后处理操作不可避免。因此，相较于DETR，YOLOF还是略为逊色，尽管其思想创新，但还是欠缺些革新性，但整体来说，敢于挑战根深蒂固的框架设计理念，仍是值得肯定和赞扬的。

至此，我们就讲完了YOLOF工作，整体来看，YOLOF不失为一个优雅且具有启发性的优秀工作。那么，接下来，作者将秉承本书的风格，去实现一款我们自己的YOLOF检测器。

12.2 搭建 YOLOF

本节，我们来着手搭建自己的YOLOF检测器。从第一个YOLOv1到现在，我们已经实现了多个目标检测器，想必读者对于如何构建目标检测项目的基本流程已经了然于胸了，所以，我们不再做过多的介绍，而用简洁明了的代码来高效地完成本节内容。本节所涉及的项目源码如下。

- **由作者实现的YOLOF**：https://github.com/yjh0410/PyTorch_YOLOF

在本项目的config/yolof_config.py文件中，我们可以查阅到YOLOF的配置参数，如代码12-1所示。

代码12-1 YOLOF的配置文件

```
# PyTorch_YOLOF/config/yolof_config.py
# ----------------------------------------------------------
...

yolof_config = {
```

```
    ...

    'yolof-r50': {
        # input
        'train_min_size': 800,
        'train_max_size': 1333,
        'test_min_size': 800,
        'test_max_size': 1333,
        'format': 'RGB',
        'pixel_mean': [123.675, 116.28, 103.53],
        'pixel_std': [58.395, 57.12, 57.375],
        'min_box_size': 8,
        'mosaic': False,
        'transforms': [{'name': 'RandomHorizontalFlip'},
                       {'name': 'RandomShift', 'max_shift': 32},
                       {'name': 'ToTensor'},
                       {'name': 'Resize'},
                       {'name': 'Normalize'}],
        # model
        'backbone': 'resnet50',
        'res5_dilation': False,
        'stride': 32,
        'bk_act_type': 'relu',
        'bk_norm_type': 'FrozeBN',
        # encoder
        ...
    },
}
```

接下来，我们就从搭建YOLOF的网络结构开始代码实现环节。

12.2.1 搭建主干网络

首先，我们来搭建YOLOF的主干网络。对于主干网络，我们采用标准的ResNet，相关的代码已实现在项目的models/backbone/resnet.py文件中，我们可以调用其中的`build_resnet`函数来使用ResNet网络，如代码12-2所示。

代码12-2 搭建YOLOF的主干网络

```
# PyTorch_YOLOF/models/backbone/resnet.py
# ----------------------------------------------------------
...

def build_resnet(model_name='resnet18', pretrained=False, norm_type='BN', res5_
    dilation=False):
    backbone = Backbone(model_name, pretrained, dilation=res5_dilation, norm_type=
    norm_type)

    return backbone, backbone.num_channels
```

在代码12-2中，norm_type参数用于确定ResNet所使用的归一化层的类型，具体来说，当norm_type被设置为BN时，ResNet使用标准的BN层；当norm_type被设置为FrozeBN时，表示ResNet使用被冻结的BN层。所谓**被冻结的BN层**，是指网络在加载了ImageNet预训练权重中的BN层参数后，其中的均值和方差在后续的训练中不会被更新。读者可以在这段代码的上方找到名为FrozenBatchNorm2d的类，即被冻结BN层的代码，这也是一段相当经典的代码了。之所以会有这样的BN层存在，是因为在下游任务中，训练阶段所使用的batch size通常很小，而BN层中的均值和方差对batch size又很敏感。考虑到ImageNet数据集和COCO数据集包含的图像都属于自然图像，其分布不会有太大的差别，因此，研究者认为ImageNet数据集上的BN层的均值和方差这两个参数是可以直接应用在COCO数据集上的，不需要再被更新。早期的很多工作如Faster R-CNN和RetinaNet都采用了这一做法。代码12-3展示了被冻结BN层的代码。

代码12-3 均值与方差被冻结的BN层

```
# PyTorch_YOLOF/models/backbone/resnet.py
# ----------------------------------------------------------
...

class FrozenBatchNorm2d(torch.nn.Module):
    def __init__(self, n):
        super(FrozenBatchNorm2d, self).__init__()
        self.register_buffer("weight", torch.ones(n))
        self.register_buffer("bias", torch.zeros(n))
        self.register_buffer("running_mean", torch.zeros(n))
        self.register_buffer("running_var", torch.ones(n))

    def _load_from_state_dict(self, state_dict, prefix, local_metadata, strict,
                              missing_keys, unexpected_keys, error_msgs):
        num_batches_tracked_key = prefix + 'num_batches_tracked'
        if num_batches_tracked_key in state_dict:
            del state_dict[num_batches_tracked_key]

        super(FrozenBatchNorm2d, self)._load_from_state_dict(
            state_dict, prefix, local_metadata, strict,
            missing_keys, unexpected_keys, error_msgs)

    def forward(self, x):
        # move reshapes to the beginning
        # to make it fuser-friendly
        w = self.weight.reshape(1, -1, 1, 1)
        b = self.bias.reshape(1, -1, 1, 1)
        rv = self.running_var.reshape(1, -1, 1, 1)
        rm = self.running_mean.reshape(1, -1, 1, 1)
        eps = 1e-5
        scale = w * (rv + eps).rsqrt()
        bias = b - rm * scale
        return x * scale + bias
```

另外，除了冻结BN层的均值和方差，在加载了ImageNet预训练权重后，还会将ResNet网络的前几层的参数也都冻结，如代码12-4所示。

代码12-4　冻结ResNet浅层的参数

```
# PyTorch_YOLOF/models/backbone/resnet.py
# --------------------------------------------------------
...

class BackboneBase(nn.Module):
    def __init__(self, backbone: nn.Module, num_channels: int):
        super().__init__()
        for name, parameter in backbone.named_parameters():
            if 'layer2' not in name and 'layer3' not in name and 'layer4' not in
                name:parameter.requires_grad_(False)
        return_layers = {"layer2": "0", "layer3": "1", "layer4": "2"}
        self.body = IntermediateLayerGetter(backbone, return_layers=return_layers)
        self.num_channels = num_channels

    def forward(self, x):
        xs = self.body(x)
        fmp_list = []
        for name, fmp in xs.items():
            fmp_list.append(fmp)

        return fmp_list
```

在代码12-4所展示的`BackboneBase`类中，只有`layer2`到`layer4`的参数是需要被训练的，而之前几层的参数都会被冻结，不会回传梯度，因而也不会被训练。之所以这么做，是考虑到一个事实：既然主干网络已经在ImageNet数据集上被训练过了，而网络的前几层主要提取的是低级特征，这些低级特征在下游任务中是具有一定通用性的，因此，为了减少GPU的消耗，我们不妨把浅层的参数冻结。这同样也有助于节省训练时间。

随后，我们就可以在YOLOF模型框架内调用相关的函数来使用ResNet作为主干网络，如代码12-5所示。

代码12-5　YOLOF的主干网络

```
# PyTorch_YOLOF/models/yolof/yolof.py
# --------------------------------------------------------
...

class YOLOF(nn.Module):
    def __init__(self, cfg, device, num_classes, conf_thresh, nms_thresh, trainable,
        topk):
        super(YOLOF, self).__init__()
        self.cfg = cfg
        self.device = device
        self.fmp_size = None
```

```
        self.stride = cfg['stride']
        self.num_classes = num_classes
        self.trainable = trainable
        self.conf_thresh = conf_thresh
        self.nms_thresh = nms_thresh
        self.topk = topk
        self.anchor_size = torch.as_tensor(cfg['anchor_size'])
        self.num_anchors = len(cfg['anchor_size'])

        #--------------------------- Network -----------------------------#
        ## backbone
        self.backbone, bk_dims = build_backbone(cfg=cfg, pretrained=trainable)
        ...
```

12.2.2 搭建 DilatedEncoder 模块

随后，我们搭建DilatedEncoder模块，在项目的models/yolof/encoder.py文件中。我们可以看到DilatedEncoder类。在12.2节，我们已经讲解了该模块的结构和原理，十分简单，因此其代码实现也十分简单，核心就是膨胀卷积。代码12-6展示了相应的代码实现。

代码12-6 DilatedEncoder模块

```
# PyTorch_YOLOF/models/yolof/encoder.py
# ----------------------------------------------------------
...

class DilatedEncoder(nn.Module):
    """ DilatedEncoder """
    def __init__(self, in_dim, out_dim, expand_ratio, dilation_list, act_type, norm_
        type):
        super(DilatedEncoder, self).__init__()
        self.projector = nn.Sequential(
            Conv(in_dim, out_dim, k=1, act_type=None, norm_type=norm_type),
            Conv(out_dim, out_dim, k=3, p=1, act_type=None, norm_type=norm_type)
        )
        encoders = []
        for d in dilation_list:
            encoders.append(
                Bottleneck(in_dim=out_dim, dilation=d, expand_ratio=expand_ratio,
                           act_type=act_type, norm_type=norm_type))
        self.encoders = nn.Sequential(*encoders)

    def forward(self, x):
        x = self.projector(x)
        x = self.encoders(x)

        return x
```

搭建完这一模块后，我们通过调用build_encoder函数来为YOLOF搭建编码器，如代码12-7所示。

代码12-7　YOLOF的编码器模块

```
# PyTorch_YOLOF/models/yolof/yolof.py
# ---------------------------------------------------------
...

class YOLOF(nn.Module):
    def __init__(self, cfg, device, num_classes, conf_thresh, nms_thresh, trainable,
        topk):
        super(YOLOF, self).__init__()
        ...

        #-------------------------- Network ----------------------------#
        ## encoder
        self.neck = build_encoder(cfg=cfg, in_dim=bk_dims[-1], out_dim=cfg['encoder_
            dim'])
        ...
```

12.2.3　搭建解码器模块

最后，我们来搭建YOLOF的解码器，其结构就是一个解耦检测头和必要的预测层。对于解耦检测头，在项目的models/yolof/decoder.py文件中，我们实现了YOLOF的检测头，对应文件中的NaiveHead类。名字中的“Naive”代表了它只有两个简单的并行分支，分别去提取类别特征和位置特征。代码12-8展示了YOLOF的解耦检测头。

代码12-8　YOLOF的解耦检测头

```
# PyTorch_YOLOF/models/yolof/decoder.py
# ---------------------------------------------------------
...

class NaiveHead(nn.Module):
    def __init__(self, head_dim, num_cls_heads, num_reg_heads, act_type, norm_type):
        super().__init__()
        self.head_dim = head_dim

        self.cls_feats = nn.Sequential(*[
            Conv(head_dim, head_dim, k=3, p=1, act_type=act_type, norm_type=norm_type)
            for _ in range(num_cls_heads)])
        self.reg_feats = nn.Sequential(*[
            Conv(head_dim, head_dim, k=3, p=1, act_type=act_type, norm_type=norm_type)
            for _ in range(num_reg_heads)])

    def forward(self, x):
```

```
        cls_feats = self.cls_feats(x)
        reg_feats = self.reg_feats(x)

        return cls_feats, reg_feats
```

最后，就是三个预测层：obj_pred、cls_pred以及reg_pred，分别去预测隐式的objectness、目标类别和边界框位置，如代码12-9所示。注意，这里的objectness不同于YOLO中的objectness，后者是显式的，即有明确的标签去学习，而YOLOF中的objectness是隐式的，它会与预测的类别置信度相乘，相乘后的结果被用作目标框的类别置信度，然后去和目标类别标签计算类别损失，隐式的objectness本身并没有被直接地训练。由于objectness来自回归分支，因此目标框的类别置信度就耦合了类别和位置两个分支的信息，理应会效果更好，我们可以将此视为一个有参考价值的技巧。代码12-9展示了完整的YOLOF解码器模块。

代码12-9 YOLOF的解码器模块

```
# PyTorch_YOLOF/models/yolof/decoder.py
# ----------------------------------------------------------
...

class DecoupledHead(nn.Module):
    def __init__(self, cfg, head_dim, num_classe, num_anchors, act_typ, norm_type):
        super().__init__()
        self.num_classes = num_classes
        self.head_dim = head_dim

        # feature stage
        self.head = NaiveHead(head_dim, cfg['num_cls_heads'],
                              cfg['num_reg_heads'], act_type, norm_type)

        # prediction stage
            self.obj_pred = nn.Conv2d(head_dim, 1 * num_anchors,
                                      kernel_size=3, padding=1)
            self.cls_pred = nn.Conv2d(head_dim, self.num_classes * num_anchors,
                                      kernel_size=3, padding=1)
            self.reg_pred = nn.Conv2d(head_dim, 4 * num_anchors,
                                      kernel_size=3, padding=1)

    def forward(self, x):
        cls_feats, reg_feats = self.head(x)

        obj_pred = self.obj_pred(reg_feats)
        cls_pred = self.cls_pred(cls_feats)
        reg_pred = self.reg_pred(reg_feats)

        # implicit objectness
        B, _, H, W = obj_pred.size()
```

```
        obj_pred = obj_pred.view(B, -1, 1, H, W)
        cls_pred = cls_pred.view(B, -1, self.num_classes, H, W)

        normalized_cls_pred = cls_pred + obj_pred - torch.log(
                1. +
                torch.clamp(cls_pred, max=DEFAULT_EXP_CLAMP).exp() +
                torch.clamp(obj_pred, max=DEFAULT_EXP_CLAMP).exp())
        # [B, KA, C, H, W] -> [B, H, W, KA, C] -> [B, M, C], M = HxWxKA
        normalized_cls_pred = normalized_cls_pred.permute(0, 3, 4, 1, 2).contiguous()
        normalized_cls_pred = normalized_cls_pred.view(B, -1, self.num_classes)

        # [B, KA*4, H, W] -> [B, KA, 4, H, W] -> [B, H, W, KA, 4] -> [B, M, 4]
        reg_pred =reg_pred.view(B, -1, 4, H, W).permute(0, 3, 4, 1, 2).contiguous()
        reg_pred = reg_pred.view(B, -1, 4)

        return normalized_cls_pred, reg_pred
```

需要额外说明的是，在计算objectness和类别置信度的乘积时，并不是直接将二者相乘，而是采用了log-exp的数值稳定操作，所以，我们在代码12-9中会看到`normalized_cls_pred`这个变量，并在计算该变量时，用到了log和exp等函数。该操作是一种常用的数值稳定操作，就数学本质而言，先做log-exp处理再用Sigmoid函数处理得到的结果，和直接将二者经过Sigmoid函数处理后的数值相乘是完全一致的，不要被复杂的形式所迷惑。感兴趣的读者可以自行了解相关的原理。

搭建完这一模块后，我们通过调用`build_decoder`函数来创建这一模块，我们就不展示相关的代码实现了，和先前是类似的。

至此，我们就搭建完成了YOLOF的网络。至于其他一些细节，比如前向推理等，请读者自己查阅，有了前面工作的基础，其他代码理解起来也会很顺畅。

12.2.4 数据预处理

本节，我们来讲解一下YOLOF所使用的数据预处理。

YOLOF使用的数据增强主要包括随机水平翻转和随机漂移（RandomShift）两个操作。通常，“1×”训练策略仅会使用随机水平翻转，这一点在RetinaNet和FCOS等工作中常被用到，之所以只用这么简单的数据增强，是因为主干网络加载了ImageNet预训练权重，所以不需要被训练太久，在COCO数据集上大约用12个epoch的训练时长即可使模型收敛。当然，如果我们加入更多的数据增强操作的话，显然就要适当延长训练的时间，使得模型充分收敛。

在YOLOF的“1×”训练策略中，之所以还会使用额外的RandomShift操作，是因为在实际测试中，YOLOF作者团队发现这一操作在短短的“1×”策略下也会稍许提升YOLOF的性能。

在项目的dataset/transforms.py文件，我们实现了TrainTransforms和ValTransforms两个类，分别是训练阶段和测试阶段会用到的数据预处理。大部分数据预处理操作和之前实现的DETR没有实质差别，所以这里就不做过多介绍了，只介绍其中的Resize类，代码12-10展示了该类的代码实现。

代码12-10 YOLOF的数据预处理

```
# PyTorch_YOLOF/dataset/transforms.py
# ----------------------------------------------------------
...

class Resize(object):
    def __init__(self, min_size=800, max_size=1333, random_size=None):
        self.min_size = min_size
        self.max_size = max_size
        self.random_size = random_size

    def __call__(self, image, target=None):
        if self.random_size:
            min_size = random.choice(self.random_size)
        else:
            min_size = self.min_size

        # resize
        if self.min_size == self.max_size:
            # long edge resize
            img_h0, img_w0 = image.shape[1:]

            r = min_size / max(img_h0, img_w0)
            if r != 1:
                size = [int(img_h0 * r), int(img_w0 * r)]
                image = F.resize(image, size=size)
        else:
            # short edge resize
            img_h0, img_w0 = image.shape[1:]
            min_original_size = float(min((img_w0, img_h0)))
            max_original_size = float(max((img_w0, img_h0)))

            if max_original_size / min_original_size * min_size > self.max_size:
                min_size = int(round(min_original_size / max_original_size * self.
                    max_size))
            image = F.resize(image, size=min_size, max_size=self.max_size)

        # rescale bboxes
        if target is not None:
            img_h, img_w = image.shape[1:]
            # rescale bbox
            boxes_ = target["boxes"].clone()
```

```
        boxes_[:, [0, 2]] = boxes_[:, [0, 2]] / img_w0 * img_w
        boxes_[:, [1, 3]] = boxes_[:, [1, 3]] / img_h0 * img_h
        target["boxes"] = boxes_

    return image, target
```

在先前学习YOLO时，都是要么直接将输入图像resize成指定的尺寸，要么保留长宽比，将最长边resize到指定的尺寸，而短边根据长宽比做相应的缩放。而YOLOF则不然，它将输入图像的**最短边**调整到指定的尺寸，如800，而最长边则做相应比例的缩放，但不超过1333，如果超过了1333，就先将最长边调整到1333，而短边依据长宽比去做调整。

不同图像的长宽比不同，resize后的尺寸显然也各不相同，比如一张图像被调整成了$(800,956)$，而另一张图像被调整成了$(416,800)$，在训练的时候，我们无法直接将这两张图像拼接在一起，从而组成一批数据去训练网络。对于这个问题的处理方式，先前我们在讲解DETR的时候已经介绍过了，这里就不重复了，读者可以在项目的utils/misc.py文件中找到名为`CollateFunc`的类，该类用于处理这个问题，代码的实现借鉴了DETR项目，这里就不予以展示了。

12.2.5 正样本匹配：Uniform Matcher

本节，我们讲解YOLOF最重要的创新点：Uniform Matcher。在本项目的models/yolof/matcher.py文件中，我们引用官方YOLOF的开源代码来实现用于标签分配的`UniformMatcher`类，代码12-11展示了其部分代码。接下来，我们对这部分代码做详细的解读。

代码12-11 YOLOF的Uniform Matcher类

```
# PyTorch_YOLOF/models/yolof/matcher.py
# --------------------------------------------------------
...

class UniformMatcher(nn.Module):
    def __init__(self, match_times: int = 4):
        super().__init__()
        self.match_times = match_times

    @torch.no_grad()
    def forward(self, pred_boxes, anchor_boxes, targets):
        ...
```

假定我们现在已经得到了预测框`pred_bboxes`，它的维度是$[B,N,4]$，其中，B是batch size，N是预测框的数量，在训练阶段，$N=H_oW_oN_A$，其中，H_o和W_o是C_5特征图的空间大小，N_A是先验框的数量。同时，预先准备好的先验框也会被输入进来，它的维度是$[N,4]$。由于先验框是这一批图像所共享的，因此我们将其沿batch size维度做广播，将其维度调整为$[B,N,4]$。为了方便后面的计算，我们将它们都展平，得到维度为$[M,4]$的out_bbox和anchor_bbox两个变量，这里，$M=BN$。同时，对于这批输入的标签，我们也将目标框调整成$[N,4]$的格式，得到tgt_bbox变量，这里，$N=N_1+N_2+\cdots+N_B$，其中N_i是第i张图像中的目标个数。

首先，我们分别计算预测框与目标框的L1距离和先验框与目标框的L1距离，如代码12-12所示。

代码12-12 计算L1距离

```
# PyTorch_YOLOF/models/yolof/matcher.py
# ------------------------------------------------------------
...

# 计算L1代价
cost_bbox = torch.cdist(box_xyxy_to_cxcywh(out_bbox), box_xyxy_to_cxcywh
    (tgt_bbox), p=1)
cost_bbox_anchors = torch.cdist(anchor_boxes, box_xyxy_to_cxcywh(tgt_bbox), p=1)
```

然后，我们将L1距离作为代价矩阵。对于预测框，我们将此代价矩阵记作$\boldsymbol{C}$；对于先验框，我们将此代价矩阵记作$\boldsymbol{C}_1$。然后，分别取代价最小的前k个预测框和先验框，换言之，我们为每个目标框选取代价最小的前k个预测框和k个先验框作为正样本候选，如代码12-13所示。

代码12-13 选取正样本候选

```
# PyTorch_YOLOF/models/yolof/matcher.py
# ------------------------------------------------------------
...

indices = [tuple(torch.topk(c[i], k=self.match_times, dim=0,
                            largest=False)[1].numpy().tolist())
                            for i, c in enumerate(C.split(sizes, -1))]]
indices1 = [tuple(torch.topk(c[i], k=self.match_times, dim=0,
                             largest=False)[1].numpy().tolist())
                             for i, c in enumerate(C1.split(sizes, -1))]
```

接下来，为了方便后面索引这些正样本，我们做一些必要的细节处理，如代码12-14所示。

代码 12-14　调整正样本索引

```
# PyTorch_YOLOF/models/yolof/matcher.py
# --------------------------------------------------------
...

for img_id, (idx, idx1) in enumerate(zip(indices, indices1)):
    # 'i' is the index of queris
    img_idx_i = [np.array(idx_ + idx1_) for (idx_, idx1_) in zip(idx, idx1)]
    # 'j' is the index of tgt
    img_idx_j = [np.array(list(range(len(idx_))) + list(range(len(idx1_))))
        for (idx_, idx1_) in zip(idx, idx1)]
    all_indices_list[img_id] = [*zip(img_idx_i, img_idx_j)]

all_indices = []
for img_id in range(bs):
    all_idx_i = []
    all_idx_j = []
    for idx_list in all_indices_list[img_id]:
        idx_i, idx_j = idx_list
        all_idx_i.append(idx_i)
        all_idx_j.append(idx_j)
    all_idx_i = np.hstack(all_idx_i)
    all_idx_j = np.hstack(all_idx_j)
    all_indices.append((all_idx_i, all_idx_j))

return [(torch.as_tensor(i, dtype=torch.int64),
            torch.as_tensor(j, dtype=torch.int64)) for i, j in all_indices]
```

最后，UniformMatcher类调整目标框匹配上的先验框的索引和预测框的索引。注意，在YOLOF中，对于标签的匹配，既考虑先验框和目标框之间的关联，也同时考虑预测框和目标框之间的关联，按照论文里说的，这一做法有助于稳定训练。

12.2.6　损失函数

在项目的models/yolof/criterion.py文件中，我们引用官方的开源代码实现了用于计算损失的Criterion类。在有了先前的基础后，这段代码并不难理解，我们只做一些必要的讲解。

首先，我们使用包含正样本索引的indices变量去计算被匹配上的先验框、预测框与目标框的IoU，如代码12-15所示。

代码 12-15　计算先验框、预测框与目标框的 IoU

```
# PyTorch_YOLOF/models/yolof/criterion.py
# --------------------------------------------------------
...
```

```
ious = []
pos_ious = []
for i in range(B):
    src_idx, tgt_idx = indices[i]
    # iou between predbox and tgt box
    iou, _ = box_iou(pred_box_copy[i, ...], (targets[i]['boxes']).clone())
    if iou.numel() == 0:
        max_iou = iou.new_full((iou.size(0),), 0)
    else:
        max_iou = iou.max(dim=1)[0]
    # iou between anchorbox and tgt box
    a_iou, _ = box_iou(anchor_boxes_copy[i], (targets[i]['boxes']).clone())
    if a_iou.numel() == 0:
        pos_iou = a_iou.new_full((0,), 0)
    else:
        pos_iou = a_iou[src_idx, tgt_idx]
    ious.append(max_iou)
    pos_ious.append(pos_iou)
```

注意，YOLOF会忽略那些与目标框的IoU大于0.7的负样本预测，其目的是稳定训练。而被标记为正样本的、先验框与目标框的IoU大于0.15的才会被保留下来去训练，因为先前只根据L1距离选择的前k个先验框可能不全是好的样本。这一点我们在前文已经提到过了。

接下来，就可以去计算损失了。首先，我们计算类别损失，代码12-16展示了计算类别损失和边界框损失的代码实现。

代码12-16　计算类别损失和边界框损失

```
# PyTorch_YOLOF/models/yolof/criterion.py
# --------------------------------------------------------
...

# cls loss
masks = outputs['mask']
valid_idxs = (gt_cls >= 0) & masks
loss_labels = self.loss_labels(
pred_cls[valid_idxs], gt_cls_target[valid_idxs], num_foreground)

# box loss
tgt_boxes = torch.cat(

               [t['boxes'][i] for t, (_, i) in zip(targets, indices)], dim=0

).to(self.device)
tgt_boxes = tgt_boxes[~pos_ignore_idx]
matched_pred_box = pred_box.reshape(-1, 4)[src_idx[~pos_ignore_idx]]
loss_bboxes = self.loss_bboxes(matched_pred_box, tgt_boxes, num_foreground)
```

至此，我们完成了计算损失的讲解。接下来，就可以着手训练我们的YOLOF检测器了。

12.3 训练YOLOF检测器

对于训练代码，读者可以打开项目的train.py文件来查阅完整的训练代码。有了先前的经验，理解训练代码的逻辑也就变得十分容易了，我们就不做过多的赘述了。读者可以参考项目中的train.sh文件中的运行命令来训练网络。读者可以在项目的README文件中找到使用COCO数据集训练的YOLOF模型的下载链接。

12.4 测试YOLOF检测器

训练完毕后，假设权重文件为yolof-r50.pth（使用ResNet-50作为主干网络）。在COCO验证集上测试我们的YOLOF的检测性能。图12-10展示了YOLOF在COCO验证集上的检测结果的可视化图像，可以看到，我们的YOLOF表现得还是很出色的，但部分测试图像中，还是能看到我们实现的YOLOF漏检了一些小目标。

图12-10 YOLOF在COCO验证集上的检测结果的可视化

12.5 计算mAP

最后，我们在COCO验证集上测试YOLOF的AP指标。表12-1汇总了相关测试结果。这里，我们只给出了YOLOF-R18和YOLOF-R50的测试结果，以供读者参考。

表 12-1 我们实现的 YOLOF 在 COCO 验证集上的测试结果，
（其中，YOLOF-R50* 为官方实现的 YOLOF 检测器）

模型	AP /%	AP_{50} /%	AP_{75} /%	AP_S /%	AP_M /%	AP_L /%
YOLOF-R18	32.2	50.7	33.7	13.3	36.0	46.7
YOLOF-R50	37.2	57.0	39.6	18.1	41.9	51.9
YOLOF-R50*	37.7	56.9	40.6	19.1	42.5	53.2

整体来看，相较于官方实现的YOLOF-R50*，在可接受的差距范围内，我们所实现的YOLOF检测器基本达到了官方的性能，是一次比较成功的复现。倘若读者有更多的计算资源，不妨使用更强大的主干网络来进一步提升YOLOF的性能。

12.6 小结

至此，我们讲解完了YOLOF。尽管YOLOF并没有达到最佳的性能，但这并不是它的初衷，它主要的动机是：**C_5单级检测也可以达到多级检测的效果**。为了证明这一点，它选择了RetinaNet这一流行的多级检测器作为baseline，并超越了它。同时它也证明：**CNN也可以胜任C_5单级检测**。为了证明这一点，它选择了DETR作为baseline，并以更短的训练时长达到了DETR的性能水平。总体来看，YOLOF工作给出了明确的研究动机，提出了有效的解决方案，用大量的实验验证了方案是有效的，并超过了所选的baseline的性能，其研究思路是很清晰的，对于初学者来说，是有一定的启发性的。

另外，想必读者已经在YOLOF项目中发现了另一个检测器：FCOS。由于FCOS和YOLOF在训练策略和预处理上有很多共同之处，因此，作者在完成了YOLOF的复现后，马不停蹄地又实现了FCOS检测器。FCOS也是目标检测领域中的里程碑之作之一，它最大的贡献就是掀起了目标检测领域的anchor-free的研究浪潮，进一步简化了主流的目标检测框架。在先前的内容中，我们也总是提到这个工作，所以，作者决定在第13章中向读者介绍这款流行的anchor-free检测器。

第13章

FCOS

自Faster R-CNN[14]工作问世以来，先验框几乎成为了大多数先进的目标检测器的标准配置之一，比如我们先前所讲过也实现过的YOLOF、YOLOv2～YOLOv4甚至YOLOv7等工作，都采用了先验框。但是，先验框的缺陷也是十分明显的，体现在以下几点。

- 先验框的长宽比、面积和数量依赖人工设计。纵然YOLOv2提出了基于k均值聚类算法的自适应设计先验框尺寸的策略，但且不说这个算法还是要依赖具体的数据集，只论设计多少个先验框就是个问题。
- 无论多么精心地设计先验框，一旦它的尺寸和数量被固定下来后，就不会再改变。模型在一个训练集上被训练之后，尽管已设定好的先验框可能在这个数据分布上表现得足够好，可一旦遇到不属于该数据分布的场景时，已设定好的先验框可能无法泛化到新的场景，导致模型的性能受损。
- 大量的先验框也会显著增加预测框的数量，从而加剧包括阈值筛选和NMS在内的后处理阶段的计算压力，也会拖慢模型的检测速度。

一段时期内，以上几个问题都暂未进入研究者的视野，似乎先验框的内在矛盾尚未激化到一定程度。直到2019年，FCOS工作被提出，剑指长期以来占据“统治地位”的先验框，在消除了先验框的弊病的同时，FCOS也为anchor-free的后续发展和成功提出了一些宝贵的实践经验。FCOS工作证明了先验框并不是一个先进的目标检测框架所必需的配置。

事实上，早在FCOS之前，我们熟悉的YOLOv1就是一个不使用先验框的检测器，即anchor-free检测器。不过，这种看法并不合适，毕竟在YOLOv1的时代，连先验框的概念都没有，强调YOLOv1是第一个anchor-free检测器也不符合实际情况，但这不妨碍我们去重新审视YOLOv1，正所谓温故而知新。前面我们也说过，之所以YOLOv1后续演变成了anchor-based系列，主要是因为YOLOv1的单级检测架构不足以应对多尺度目标，而将其改进为多级检测架构时，先验框在这当中起到了很大的作用。一旦没有先验框，多尺度标签匹配就首当其冲。但这一问题在FCOS工作中被出色地解决了，也正因此，anchor-free架构正式进入了广大研究者的视野。

最初的FCOS [59] 发表在2019年的ICCV上，随后，2020年，作者团队对FCOS [18] 做了进一步优化，扩充了实验内容，然后发表在了国际顶级期刊TPAMI上。相较于2019年的版本，最新版本的FCOS在性能上有了不俗的提升，网络结构的设计也更加简洁高效。因此，我们主要来讲解发表在TPAMI期刊上的FCOS工作 [18]。

13.1 FCOS解读

在本章，我们围绕2020年的FCOS论文 [18] 来讲解第一个多级anchor-free检测器，讲解思路和先前的章节一样，先从FCOS的网络结构讲起，随后讲解标签分配和损失函数等技术点。最后，我们动手来搭建我们自己的FCOS工作，加深对这一工作的理解和认识。

13.1.1 FCOS网络结构

在网络结构上，FCOS采用了流行的RetinaNet的网络结构，这是因为RetinaNet是学术界最受欢迎的baseline之一，其网络结构简洁、优化空间大以及训练技巧简单，很适合用来验证创新点的有效性。遵循RetinaNet的结构，FCOS使用ResNet网络作为主干网络，输出多尺度特征，然后使用基础的FPN [19] 来做多尺度特征融合，最后部署一个参数在多尺度间共享的解耦检测头，分别去检测每个尺度上的目标，图13-1展示了FCOS的网络结构。

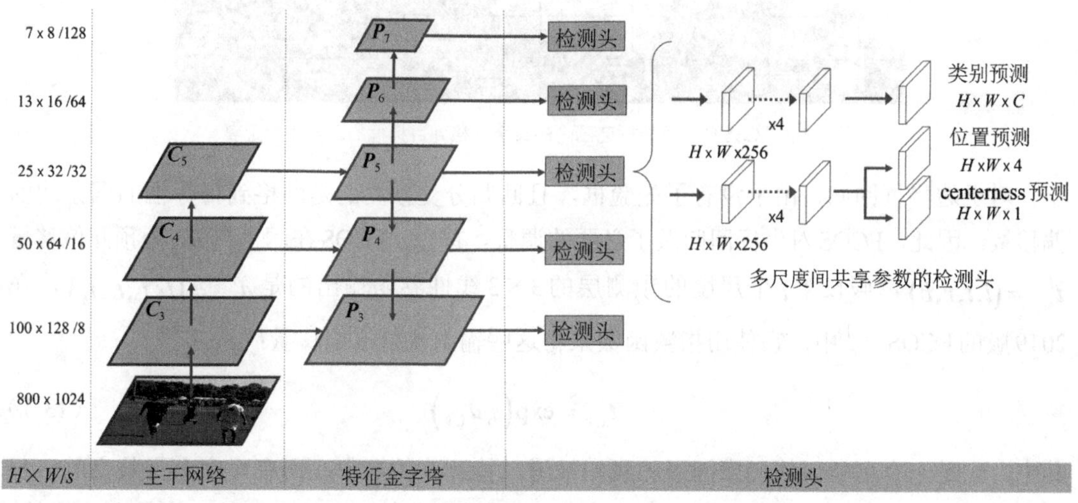

图13-1 FCOS的网络结构图示（摘自FCOS论文 [18]）

给定一张输入图像，FCOS首先使用主干网络去提取多尺度信息，输出$\boldsymbol{C}_3$、$\boldsymbol{C}_4$和$\boldsymbol{C}_5$三个尺度的特征图，然后做自顶向下的特征融合，得到$\boldsymbol{P}_3$、$\boldsymbol{P}_4$和$\boldsymbol{P}_5$三个融合后的特征图。随后，为了获取更深层的特征信息，FCOS在$\boldsymbol{P}_5$特征图的基础上，分别使用步长为2的3×3卷积去做两次降采样操作，分别得到$\boldsymbol{P}_6$和$\boldsymbol{P}_7$特征图。这一点，FCOS是与RetinaNet

不同的，后者是在融合前的 C_5 特征图而非融合后的 P_5 特征图去获得更深的 P_6 和 P_7 特征图。FCOS特意用对比实验来证明了从融合后的 P_5 特征图来生成更深层的特征信息是更有效的。

对于检测头，FCOS采用了和RetinaNet相同的结构，即由两条并行的分支组成，且每条分支都包含了相同的4层3×3线性卷积和ReLU激活函数，分别输出类别特征和位置特征。不过，FCOS在每层卷积后面都添加了对batch size不敏感的 Group Normalization（GN）[60]。

对于最终的预测，FCOS和RetinaNet类似，使用一层3×3线性卷积在类别特征上预测目标的类别，另一层3×3线性卷积在位置特征上预测每个网格到目标框上下左右四条边的距离 (l,t,r,b)，如图13-2所示。

图13-2　FCOS预测目标框范围内的每个网格到目标框的四条边的距离

对于边界框回归，由于没有了先验框，且回归分支预测的是网格到目标框的四条边的偏移量，因此，FCOS对坐标回归做了必要的调整。首先，FCOS在网格 (x,y) 处预测偏移量 $\boldsymbol{t}_{x,y}^{i}=(l,t,r,b)$，假设第 i 个尺度的预测层的3×3线性卷积输出的是 $\boldsymbol{d}_{x,y}^{i}=(t_l,t_t,t_r,t_b)$，在2019版的FCOS[59]中，它使用指数函数来将这些输出映射成偏移量：

$$\boldsymbol{t}_{x,y}^{i}=\exp\left(s_i\boldsymbol{d}_{x,y}^{i}\right) \tag{13-1}$$

其中，s_i 是一个可学习的尺度因子。我们知道，检测头的参数在所有尺度上是共享的，也就是说，我们只需要部署一个检测头，但是，不同尺度所检测的目标的尺度是不一样的，对于类别预测，这一影响并不大，但对于较为敏感的位置预测，由于FCOS不再为每个尺度设置单独的先验框，因此FCOS认为有必要在回归时为每一个尺度都单独设置一个可学习的尺度因子来调节这一矛盾。不过，在2020版的FCOS[18]中，指数函数被替换成了更为简单的ReLU函数，也能保证输出为非负，其中的尺度因子 s_i 被保留了下来，计算公式如下：

$$t_{x,y}^{i}=\mathrm{ReLU}\left(s_{i}d_{x,y}^{i}\right) \tag{13-2}$$

两种方法孰优孰劣暂且不论，但既然2020版的FCOS做了这样的修改，我们就以最新的计算方法为准。

对于常见的类别预测和位置预测就讲完了。从网络结构上来看，FCOS继承了RetinaNet，并没有做太大的改动，仅根据自己的预测量对检测头做了必要的调整，但是FCOS并没有止步于此。

我们已经知道，对于边界框回归，FCOS预测的是每个网格到目标框的四个偏移量（显然我们只关注位于目标框内的网格），但是，目标框内的所有网格预测出的偏移量都是可靠的吗？FCOS认为并非如此。通常，在目标检测任务中，目标的中心区域往往被认为是一个高质量区域，所以，FCOS根据这样的直觉引入“centerness”概念，即在原来结构的基础上又设置了一个额外的3×3线性卷积去预测每一处网格的centerness值，这是一个处在0～1内的数，理想情况下，FCOS在目标中心区域预测的centerness值会接近1，而中心区域之外预测的值则接近0，由此可以认为，centerness是一种对于目标中心的置信度。

至此，我们讲完了FCOS的网络结构。大体上来看，FCOS沿用了RetinaNet的网络结构，十分简洁清晰。FCOS工作的意义并不在于提出一个全新的网络架构，而是想论证先验框并非是必需的，而RetinaNet是anchor-based工作中十分经典的一个，不论是出于公平性，还是减少先验框之外的因素对实验可信度的影响，选择RetinaNet作为baseline都是合适的。倘若在RetinaNet如此简洁的工作上移除了先验框后，性能依旧很强，甚至更强，就足以支持FCOS的论点。

接下来，我们再来介绍FCOS的多尺度标签分配策略，这是FCOS的重点。

13.1.2 正样本匹配策略

我们多次强调过，没有了先验框，首当其冲的就是多尺度标签分配。即给定一个目标框(x_1,y_1,x_2,y_2,c_k)，其中，(x_1,y_1)是目标框的左上角点坐标，(x_2,y_2)是目标框的右下角点坐标，c_k是第k个类别的标签，我们最为关心的就是应该将其分配到哪个或哪几个尺度上去，即由哪些尺度上的预测来负责学习这个标签。为了能够验证anchor-free架构的有效性，这一点是FCOS必须要解决的。

以前，我们是根据先验框与目标框的IoU来完成这项任务的，不同尺寸的先验框对应不同的尺度，不难想象，一个较小的目标框会与较小的先验框更贴近，从而被匹配到较浅的、空间尺寸较大的特征图（如$\boldsymbol{C}_3$尺度）上，反之会被匹配到较深的、空间尺寸较小的特征图（如$\boldsymbol{C}_5$尺度）上，这得益于先验框本身带有的尺度先验信息。然而，现在我们没有了这个先验信息，就必须另辟蹊径。FCOS的创新点之一就是提出了一个用于解决这一问题的十分简单且有效的方案。

前面已经说到，FCOS一共使用五个特征图$\left(\boldsymbol{P}_3,\boldsymbol{P}_4,\boldsymbol{P}_5,\boldsymbol{P}_6,\boldsymbol{P}_7\right)$，其输出步长（空间降采样倍数）分别为8、16、32、64和128。FCOS为每一个尺度都设定了一个尺度范围，即对于特征图$\boldsymbol{P}_i$，其尺度范围是$\left(m_{i-1},m_i\right)$。依照论文中的设定，这五个尺度范围分别为$(0,64)$、$(64,128)$、$(128,256)$、$(256,512)$，以及$(512,\infty)$。这五个范围怎么用呢？

首先，我们去遍历特征图$\boldsymbol{P}_i$上的每一个网格，假设每一个网格的坐标为$\left(xs_a+0.5, ys_a+0.5\right)$，其中$\left(xs_a,ys_a\right)$为网格的左上角点坐标，也就是我们以前熟悉的网格左上角坐标，但我们又为之添加了0.5亚像素坐标，即使得坐标表征的是网格中心点，如图13-2所示。我们可以使用公式（13-3）来计算特征图$\boldsymbol{P}_i$上的网格在输入图像所对应的空间坐标$\left(x_a,y_a\right)$。

$$x_a=xs_a\times s+\frac{s}{2}, y_a=ys_a\times s+\frac{s}{2} \tag{13-3}$$

然后，我们使用公式（13-4）去计算处在目标框内的每一个网格到目标框的四条边的距离。

$$\begin{aligned} l^*=x_a-x_1, t^*=y_a-y_1 \\ r^*=x_2-x_a, b^*=y_2-y_a \end{aligned} \tag{13-4}$$

我们取其中的$m=\max\left(l^*,t^*,r^*,b^*\right)$，如果$m$满足$m_{i-1}<m<m_i$，则该网格将被视为正样本，去学习自己到目标框四条边的距离，反之则为负样本。显然，m不可能超过目标框的最大尺寸$\max\left(x_2-x_1,y_2-y_1\right)$。若目标框的尺寸偏小，它内部的网格就会更多地落在较小的范围内，比如$(0,64)$，反之，则会更多地落在较大的范围内，如$(256,512)$。换言之，FCOS设置的五个范围本质上是和目标自身大小相关的尺度范围，是基于“**小的目标框更应该让输出步长小的特征图去学习，大的目标框则应该让输出步长大的特征图去学习**”的常识。

于是，多尺度分配的问题就解决了，我们知道了哪些网格是正样本，哪些网格是负样本，也就知道了一个目标框该被哪些预测框去学习。但是，这里还遗留了一个问题，那就是如何给FCOS设计的centerness预测制作标签呢？FCOS希望越靠近中心点的网格，它预测的四个偏移量越可靠，那么centerness作为一种置信度，也就应该越接近1。一个直观的做法就是采用高斯热力图，将中心点作为高斯热力图的中心点，其置信度为1，但是，FCOS之所以设置 centerness，是希望它能够衡量边界框回归的质量，所以，FCOS采用了另一种做法，基于已经计算出的(l, t, r, b)计算centerness的标签，如公式（13-5）所示。

$$\text{centerness}^*=\sqrt{\frac{\min\left(l^*,r^*\right)}{\max\left(l^*,r^*\right)}\times\frac{\min\left(t^*,b^*\right)}{\max\left(t^*,b^*\right)}} \tag{13-5}$$

如果我们讲解的是2019年发表在ICCV上的FCOS[59]，那么正样本匹配策略到此就讲解完了，但是2020年发表在 TPAMI期刊上的FCOS[18]则在此基础上又做了进一步的改进。

正如我们上面所讲到的，FCOS将一个目标框内的所有网格都作为正样本候选，只要每个网格都找到了自己所处的尺度范围，它就会被标记为正样本，但是，一个目标框内的网格可能没有落在目标上，而是落在了背景上，如图13-3a所示。

在图13-3a中，红色圆表示处在目标上的网格，而蓝色圆表示处在背景上的网格。不难想象，背景上的网格并不会包含太多的目标信息，所以，这些网格用于回归目标似乎并不合适。为了解决这一问题，FCOS只将处在目标中心邻域内的网格作为正样本，这一做法称为"中心先验"，图13-3b展示了一个3×3中心邻域的实例。

尽管"中心先验"做法会使得正样本数量变少，但是大多数情况下，目标的中心区域往往会给出高质量的正样本，所以，这不仅不会损失模型的性能，反而会因给出的正样本质量更高而有助于提升模型的性能。当然，在一些特殊情况下，目标框的中心点并没有落在目标身上，此时"中心先验"就会失效。但大量的实践经验还是证明了这一做法的有效性，至少在被广泛认可的COCO数据集上，这一做法是有效的。

（a）无中心先验

（b）有中心先验

图13-3　目标框内的网格分布，其中红色圆表示处在目标上的网格，蓝色圆表示处在背景上的网格

至此，FCOS的正样本匹配策略就讲解完了，它主要的贡献是解决了anchor-free在面临多尺度分配时的问题，给出了一套简洁也较为优雅的方案。但是，我们仔细思考一下，不难发现，(m_{i-1}, m_i)的设置本质上也是一种先验尺度，仍旧依赖人工设计，就这一点而言，它和先验框是有着同样的缺陷的。FCOS虽然提出了一款anchor-free检测框架，消除了先验框的诸多弊病，但就依赖人工先验这一点，FCOS并未给出实质性的解决方案。尽管如此，FCOS仍旧是一个出色的工作，引起了学术界对于anchor-free框架的兴趣和关注。也正是因为FCOS还存在着这样的矛盾，才有了后续的包括OTA[36]等工作在内的动态标签分配策略。由此可见，推进事物发展的是矛盾。在科学研究中，找到了现有方法的矛盾，也就找到了后续工作的研究点。

接下来，我们讲一讲FCOS的损失函数。

13.1.3 损失函数

FCOS的损失函数十分简单，大体上沿用了RetinaNet的配置。对于类别损失，FCOS仍使用RetinaNet的Focal loss [17] 函数。对于边界框回归损失，FCOS则使用被广泛证明有效的GIoU损失 [43]。至于FCOS设计的centerness分支，由于它的标签是在0～1范围内，因此自然而然地使用BCE函数来计算损失。总的损失函数为三者的和，如公式（13-6）所示：

$$
\begin{aligned}
L\left(\{p_{x,y}\},\{t_{x,y}\},\{o_{x,y}\}\right) &= \frac{1}{N_{\text{pos}}}\sum_{x,y} L_{\text{cls}}\left(p_{x,y}, c_{x,y}^{*}\right) \\
&+ \frac{\lambda_{\text{reg}}}{N_{\text{pos}}}\sum_{x,y} \mathbb{I}_{c_{x,y}^{*}>0} L_{\text{reg}}\left(t_{x,y}, t_{x,y}^{*}\right) \\
&+ \frac{\lambda_{\text{ctn}}}{N_{\text{pos}}}\sum_{x,y} \mathbb{I}_{c_{x,y}^{*}>0} L_{\text{ctn}}\left(o_{x,y}, o_{x,y}^{*}\right)
\end{aligned}
\tag{13-6}
$$

其中，L_{cls}是Focal loss，L_{reg}是GIoU损失，L_{ctn}是BCE损失。$\mathbb{I}_{c_{x,y}^{*}>0}$为指示函数，即正样本标记。$\lambda_{\text{reg}}$和$\lambda_{\text{ctn}}$分别为回归损失和centerness损失的权重，默认均为1。

在推理阶段，由于FCOS多了一个用于衡量边界框预测质量的centerness预测，因此，每个边界框的得分就等于其类别置信度和centerness值的乘积，如公式（13-7）所示：

$$
\text{cscore} = \sqrt{p_{x,y} \times o_{x,y}} \tag{13-7}
$$

其中，开平方操作的目的是用于校正最终得分的数量级，对模型的AP没有影响。

至此，我们讲解完了FCOS的网络结构、标签分配策略以及损失函数，也就讲解完了FCOS所有的要点。整体来看，FCOS是十分简洁的，易于理解，这对于后续的深入研究是很有益的。事实上，学到这里，我们也应该发现了，具有“里程碑”意义的工作往往都是简单高效的，没有过多花里胡哨的技巧，这样的工作不仅证明了某种可行性，同时也为后续的改进和优化留下了充足的研究空间。

13.2 搭建 FCOS

本节，我们来着手搭建自己的FCOS检测器。本章所涉及的项目源码如下。

- **由作者实现的FCOS：**https://github.com/yjh0410/PyTorch_YOLOF

注意，我们所实现的FCOS模型和第12章的YOLOF放在了一起，这是因为二者所使用到的训练策略几乎是相同的，放在一起既便于调试，也便于读者查阅。

在本项目的config/fcos_config.py文件中，我们可以查阅到FCOS的配置参数，如代码13-1所示。

代码 13-1 FCOS的配置文件

```
# PyTorch_YOLOF/config/fcos_config.py
# ----------------------------------------------------------
...

fcos_config = {
    # fixed label assignment
    'fcos-r18': {
        # input
        'train_min_size': 800,
        'train_max_size': 1333,
        'test_min_size': 800,
        'test_max_size': 1333,
        'format': 'RGB',
        'pixel_mean': [123.675, 116.28, 103.53],
        'pixel_std': [58.395, 57.12, 57.375],
        'min_box_size': 8,
        'mosaic': False,
        'transforms': [{'name': 'RandomHorizontalFlip'},
                       {'name': 'ToTensor'},
                       {'name': 'Resize'},
                       {'name': 'Normalize'}],
        # model
        'backbone': 'resnet18',
        'res5_dilation': False,
        'stride': [8, 16, 32, 64, 128],  # P3, P4, P5, P6, P7
        'bk_act_type': 'relu',
        'bk_norm_type': 'FrozeBN',
        ...
    },
}
```

接下来，我们就从搭建FCOS的网络结构开始本节的代码实现环节。

13.2.1 搭建主干网络

首先，我们来搭建FCOS的主干网络。对于主干网络，我们采用标准的ResNet网络，和第12章实现的YOLOF是一样的，我们就不赘述了。然后，我们就可以在FCOS的模型代码中去调用相关函数生成主干网络，如代码13-2所示。

代码 13-2 搭建FCOS的主干网络

```
# PyTorch_YOLOF/models/fcos/fcos.py
# ----------------------------------------------------------
...

class FCOS(nn.Module):
    def __init__(self, cfg, device, num_classes, conf_thresh, nms_thresh, trainable,
```

```
        topk):
        super(FCOS, self).__init__()
        ...

        #------------------------- Network ----------------------------#
        ## 主干网络
        self.backbone, bk_dims = build_backbone(cfg=cfg, pretrained=trainable)

        ## 特征金字塔
        self.fpn = build_fpn(cfg, bk_dims, cfg['head_dim'])

        ## 检测头
        self.head = build_head(cfg, num_classes)

        ## 可学习的尺度因子
        self.scales = nn.ModuleList([Scale() for _ in range(len(self.stride))])
        ...
```

对于特征金字塔，我们通过调用`build_fpn`函数来搭建最基本的特征金字塔结构，如代码13-3所示。

代码13-3 特征金字塔结构

```
# PyTorch_YOLOF/models/fpn.py
# --------------------------------------------------------
...

class BasicFPN(nn.Module):
    def __init__(self, in_dims, out_dim=256,from_c5=False, p6_feat=False,
        p7_feat=False):
        super().__init__()
        self.from_c5 = from_c5
        self.p6_feat = p6_feat
        self.p7_feat = p7_feat

        # latter layers
        self.input_projs = nn.ModuleList()
        self.smooth_layers = nn.ModuleList()

        for in_dim in in_dims[::-1]:
            self.input_projs.append(nn.Conv2d(in_dim, out_dim, kernel_size=1))
            self.smooth_layers.append(nn.Conv2d(out_dim, out_dim, kernel_size=3,
                                  padding=1))

        # P6/P7
        if p6_feat:
            if from_c5:
                self.p6_conv = nn.Conv2d(in_dims[-1], out_dim,
                                         kernel_size=3, stride=2, padding=1)
            else: # from p5
```

```
            self.p6_conv = nn.Conv2d(out_dim, out_dim,
                                     kernel_size=3, stride=2, padding=1)
        if p7_feat:
            self.p7_conv = nn.Sequential(
                nn.ReLU(inplace=True),
                nn.Conv2d(out_dim, out_dim, kernel_size=3, stride=2, padding=1)
            )

    def forward(self, feats):
        outputs = []
        # [C3, C4, C5] -> [C5, C4, C3]
        feats = feats[::-1]
        top_level_feat = feats[0]
        prev_feat = self.input_projs[0](top_level_feat)
        outputs.append(self.smooth_layers[0](prev_feat))

        for feat, input_proj, smooth_layer in zip(feats[1:], \
                                    self.input_projs[1:], self.smooth_layers[1:]):
            feat = input_proj(feat)
            top_down_feat = F.interpolate(prev_feat, size=feat.shape[2:],
                mode='nearest')
            prev_feat = feat + top_down_feat
            outputs.insert(0, smooth_layer(prev_feat))

        if self.p6_feat:
            if self.from_c5:
                p6_feat = self.p6_conv(feats[0])
            else:
                p6_feat = self.p6_conv(outputs[-1])
            outputs.append(p6_feat)

            if self.p7_feat:
                p7_feat = self.p7_conv(p6_feat)
                outputs.append(p7_feat)

        return outputs # [P3, P4, P5] or [P3, P4, P5, P6, P7]
```

读者可以在项目的models/fcos/fpn.py文件中找到特征金字塔的代码，这是最基础的FPN代码，没有复杂的结构，所以很容易理解。

然后是检测头，我们通过调用build_head函数来搭建解耦检测头。预测层则分别是类别预测、回归预测以及centerness预测。关于解耦检测头，此前我们已经讲过很多次了，这里就不赘述了，请读者自行打开项目的models/fcos/head.py文件来查看这部分的代码。

最后就是可学习的尺度因子Scale，我们为其设置一个可学习的Tensor类型变量，如代码13-4所示。

代码13-4 可学习的尺度因子

```
# PyTorch_YOLOF/models/fcos/fcos.py
# --------------------------------------------------------
...

class Scale(nn.Module):
    def __init__(self, init_value=1.0):
        super().__init__()
        self.scale = nn.Parameter(
            torch.tensor(init_value, dtype=torch.float32),
            requires_grad=True
        )

    def forward(self, x):
        return x * self.scale
```

接下来，我们就可以编写前向推理的代码，相关实现十分简单，不再赘述，以节省篇幅。读者可以查看FCOS类中的inference_single_image函数来了解FCOS的推理流程。

另外，对于解算边界框和后处理等操作，和先前的工作大同小异，就不再展开介绍了，代码13-5展示了相关的代码实现。

代码13-5 FCOS的边界框坐标回归的代码实现

```
# PyTorch_YOLOF/models/fcos/fcos.py
# --------------------------------------------------------
...

def decode_boxes(self, anchors, pred_deltas):
    """
        anchors:  (List[Tensor]) [1, M, 2] or [M, 2]
        pred_reg: (List[Tensor]) [B, M, 4] or [M, 4] (l, t, r, b)
    """
    # x1 = x_anchor - l, x2 = x_anchor + r
    # y1 = y_anchor - t, y2 = y_anchor + b
    pred_x1y1 = anchors - pred_deltas[..., :2]
    pred_x2y2 = anchors + pred_deltas[..., 2:]
    pred_box = torch.cat([pred_x1y1, pred_x2y2], dim=-1)

    return pred_box
```

至于数据预处理，由于FCOS和我们先前实现的YOLOF都在同一个项目中，这部分的代码也是通用的，这里就不讲解了。

13.2.2 正样本匹配

在项目的models/fcos/matcher.py文件中，我们可以看到Matcher类，它就是FCOS用到的正样本匹配代码，也许读者还会看到一些其他的类，因不属于本书范畴，这里暂时不做介绍，这段代码的实现是借鉴了开源项目cvpod库[1]，再一次感谢开源社区。代码13-6展示了Matcher类的代码框架。

代码13-6　FCOS的标签分配的代码框架

```
# PyTorch_YOLOF/models/fcos/matcher.py
# ----------------------------------------------------------
...

class Matcher(object):
    def __init__(self, cfg, num_classes, box_weights=[1, 1, 1, 1]):
        self.num_classes = num_classes
        self.center_sampling_radius = cfg['center_sampling_radius']
        self.object_sizes_of_interest = cfg['object_sizes_of_interest']
        self.box_weightss = box_weights

    def get_deltas(self, anchors, boxes):
        ...

    @torch.no_grad()
    def __call__(self, fpn_strides, anchors, targets):
        ...
```

在Matcher类中，fpn_strides是所有尺度的输出步长，anchors是所有尺度的所有网格的坐标，targets是训练的标签，包含类别标签和目标框的坐标信息。这段代码相对较长，所以我们按照处理流程来做些必要的讲解，方便读者了解代码的功能。

首先，我们计算所有的网格到所有目标框的距离deltas，并由此计算出处在目标框中心邻域内的样本的标记is_in_boxes，如代码13-7所示。

代码13-7　标记正样本候选

```
# PyTorch_YOLOF/models/fcos/matcher.py
# ----------------------------------------------------------
...

# [N, M, 4], M = M1 + M2 + ... + MF
deltas = self.get_deltas(anchors_over_all_feature_maps, tgt_box.unsqueeze(1))

...

# bbox centers: [N, 2]
centers = (tgt_box[..., :2] + tgt_box[..., 2:]) * 0.5

is_in_boxes = []
for stride, anchors_i in zip(fpn_strides, anchors):
```

1　https://github.com/Megvii-BaseDetection/cvpods

```
    radius = stride * self.center_sampling_radius
    # [N, 4]
    center_boxes = torch.cat((
        torch.max(centers - radius, tgt_box[:, :2]),
        torch.min(centers + radius, tgt_box[:, 2:]),
    ), dim=-1)
    # [N, Mi, 4]
    center_deltas = self.get_deltas(anchors_i, center_boxes.unsqueeze(1))
    # [N, Mi]
    is_in_boxes.append(center_deltas.min(dim=-1).values > 0)
# [N, M], M = M1 + M2 + ... + MF
is_in_boxes = torch.cat(is_in_boxes, dim=1)
```

变量`is_in_boxes`保存了处在目标框的中心邻域内的网格位置。因为整个计算过程基本都是矩阵操作，不需要用for循环去遍历每一个网格，所以计算速度也较快。

接着，我们就可以计算每个网格距离目标框的最大偏移量，从而确定它是处在哪个尺度范围内，如代码13-8所示。

代码13-8 确定尺度范围

```
# PyTorch_YOLOF/models/fcos/matcher.py
# --------------------------------------------------------
...

# [N, M], M = M1 + M2 + ... + MF
max_deltas = deltas.max(dim=-1).values
# limit the regression range for each location
is_cared_in_the_level = \
    (max_deltas >= object_sizes_of_interest[None, :, 0]) & \
    (max_deltas <= object_sizes_of_interest[None, :, 1])
```

在有了`is_in_boxes`和`is_cared_in_the_level`两个变量后，我们就可以得到正样本的标记了，如代码13-9所示。

代码13-9 确定正样本的标记

```
# PyTorch_YOLOF/models/fcos/matcher.py
# --------------------------------------------------------
...

# [N,]
tgt_box_area = (tgt_box[:, 2] - tgt_box[:, 0]) * (tgt_box[:, 3] - tgt_box[:, 1])
# [N,] -> [N, 1] -> [N, M]
gt_positions_area = tgt_box_area.unsqueeze(1).repeat(
    1, anchors_over_all_feature_maps.size(0))
gt_positions_area[~is_in_boxes] = math.inf
gt_positions_area[~is_cared_in_the_level] = math.inf
```

```
# 如果一个anchor被分配给多个样本
# 我们选择将这个anchor分配给面积更小的标签
# [M,]
positions_min_area, gt_matched_idxs = gt_positions_area.min(dim=0)
```

在代码13-9中，我们要注意一个小细节，那就是一个anchor可能会匹配给了多个目标框，即同时处在同一个目标框的中心邻域，且又恰好落在了同一个尺度范围内，这个时候，我们就将这个网格匹配给面积最小的那个目标框。

最后，我们就可以计算训练所用到的标签信息了，包括类别标签、边界框的回归偏移量的标签以及centerness的标签，如代码13-10所示。

代码13-10　计算centerness预测的标签

```
# PyTorch_YOLOF/models/fcos/matcher.py
# ----------------------------------------------------------
...

# 边界框回归标签
# [M, 4]
gt_anchors_reg_deltas_i = self.get_deltas(
    anchors_over_all_feature_maps, tgt_box[gt_matched_idxs])

# [M,]
tgt_cls_i = tgt_cls[gt_matched_idxs]
# anchors with area inf are treated as background.
tgt_cls_i[positions_min_area == math.inf] = self.num_classes

# centerness回归标签
left_right = gt_anchors_reg_deltas_i[:, [0, 2]]
top_bottom = gt_anchors_reg_deltas_i[:, [1, 3]]
# [M,]
gt_centerness_i = torch.sqrt(
    (left_right.min(dim=-1).values / left_right.max(dim=-1).values).clamp_(min=0)
    * (top_bottom.min(dim=-1).values / top_bottom.max(dim=-1).values).clamp_(min=0)
)
```

至此，我们就讲解完了`Matcher`类的代码流程，也就讲解了FCOS的标签分配。接下来，我们就可以着手编写损失函数的代码。FCOS的损失函数十分简单，和YOLOF的损失函数大同小异，在项目的models/fcos/criterion.py文件中，我们实现了用于计算损失的`Criterion`类，其代码逻辑和先前的YOLOF是一样的，并没有复杂的实现，因此，我们就不展示介绍了。

由于FCOS和YOLOF共享同一个训练代码文件，因此，有关训练的讲解就省略了，读者不妨自行阅读训练代码的文件。在项目的README文件中，我们提供了已经训练好的权重文件，以便完成后续的测试环节。

13.3 测试 FCOS 检测器

在COCO数据集上训练完毕后，假设训练好的权重文件为fcos-r50.pth（使用ResNet-50作为主干网络）。在COCO验证集上测试我们的FCOS的性能，图13-4展示了部分检测结果的可视化图像，可以看到，我们的FCOS表现得还是很出色的。

图13-4 FCOS在COCO验证集上的检测结果的可视化

最后，我们测试FCOS的AP指标。受限于作者的GPU设备，我们训练和测试分别使用ResNet-18和ResNet-50作为主干网络的FCOS-R18和FCOS-R50。另外，我们还在已经实现的FCOS基础上去设计了一个可实时运行的FCOS检测器，使用更小的图像输入（最短边为512，最长边不超过736），并仅使用C_3、C_4和C_5三个尺度，其他结构保持不变，仍是最基础的FPN结构和解耦检测头，我们将这一较小版的FCOS命名为FCOS-RT。FCOS-RT的训练策略不同于FCOS，共训练48个epoch，并使用多尺度训练。表13-1展示了FCOS和FCOS-RT在COCO验证集上的AP指标。

表13-1 我们实现的FCOS在COCO验证集上的AP测试结果
（其中，FCOS-R50*为官方实现的FCOS检测器）

模型	FPS	AP/%	AP_{50}/%	AP_{75}/%	AP_S/%	AP_M/%	AP_L/%
FCOS-R18	42	33.0	51.3	35.1	17.8	35.9	43.1
FCOS-R50	30	38.2	58.0	40.9	23.0	42.2	49.4
FCOS-RT-R18	83	33.7	51.5	35.7	16.9	38.1	46.2
FCOS-RT-R50	60	38.7	58.0	41.6	21.2	44.6	52.6
FCOS-R50*	—	38.9	57.5	42.2	23.1	42.7	50.2

在表13-1中，除了AP指标，我们还给出了在RTX 3090 GPU设备上测试的速度指标FPS，以突出我们的FCOS-RT网络在检测速度上的优势。测试速度时，我们不做任何加速处理，仅在PyTorch框架下做推理。从表13-1给出的数据来看，相较于官方的

FCOS-R50*，我们实现的FCOS基本达到了官方的性能，在可接受的差距范围内，可以认为我们的实现较好地复现了官方的工作。同时，我们所实现的FCOS-RT在速度和精度上取得了更好的平衡，具有和FCOS几乎相等性能的同时，还兼具了更快的检测速度的优势。

13.4 小结

至此，我们讲解完了FCOS。作为新一代的检测器，FCOS构建了一个简洁高效的anchor-free框架，消除了先验框的诸多负面影响。从现在的视角来看，尽管FCOS也有一些缺陷，比如它提出的尺度范围仍依赖人工设计，但FCOS还是出色地解决了anchor-free框架下的多尺度分配的问题。通过本章的讲解，我们了解了什么是anchor-free，它的意义是什么，具有哪些优劣势，这对我们后续更深入的学习是很有帮助的。

参考文献

[1] Redmon J, Divvala S, Girshick R, et al. You Only Look Once: Unified, Real-Time Object Detection[C]//Proceedings of the IEEE Conference on Computer Vision and Pattern Recognition. Las Vegas, NV, USA: IEEE Press, 2016: 779-788.

[2] Redmon J, Farhadi A. YOLO9000: Better, Faster, Stronger[C]//Proceedings of the IEEE Conference on Computer Vision and Pattern Recognition. Honolulu, HI, USA: IEEE Press, 2017: 6517-6525.

[3] Redmon J, Farhadi A. Yolov3: An Incremental Improvement[J]. arXiv preprint arXiv:1804.02767, 2018.

[4] Girshick R, Donahue J, Darrell T, et al. Rich Feature Hierarchies for Accurate Object Detection and Semantic Segmentation[C]//Proceedings of the IEEE Conference on Computer Vision and Pattern Recognition. Columbus, OH, USA: IEEE Press, 2014: 580-587.

[5] Vaswani A, Shazeer N, Parmar N, et al. Attention is All You Need[J]. Advances in Neural Information Processing Systems, 2017, 30:1-11.

[6] Carion N, Massa F, Synnaeve G, et al. End-to-end Object Detection with Transformers[C]// Proceedings of the European Conference on Computer Vision (ECCV). Springer Cham, 2020: 213-229.

[7] Zhu X, Su W, Lu L, et al. Deformable Detr: Deformable Transformers for End-to-end Object Detection[J]. arXiv preprint arXiv:2010.04159, 2020.

[8] Bochkovskiy A, Wang C Y, Liao H Y M. Yolov4: Optimal Speed and Accuracy of Object Detection[J]. arXiv preprint arXiv:2004.10934, 2020.

[9] Ge Z, Liu S, Wang F, et al. Yolox: Exceeding Yolo Series in 2021[J]. arXiv preprint arXiv:2107.08430, 2021.

[10] Li C, Li L, Jiang H, et al. YOLOv6: A Single-stage Object Detection Framework for Industrial Applications[J]. arXiv preprint arXiv:2209.02976, 2022.

[11] Wang C Y, Bochkovskiy A, Liao H Y M. YOLOv7: Trainable Bag-of-freebies Sets New State-of-the-art for Real-time Object Detectors[C]//Proceedings of the IEEE Conference on Computer Vision and Pattern Recognition. 2023: 7464-7475.

[12] Everingham M, Van Gool L, Williams C, et al. Pascal Visual Object Classes Challenge Results[J]. Pascal Network, 2005, 1(6):1-45.

[13] Dollár P, Appel R, Belongie S, et al. Fast Feature Pyramids for Object Detection[J]. IEEE Transactions on Pattern Analysis and Machine Intelligence, 2014, 36(8): 1532-1545.

[14] Ren S, He K, Girshick R, et al. Faster R-cnn: Towards Real-time Object Detection with Region Proposal Networks[J]. Advances in Neural Information Processing Systems, 2015, 28.

[15] Liu L, Ouyang W, Wang X, et al. Deep Learning for Generic Object Detection: A Survey[J]. International Journal of Computer Vision, 2020, 128: 261-318.

[16] Liu W, Anguelov D, Erhan D, et al. SSD: Single Shot Multibox Detector[C]//Proceedings of the European Conference on Computer Vision (ECCV). Springer Cham, 2016: 21-37.

[17] Lin T Y, Goyal P, Girshick R, et al. Focal Loss for Dense Object Detection[C]//Proceedings of the IEEE International Conference on Computer Vision. Venice, Italy: IEEE Press, 2017: 2980-2988.

[18] Tian Z, Shen C, Chen H, et al. FCOS: A Simple and Strong Anchor-free Object Detector[J]. IEEE Transactions on Pattern Analysis and Machine Intelligence, 2020, 44(4): 1922-1933.

[19] Lin T Y, Dollár P, Girshick R, et al. Feature Pyramid Networks for Object Detection[C]// Proceedings of the IEEE Conference on Computer Vision and Pattern Recognition. Honolulu, HI, USA: IEEE Press, 2017: 2117-2125.

[20] Liu S, Huang D. Receptive Field Block Net for Accurate and Fast Object Detection[C]// Proceedings of the European Conference on Computer Vision (ECCV). Springer Cham, 2018: 385-400.

[21] Chen L C, Papandreou G, Kokkinos I, et al. DeepLab: Semantic Image Segmentation with Deep Convolutional Nets, Atrous Convolution, and Fully Connected CRFs[J]. IEEE Transactions on Pattern Analysis and Machine Intelligence, 2017, 40(4): 834-848.

[22] Simonyan K, Zisserman A. Very Deep Convolutional Networks for Large-scale Image Recognition[J]. arXiv preprint arXiv:1409.1556, 2014.

[23] He K, Zhang X, Ren S, et al. Deep Residual Learning for Image Recognition[C]//Proceedings of the IEEE Conference on Computer Vision and Pattern Recognition. Las Vegas, NV, USA: IEEE Press, 2016: 770-778.

[24] He K, Girshick R, Dollár P. Rethinking ImageNet Pre-Training[C]//Proceedings of the IEEE/CVF International Conference on Computer Vision. Seoul, Korea (South): IEEE Press, 2019: 4917-4926.

[25] Howard A G, Zhu M, Chen B, et al. Mobilenets: Efficient Convolutional Neural Networks for Mobile Vision Applications[J]. arXiv preprint arXiv:1704.04861, 2017.

[26] Sandler M, Howard A, Zhu M, et al. MobileNetV2: Inverted Residuals and Linear Bottlenecks[C]//Proceedings of the IEEE Conference on Computer Vision and Pattern Recognition. Salt Lake City, UT, USA: IEEE Press, 2018: 4510-4520.

[27] Howard A, Sandler M, Chu G, et al. Searching for MobileNetV3[C]//Proceedings of the IEEE/CVF International Conference on Computer Vision. Seoul, Korea (South): IEEE Press, 2019: 1314-1324.

[28] Zhang X, Zhou X, Lin M, et al. ShuffleNet: An Extremely Efficient Convolutional Neural Network for Mobile Devices[C]//Proceedings of the IEEE Conference on Computer Vision and Pattern Recognition. Salt Lake City, UT, USA: IEEE Press, 2018: 6848-6856.

[29] Ma N, Zhang X, Zheng H T, et al. ShufflenetV2: Practical Guidelines for Efficient CNN Architecture Design[C]//Proceedings of the European Conference on Computer Vision (ECCV). Springer Cham, 2018: 116-131.

[30] He K, Zhang X, Ren S, et al. Spatial Pyramid Pooling in Deep Convolutional Networks for Visual Recognition[J]. IEEE Transactions on Pattern Analysis and Machine Intelligence, 2015, 37(9): 1904-1916.

[31] Deng J, Dong W, Socher R, et al. ImageNet: A Large-scale Hierarchical Image Database[C]// Proceedings of the IEEE Conference on Computer Vision and Pattern Recognition. Miami, FL, USA: IEEE Press, 2009: 248-255.

[32] Lin T Y, Maire M, Belongie S, et al. Microsoft Coco: Common Objects in Context[C]//

Proceedings of the European Conference on Computer Vision (ECCV). Springer Cham, 2014: 740-755.

[33] Szegedy C, Liu W, Jia Y, et al. Going Deeper with Convolutions[C]//Proceedings of the IEEE Conference on Computer Vision and Pattern Recognition. Boston, MA, USA: IEEE Press, 2015: 1-9.

[34] Wu S, Li X, Wang X. IoU-aware Single-stage Object Detector for Accurate Localization[J]. Image and Vision Computing, 2020, 97: 103911.

[35] Zhang H, Wang Y, Dayoub F, et al. VarifocalNet: An IoU-aware Dense Object Detector[C]// Proceedings of the IEEE Conference on Computer Vision and Pattern Recognition. Nashville, TN, USA: IEEE Press, 2021: 8510-8519.

[36] Ge Z, Liu S, Li Z, et al. OTA: Optimal Transport Assignment for Object Detection[C]// Proceedings of the IEEE Conference on Computer Vision and Pattern Recognition. Nashville, TN, USA: IEEE Press, 2021: 303-312.

[37] Wang C Y, Liao H Y M, Wu Y H, et al. CSPNet: A New Backbone that can Enhance Learning Capability of CNNC]//Proceedings of the IEEE Conference on Computer Vision and Pattern Recognition Workshops. Seattle, WA, USA: IEEE Press, 2020: 1571-1580.

[38] Han K, Wang Y, Tian Q, et al. GhostNet: More Features From Cheap Operations[C]//Proceedings of the IEEE Conference on Computer Vision and Pattern Recognition. Seattle, WA, USA: IEEE Press, 2020: 1577-1586.

[39] Misra D. Mish: A Self-regularized Non-monotonic Activation Function[J]. arXiv preprint arXiv:1908.08681, 2019.

[40] Liu S, Qi L, Qin H, et al. Path Aggregation Network for Instance Segmentation[C]//Proceedings of the IEEE Conference on Computer Vision and Pattern Recognition. Salt Lake City, UT, USA: IEEE Press, 2018: 8759-8768.

[41] Wang C Y, Bochkovskiy A, Liao H Y M. Scaled-YOLOv4: Scaling Cross Stage Partial Network[C]//Proceedings of the IEEE Conference on Computer Vision and Pattern Recognition. Nashville, TN, USA: IEEE Press, 2021: 13024-13033.

[42] Long X, Deng K, Wang G, et al. PP-YOLO: An Effective and Efficient Implementation of Object Detector[J]. arXiv preprint arXiv:2007.12099, 2020.

[43] Rezatofighi H, Tsoi N, Gwak J Y, et al. Generalized Intersection Over Union: A Metric and a Loss for Bounding Box Regression[C]//Proceedings of the IEEE Conference on Computer Vision and Pattern Recognition. Long Beach, CA, USA: IEEE Press, 2019: 658-666.

[44] Zheng Z, Wang P, Liu W, et al. Distance-IoU loss: Faster and Better Learning for Bounding Box Regression[C]//Proceedings of the AAAI Conference on Artificial Intelligence. 2020, 34(07): 12993-13000.

[45] Chen Q, Wang Y, Yang T, et al. You Only Look One-level Feature[C]//Proceedings of the IEEE Conference on Computer Vision and Pattern Recognition. Nashville, TN, USA: IEEE Press, 2021: 13034-13043.

[46] Xu S, Wang X, Lv W, et al. PP-YOLOE: An Evolved Version of YOLO[J]. arXiv preprint arXiv:2203.16250, 2022.

[47] Ding X, Zhang X, Ma N, et al. RepVGG: Making VGG-style ConvNets Great Again[C]// Proceedings of the IEEE Conference on Computer Vision and Pattern Recognition. Nashville, TN, USA: IEEE Press, 2021: 13728-13737.

[48] Wang C Y, Yeh I H, Liao H Y M. You Only Learn One Representation: Unified Network for Multiple Tasks[J]. arXiv preprint arXiv:2105.04206, 2021.

[49] Wang Y, Zhang X, Yang T, et al. Anchor Detr: Query Design for Transformer-based Detector[C]// Proceedings of the AAAI conference on Artificial Intelligence. 2022, 36(3): 2567-2575.

[50] Dosovitskiy A, Beyer L, Kolesnikov A, et al. An Image is Worth 16x16 Words: Transformers for Image Recognition at Scale[J]. arXiv preprint arXiv:2010.11929, 2020.

[51] Liu Z, Lin Y, Cao Y, et al. Swin Transformer: Hierarchical Vision Transformer using Shifted Windows[C]//Proceedings of the IEEE International Cconference on Computer Vision. Montreal, QC, Canada, 2021: 9992-10002.

[52] Zeng F, Dong B, Zhang Y, et al. Motr: End-to-end Multiple-Object Tracking with Transformer[C]// European Conference on Computer Vision. Cham: Springer Nature Switzerland, 2022: 659-675.

[53] Dong B, Zeng F, Wang T, et al. Solq: Segmenting Objects by Learning Queries[J]. Advances in Neural Information Processing Systems, 2021, 34: 21898-21909.

[54] Sun P, Jiang Y, Xie E, et al. What Makes for End-to-end Object Detection?[C]//International Conference on Machine Learning. PMLR, 2021: 9934-9944.

[55] Tan M, Pang R, Le Q V. EfficientDet: Scalable and Efficient Object Detection[C]//Proceedings of the IEEE Conference on Computer Vision and Pattern Recognition. Seattle, WA, USA: IEEE Press, 2020: 10778-10787.

[56] Law H, Deng J. CornerNet: Detecting Objects as Paired Keypoints[C]//Proceedings of the European Conference on Computer Vision (ECCV). Springer Cham, 2018: 734-750.

[57] Zhou X, Wang D, Krähenbühl P. Objects as points[J]. arXiv preprint arXiv:1904.07850, 2019.

[58] Zhang S, Chi C, Yao Y, et al. Bridging the Gap Between Anchor-Based and Anchor-Free Detection via Adaptive Training Sample Selection[C]//Proceedings of the IEEE Conference on Computer Vision and Pattern Recognition. Seattle, WA, USA: IEEE Press, 2020: 9756-9765.

[59] Tian Z, Shen C, Chen H, et al. FCOS: Fully Convolutional One-Stage Object Detection[C]// Proceedings of the IEEE International Cconference on Computer Vision. Seoul, Korea (South): IEEE Press, 2019: 9626-9635.

[60] Wu Y, He K. Group Normalization[C]//Proceedings of the European Conference on Computer Vision (ECCV). Springer Cham, 2018: 3-19.

后记

本书主要围绕 YOLO 系列来讲解目标检测领域中的一些基本技术点，这并不代表掌握了 YOLO 就掌握了整个目标检测领域的精髓，摸清了这一领域的发展脉络。事实上，YOLO 只不过是这一领域最为活跃的工作之一，除此之外，诸如 Faster R-CNN、RetinaNet 以及后来的FCOS 和DETR，都值得花大量篇幅去详细介绍。当然，我们在第4部分中对 DETR、YOLOF 和 FCOS 进行了讲解和实践，但这些仍只是该领域的冰山一角。我们的核心内容仍聚焦于 YOLO 工作。YOLO 凭借其简洁的网络结构和工作原理，备受研究者的青睐。若要在这一领域中选出一个“里程碑”，YOLO 当之无愧。本书的初衷，就是希望能够帮助每一位目标检测的初学者入门目标检测领域，为之后的研究做好铺垫。目标检测并不难，但也不简单，经过这些年的发展，许多问题都得到了有效的解决，检测框架也逐渐趋于成熟，但仍有许多棘手的问题待解决。尽管这是一个表面上看来接近饱和的研究领域，但透过繁华的盛景，直窥任务的本质，我们仍会发现大量的核心问题尚待解决。

在完成本书之际，YOLO 系列又从 YOLOv7 更新至第八代 YOLO 检测器：YOLOv8，由设计了知名 YOLOv5 系列的团队一手打造。虽然这又是一款新的检测器，但 YOLOv8 依旧没有跳出本书所介绍的 YOLO 框架，依旧是 YOLOv4 风格的网络结构（使用了新的模块）、动态标签分配策略以及 YOLOv5 风格的数据增强。因此，在学完本书后，作者相信读者已经具备了学习 YOLOv8 的水平和能力。希望这款新的 YOLO 检测器能带给读者不一样的体验。

YOLO 的全称为“ You Only Look Once”，意思是你只看一次。同时，YOLO 又是一句经典语句“You Only Live Once”的缩写。人生苦短，就让我们扬帆起航，向着充满无限可能的远方大胆前进吧！